JN087619

虚構の新冷戦

日米軍事一体化と敵基地攻撃論

東アジア共同体研究所 琉球・沖縄センター 編

芙蓉書房出版

はじめに―本書の内容と刊行の目的

東アジア共同体研究所琉球・沖縄センター事務局長　新垣　邦雄

本書の大きなテーマは、題名にある「敵基地攻撃論」の破滅的な危険性と、米中の軍事対決を煽る米国による「新冷戦」プロパガンダの虚構性を暴くことの二つです。日米の軍事一体化が米軍主導で急速に進み、米軍の指揮による戦争の危機が高まる実態。戦争の危機を回避するのは軍事対決ではなく国際間の対話であることを訴えています。本書の特色は米軍の対中・アジア戦略、呼応する日本・自衛隊の対応、対する中国の軍事・外交戦略、北朝鮮、韓国、台湾の動向を、米国防総省、自衛隊ほか最新の資料に基づき詳述していることです。読者の理解に役立つ最新情報を提供できたと確信しています。

安倍―菅政権は、この国をどこに向かわせようとしているのか。「敵基地攻撃論」が浮上し、米国による中国敵視の「新冷戦」が過熱する中、自衛隊ミサイル部隊の南西諸島シフトが進む沖縄にとって「ミサイル戦争の実験場・戦場」（小西誠氏）と化した沖縄・南西諸島が、次の戦争の発火点、主戦場となる危機感は強まるばかりです。

東アジア共同体研究所琉球・沖縄センターは２０２０年6月、東京で「自衛隊南西シフトと日米軍事一体化」シンポジウムを開催しました。そのさなかに「イージス・アショア配備の中止」と軌を一に、「敵基地攻撃能力保有」論が自民党内に急浮上しました。自衛隊ミサイル部隊の南西シフト、日本の軍事大国化と日米の軍事一体化、米国の戦争への自衛隊の参加を可能にする安保法制、軍事協力・共同武器開発を支える特定秘密保護法などの法整備、米軍の指揮による自衛隊の海外派遣―などにも視野を広げ、本書を発刊することにしました。沖縄・日本が「戦争に巻き込まれる」危機的な現状を全国の読者に情報発信、危機感を共有して打開の方向性を見出すことが本書刊行の目的です。

「虚構の新冷戦」を書名としたのは、岡田充氏の助言によります。米国による「新冷戦」キャンペーンは、「米中の軍事・経済対立を煽り、国際社会を対決の構図に陥らせる〝わな〟がひそむ」というのが同氏の指摘です。事態はまさに、そのように進んでいます。トランプ政権下の米国は大統領選挙を前に中国敵視・排除の「新冷戦」キャンペーンを過激に強め、対中禁輸拡大のデカップリング（経済排除）のみならず、同盟各国によるインド・太平洋への対中軍事包囲網を築こうとしています。

米国の「中国脅威論」は本当か。中国が軍事力を強大化していることは事実です。しかし「軍事脅威」は「『軍事力』と『攻撃の意思』の掛け算」と言われます。中国は尖閣を軍事占領する意図、戦略を抱いているのか。「台湾統一」を武力で断行する意図があるのか。南シナ海の領有権問題を軍事力で解決することを目論んでいるのか。国内の「中国脅威論」は反中国の論調や米国の外交宣伝に偏り、肝心の中国発の情報はほとんど目にしません。長年の中国、台湾ウオッチャーである岡田氏、冷静な分析を評価される在日中国人学者の朱建榮氏には、偏りのない公平・客観的な観点で、米国の対中戦略、尖閣、台湾統一問題、また対米、日本を含む対アジアの中国の軍事・外交戦略について考察いただきました。

「中国脅威論」への扇動は、「際限のない軍拡競争＝安全保障のジレンマ」（前田哲男氏）に陥らせます。あるいは米国の「中国脅威論」は、米国の世界覇権が新興国中国に脅かされることへの反転攻勢「トゥキディデスの罠」ではないのか（前田哲男、朱建榮氏）。両氏ほか執筆の各氏は「中国脅威論への同調は逆に軍事緊張と戦争の危機を高める」と警鐘を鳴らしています。

「敵基地攻撃論」はイージス・アショア断念と同時に自民党内から浮上しました。米国が主導し日本が追随する「ミサイル防衛」は果たして日本を守るのか、米国を守るためなのか。そもそも「ミサイル防衛」は可能なのか。「盾」のほころびを「敵基地攻撃」の「矛」で補う矛盾は、際限のない軍拡競争により戦争の危機を高めるだけではないのか。「敵基地攻撃」は、防御不能な攻撃兵器を充足し対峙するなかでは、「先制攻撃」に行き着くしかありません（米ソ冷戦時の「相互破壊確証戦略＝相互に大量の核兵器を保有することで平和を維持する」と同様のグロテスクな戦略思考が浮上しています）。

第一章「〝新冷戦〟と敵基地攻撃論で高まる『熱戦』の危機」は、「ミサイル防衛」が「敵基地攻撃論」に転ずる矛盾と危険性に焦点を当てました。前田哲男氏は、自民党が金科玉条とする「敵基地攻撃」合憲論は歴代政府の見解に反し違憲・違法であること、「敵基地攻撃＝先制攻撃」に陥る危険性を指摘します。末浪靖司氏は、「米軍指揮による日米軍一体の海外出動態勢」について、安保法制等がそれを可能にし、２０１５年日米新ガイドライン以降の合同訓練の緊密化、作戦・指揮・実戦のシステム統合が完成形に至る経緯を、最新資料まで詳細に追求し明らかにします。

菅沼幹夫氏は、「ミサイル防衛の不可能性」、自国・他国民を相互破滅に追い込む「敵基地攻撃の危険性」を指摘。さらに同氏と宇宙科学者の前田佐和子氏は、戦争領域が宇宙に拡がり、衛星通信を用いる新型誘導弾による「ポストミサイル戦争」（前田氏）の新たな危機を明らかにします。前田氏は新兵器開発に政府の関連機関や科学者、大学を動員する「軍産官学複合体」化に警告を発しています。

琉球新報社政治部長の新垣毅氏は、「ＩＮＦ廃棄条約破棄後の米軍の沖縄、日本列島への新型中距離ミサイル配備計画」をスクープしました。ゴルバチョフ元大統領ほかロシア関係者への丹念な取材をもとに米ロ中の新たなミサイル軍拡の脅威を告発しています。

第二章「米国発『新冷戦』の〝わな〟を暴く」で須川清司氏は、近代化する中国軍を脅威ととらえ中距離ミサイル配備など「攻撃兵器増強による対中抑止力の回復」を目指す「米国防戦略」を詳細に分析。岡田充、朱建榮氏は、「中国脅威論」により米国が扇動する「虚構の新冷戦」の欺瞞性、対抗する中国の対米戦略、台湾、香港政策を分析しました。

第三章「熱戦の発火点『朝鮮』『台湾』『南西諸島ミサイル要塞化・辺野古・嘉手納』」では、「新冷戦」の過剰反応と敵基地攻撃論が相まって、冷戦が熱戦となる可能性が高い「台湾有事」(岡田充氏)と「朝鮮有事」(五味洋治氏)、尖閣・台湾有事を導火線にミサイル戦争の主戦場となる「南西諸島・沖縄」(小西誠氏、大久保康裕氏)に焦点を当てます。

共同通信の台北、香港支局長を務めた岡田氏は、両岸関係の専門家の眼で「台湾有事の可能性」を「衝突寸前の段階」ととらえ、台湾有事で南西諸島、在沖米軍・自衛隊基地が「中国の標的となり戦場となる可能性は高い」と見ます。東京新聞ソウル支局、中国総局に勤務した五味氏は、北朝鮮ミサイルの性能向上により北朝鮮に対する「敵基地攻撃」は「相互破滅の結果しか招かない。あり得ない選択」と断定し、「日米韓の防衛協力体制では日本が否応なく有事に巻き込まれる構造」を指摘。軍事対決でなく米国との平和条約、「南北間の終戦宣言」、在韓米軍の削減など対話と軍縮による危機回避を提起します。

沖縄、南西諸島は戦争(防衛)の最前線と防衛大臣(岩屋)が明言しました。小西誠氏は奄美―与那国の自衛隊ミサイル要塞化、米軍前方展開の拠点化を報告。対中国戦の最前線の要は米軍嘉手納、辺野古新基地であり有事のミサイル標的を免れません。長年、米軍基地監視を続ける大久保康裕氏の〝オキナワ報告〟は陸・海・空の日米軍事一体化の総合展示場の観。高橋〝ヨコタ報告〟の訓練激化と重ね読むと、「基地の島オキナワ」は日本全土の近未来図です。米軍、自衛隊基地の相互使用による完全一体化、宇宙、サイバーの新領域への展開、住民監視は日本全土に及ぶことでしょう。

憲法、国内法を無視する米軍特権は日米地位協定の不平等性、日米合同委員会の密室性に由来し、日米軍事一体化、いまや平時から有事へと切れ目のない米軍指揮による日米戦争態勢も同根です。第四章「奪われた日本の主権─首都東京「横田」の戦争準備訓練」で吉田敏浩氏は、首都圏上空の航空管制を米軍が握る横田ラプコンはじめ「憲法体系を侵食する」さまざまな米軍特権が日米合同委員会の密約によることを報告。合同委員会の廃止と情報公開を提起します。基地監視行動を続ける高橋美枝子氏は、オスプレイや各種戦闘機の飛行、パラシュート降下訓練の増加など「横田基地の訓練激化」を報告しました。

第五章「戦争回避のためにできること」で東アジア共同体研究所理事長の鳩山友紀夫氏は、中国、北朝鮮に対する脅威論が東アジアの緊張を高め、「敵基地攻撃能力論は予防攻撃論と表裏一体」と危険性を指摘。対米依存の外交の軸足をアジアへ移し、沖縄を「軍事の要から平和の拠点」の議論の場に「不戦・東アジア共同体構想」推進を提唱しています。

本書が主題とする二つのテーマ、「虚構の新冷戦（欺瞞性）」と「敵基地攻撃の危険性」、及び「日米軍事一体化」の観点で本書を総括すると以下に要約できます。

米国が喧伝する「新冷戦」は、①「中国脅威論」を事挙げし米中、中国と周辺国の分断と軍事・経済対立を扇動する、②米軍主導の日米軍事一体化、米軍指揮の日米軍出動態勢が完成形にあること。「敵基地攻撃」は、③日米軍の統合システムで発動され自衛隊の自動参戦を免れない、④それは当事国の相互破滅を招く暴挙であること─などです（末浪、菅沼、岡田、五味氏ほか各氏）。

「中国脅威論」に対し朱建榮氏は中国が台湾、尖閣、南シナ海問題で軍事解決の戦略を持たない、と解説します。「新冷戦」キャンペーンと「敵基地攻撃」は日米・中の軍事緊張を極度に高める「パンドラの箱」（朱氏）であり、「一触即発」（菅沼氏）、沖縄・南西諸島、日本を戦争に巻き込む危険性（岡田、末浪、前田佐和子氏）が指摘されています。

「敵基地攻撃」は「やられる前にやる」の「先制攻撃」に直結し、「敵攻撃能力の殲滅」目標は、必然的に「核攻撃」を視野に置く（前田哲男氏）。敵ミサイルの初動把握を前提とする戦略システムは瞬時に起動し後戻りできません（菅沼氏）。米中ロの果てしない軍拡競争（新垣氏）は、世界最終戦争につながりかねません。

「敵基地攻撃」の選択肢は「ありえない」（五味氏ほか各氏）が本書の結論です。米中「新冷戦」の迷妄を解き、戦争を回避するカギは何か。思考停止の「中国敵視」、中国・北朝鮮脅威論に陥らず、軍事緊張を緩和する「対話外交」を尽くす、ことが一致した見解です。米国一辺倒を脱する多極外交への転換のカギは「米中の間で踏み絵を踏まされる日本」（須川氏）が握っています。

自衛隊単独の敵基地攻撃はあり得ません。自民党の「敵基地攻撃論」は、琉球新報新垣氏が報じた「米軍中距離ミサイル日本配備計画」受け入れの布石ではないか。日本学術会議への人事介入も、敵基地攻撃への異論を排除し、科学者や大学を軍事研究へ向かわせる国家総動員の一環と看做さざるを得ません。戦後75年。もはや戦後ではなく戦前です。敵基地攻撃は首都東京をも敵ミサイルの標的に差し出す亡国の論理です。菅政権の暴走に歯止めをかけるのは国民の広範な反対世論です。本書がその一助となることを願います。

虚構の新冷戦―日米軍事一体化と敵基地攻撃論❖目次

第二章❖米国発「新冷戦」の〝わな〟を暴く

第三章 ❖ 熱戦の発火点「朝鮮」「台湾」「南西諸島ミサイル要塞化・辺野古・嘉手納」

ミサイル戦争の要塞化が進む南西諸島
——遂に動き始めた米軍ミサイル部隊の南西諸島配備——

軍事ジャーナリスト 小西 誠 200

新冷戦と朝鮮有事
――戦争回避につながる終戦宣言――

第四章 ❖ 奪われた日本の主権―首都東京「横田」の戦争準備訓練

第五章 ❖ 戦争回避のためにできること

第一章❖〝新冷戦〟と敵基地攻撃論で高まる「熱戦」の危機

絶滅戦争を回避する対抗構想を

——「敵基地攻撃＝〝抑止の罠〟」に陥る恐れ——

ジャーナリスト　前田　哲男

はじめに

まず本章の意図をのべておきたい。ここでは全体を三つの部分に分かち、最初に、「イージス・アショア（地上設置型弾道ミサイル迎撃システム）の導入断念をきっかけに浮上した「敵基地攻撃論」、それが従来「専守防衛」と説明されてきた自衛隊運用政策といかに矛盾するか、その過程をたどる。そして「専守防衛」と拮抗しながら（あたかも地下水脈のように）形成、維持されてきた「敵基地攻撃論」の源流をあきらかにしつつ、そのうえで、もし、自衛隊が「敵基地攻撃」に任務・装備を転換すればかならず踏みこむことになる未知の領域、すなわち、よりいっそうの対米従属（同時に対中国・軍事対決の選択でもある）に踏み込まざるをえないこと、およびそこから発する〝抑止の罠〟というべき際限のない軍拡衝動の危険性について記述する。そして最後の部分で、これら菅内閣に継承された安倍路線に対抗するには、護憲の側にいかなる政策提示が必要かの問題提起をのべて締めくくりとする。

このような〝前置き〟が必要な理由は、安倍首相の突然の辞任と後継・菅内閣の登場により情勢がなお流動的であることにくわえて、着々進行する辺野古新基地建設および奄美諸島から宮古・石垣島に計画されている「南西諸島防衛構想」というミサイル基地計画（「総合ミサイル防空能力」と銘打たれているが）、これもまた「専守防衛ばなれ」とともに、アメリカの新戦略「統合防空ミサイル防衛（Integrated Air and Missile Defense:IAMD）」と連動しつつ動いているからである。米新戦略の目的は、日本の危機である以前に「アメリカにとっての脅威」に発することが明白であるのに、安倍前政権がトランプ大統領の対中敵視政策を受けいれ「抑止・対処」の方向に傾斜した結果、「敵基地攻撃」はその一環に中国をもふくむものとなった。２０１９年末、トランプ政権がＩＮＦ（中距離核戦力全廃）条約から脱退した事実から推測すると、沖縄などへの「核再持ち込み」の現実性もあながち否定できない。そして最後に結論の部では、本年末までに打ちだされるはずの「敵基地攻撃」構想の具体的内容に的確な反撃をおこなうには、〝抑止の罠〟にはまった日本の未来像ではなく、憲法に沿ったかたちの「専守防衛」こそが対抗構想として必要であることを主張したい。本章の意図はそのような「軍事対決型」安全保障政策からの転換を主張することに置かれる。

一、「敵基地攻撃論」　はじまりはイージス・アショア導入だった

まず、「敵基地攻撃論」がどんな経緯で浮上したのかからみておく。

立ちあがりは「北朝鮮の弾道ミサイル」にたいする「イージス・アショア」（地上設置型迎撃ミサイル）の設置構想であった。弾道ミサイルを迎撃ミサイルで撃ち落とす、というふれこみである（２０１７年12月閣議決定）。ところが「イージス・アショア導入計画」の発表後、導入予定地、秋田・山口両県で反対運動が高まると、防衛省は「断念発表」を発表（２０２０年６月）、同時に、態度を一転させて「敵基地攻撃能力保有」への転換姿勢を鮮明にした。あわせてそのミニ版ともいえる「南西諸島防衛」（中距離ミサイル

基地）が宮古、石垣島に建設されつつある。いきさつをふりかえる。

3年ちかく、導入の是非をめぐって地元と対立してきた「イージス・アショア導入計画」に、2020年6月15日、「停止・断念」の防衛省決定がおこなわれたことは記憶に新しい。政府がいったん閣議決定した装備計画を取り消すのはきわめて異例の事態だ。戦後の「基地闘争史」をたどっても、1970年代、大阪府能勢町に地対空サイル「ナイキJ」の基地設置が通告され、これに町議会、住民がこぞって反対、数年後に白紙撤回に追いこまれた「能勢ナイキ闘争」くらいしか思い浮かばない（辺野古新基地は「県民投票」で意志がしめされても頑として動こうとしない）。

「イージス・アショア基地」のケースも、予定地に指名された秋田市民と山口県萩市・阿武町民が一貫して反対しつづけた運動にくわえ、地元紙『秋田魁新報』のスクープで判明した防衛省側の〝調査ミス〟、地元説明会における防衛省担当官の〝居眠り事件〟など、防衛省側の不手際もかさなり、最終的には、2019年参議院選の秋田選挙区で自民党現職が「イージス反対」候補者に敗北、これがとどめとなって断念された。

秋田県でしめされたのは、地方自治体と住民運動が健在で、地域が結束して「地方自治」と「請願権」に立った抵抗をつづけるなら、「安全保障は国の専権事項だ。地方は従うのみ」、と居丈高に見おろす「国家の論理」もくつがえせる、という（あたりまえの）事実であった。この成果は（辺野古新基地反対とともに）全国の反基地運動をはげまし、共有される成果となるにちがいない。

だが、「イージス問題」には、断念決定のあと、思いがけない展開が待ちうけていた。防衛省のイージス断念発表により決着、と思ったのものもつかの間、その後の経過はべつの方向、「敵基地攻撃能力の保有」という別次元の問題へと飛び火し、あらたな動きに点火されることとなった。〝コペルニクス的転回〟とも形容できるどんでん返しが起きたのである。そこには自民党国防族のあいだに温存されてきた、「専守防衛くずし」の執念が、長い冬の時代ののち一気に噴出した〝積年の思い〟もひそんでいるのだろう。

逆転のきっかけは、2ヵ月後退任表明する安倍晋三首相の発言にあった。首相は、河野太郎防衛相による「イージス・アショア導入断念」発表から3日後の6月18日の記者会見において、自民党内に底流する「敵基地攻撃論」を念頭に置きつつ、「(イージス断念後の)新しい方向をしっかりと打ちだし、速やかに実行に移していきたい」とのべ、さらに「相手の能力がどんどん上がっていく中において、いままでの議論の中に閉じ籠っていいのか」と、挑発的な口ぶりで「新しい方向」すなわち「敵基地攻撃能力保有」の容認にまで言及した。年内に「国家安全保障戦略」改定というスケジュールにもふれた。この首相発言が「イージス問題」のあらたな展開のきっかけをつくることになったのである。

この安倍会見を受け、小野寺五典・元防衛相による「検討チーム」が党内に設置される。あわただしい検討会議(5回)ののち、8月4日、特命チームは「国民を守るための抑止力向上に関する提言」(傍線は引用者、以下同)という文書をまとめた。結論は、「憲法の範囲内で専守防衛の考え方の下、相手領域内でも弾道ミサイル等を阻止する能力の保有を含めて、抑止力を向上させるための新たな取組が必要である」という内容だ(傍線引用者　以下同)。一読して、迎撃(イージス)がダメなら攻撃(相手領域内で阻止)を、への転換と受けとめられる。「憲法の範囲」「国際法の順守」「専守防衛の考え方」が前提だといいながら、しかし、結論は一転「相手領域内=敵基地攻撃」が容認されている。

イージス・アショアは、もともと迎撃専用のミサイルだから、まだしも「防御システム=専守防衛」と説明することが可能だ。しかし「相手領域内での阻止」すべきと「提言」に明記しながら、では、なぜ敵基地攻撃が「専守防衛」の枠内なのかについての説明もなく、「提言」はそれらの疑問にいっさい答えない。イージス計画は(陸上設置案は断念されたものの)「洋上配備」へと移行して継続中なので、結局のところ、「あれか(陸上弾道弾迎撃か)、これか(敵基地攻撃)」の選択でなく、「あれも、これも」という〝一石二鳥〟で落着した。軍拡派にとっては〝一挙両得〟でもある。

安倍首相は8月28日辞任表明した。しかし「安倍発言」はその後もつづく。共同通信は8月31日以下の記事を配信した。

「安倍晋三首相が自身の在任中に敵基地攻撃能力保有の方向性を示す意向を固め、与党幹部に伝えていたことが31日、分かった。秋田と山口への配備を断念した地上配備型迎撃システム「イージス・アショア」計画の代替案の考え方も同時に打ち出す。複数の政府関係者が明らかにした。次期自民党総裁が選出される前の9月前半に国家安全保障会議（NSC）を開き、安全保障政策の新方針に向けた協議推進を確認する見通しだ。敵基地攻撃能力の保有は、「専守防衛」の理念を逸脱する懸念がある。具体策は次期政権に委ね、協議を継続する」

この報道は、9月11日の「安倍談話」により確認された。つぎの週、権力の座から去る首相が後継者に個別政策の〝申し送り〟をした、それだけでも異様なことだ。菅首相は「安倍談話」の「継承」を表明（新防衛相に就任した安倍の実弟・岸信夫に指示）したので、これにより新内閣の「イージス継続」と「敵基地攻撃」は菅内閣の看板政策ともなった。この段階から安倍の〝置き土産〟は――「迎撃兵器か、攻撃兵器か」の選択でなく――「迎撃も、攻撃も」の新段階にはいるのである。自民党タカ派にとっては狙いどおりの展開となった。

かくして、イージス断念直後になされた「安倍会見」（6月18日）～「小野寺提言」（8月4日）～「安倍談話」（9月11日）～「菅新政権の継承と指示」（9月16日）を軸に、「敵基地攻撃論」が、防衛論争の最重要課題に浮上してくるのである。一連の動きの裏に安倍首相の意志が働いているのは隠しようもない。

もし、憲法9条のもとで「敵基地攻撃」が自衛隊の任務にくわわるなら、自衛隊が〝普通の軍隊〟、それもアジア有数の先端兵器をもつ攻撃能力保持軍となるのはまちがいない。いっぽうで憲法の規範力は地に墜ちてしまう。「交戦権は、これを認めない」と明記された9条のもとで、「先制的交戦権」の行使が可能になるなら、9条は「名存実亡」となるほかない。自衛隊が「敵地攻撃」という実戦の場に身を置くことが可能とされれば、(たとえ条文がのこっても)9条理念は跡かたなく破壊されるのはあきらかである。

二、「専守防衛」にいたるまで

日本の防衛政策は、ながらく「専守防衛」ということばによって説明されてきた。1970年に初公刊された「防衛白書」以降、最新版にいたるまでそう書かれている。

とはいえ、じっさいの政策運用のありかたをたどると、曖昧模糊(あいまいもこ)、きわめてファジーなもので、〝マジック・ワード〟(あるいは〝トリック・ワード〟)のように自由解釈されつづけ、そのあげく「敵基地攻撃」に行きつく現況にいたったのも事実である。歴代自民党政権は便利このうえない〝マジックとトリック〟を思うままに駆使し、憲法9条下の防衛政策を勝手放題にねじまげ、自在にリメイクしてきた。そのあげく現状は、「専守」どころか、海外へも飛びだせる〝鉄砲玉自衛隊〟をつくり(「米艦防護」や「日本版海兵隊＝水陸機動団」創設がその典型例だ)、他方、「防衛」からも逸脱して、「インド太平洋」から「宇宙・サイバー・電磁波」(2021年度防衛予算は「統合多次元防衛力」「領域横断作戦」などの項目がある)をも視野に収めながら、水平・垂直方向ともに無限界の行動へと肥大化・拡大しつつある。「9条改憲以外すべてやった」「専守防衛もそろそろ役割を終えた」というのが安倍・菅政権の本音なのかもしれない。このように専守防衛政策は、自民党の国防政策の本質をかくすかっこうの言いわけにされてきた経過もみとめないわけにいかない。

その究極の〝トリック・ワード〟が「専守防衛下の敵基地攻撃論」なるものだ。これほど逆説的に(だが）「自民党版・専守防衛政策」にひそむ融通無碍な本質をあらわす使用法もない。それは、約8年におよぶ安倍政権の安保防衛政策がグロテスクなまでに凝縮された〝言葉あそび〟の世界だといえる。同時に、矛盾のきわまり、限界のあらわれでもある。「敵基地攻撃する自衛隊」と「専守防衛に徹する自衛隊」が両立できないのはだれにもわかる。それはジョージ・オーウェルの『１９８４年』にでてくる「戦争は平和だ」とおなじ独裁者のプロパガンダとしか受けとれない。とすれば、憲法を守る側がなすべきは、「専守防衛の再定義」ではないだろうか？

それについてはのちにのべるが、まず前提として「専守防衛」ということばの起源からたずねてみる。ただ（歴史の森に踏みこむのでやっかいだが）時代の順序として、「前史」ともいえる初代自民党総裁・鳩山一郎首相が出した「敵基地攻撃についての統一見解」（１９５６年2月29日）からみていかなければならない。なぜなら、安倍＝菅政権は、この「法理上」の見解としてなされた「鳩山見解」を金科玉条のようにもてはやし「敵基地攻撃論」を正当化しているからである。鳩山見解が純粋に憲法の「法理的解釈」にすぎず「政策」とは無縁の論議であったことは、鳩山内閣の時代に弾道ミサイル（ＩＣＢＭ）など存在していなかった事実（ソ連が初の人工衛星スプートニクを打ちあげたのは１９５７年10月）からも説明できる。

「鳩山内閣の統一見解」は、その直前に衆議院内閣委員会で「国防会議設置法」の審議がおこなわれているさなかにされた。社会党議員と船田中防衛庁長官のあいだで「海外派兵」についての質疑がなされているうち、船田長官が「飛行機による敵の基地空襲は海外派兵ではない」と答弁したことから紛糾し、「内閣統一見解」を出す羽目におちいった。鳩山首相が先約を理由に出席しなかったため船田長官が「内閣統一見解」を代読した。のちに自民党国防族が「敵基地攻撃論争」のルーツとしてこれみよがしに引用するものだ。

「わが国に対して急迫不正の侵害が行なわれ、その侵害の手段としてわが国土に対し、誘導弾等による攻撃が行われた場合、座して自滅を待つべしというのが憲法の趣旨とするところだというふうには、どうしても考えられないと思うのです。そういう場合には、そのような攻撃を防ぐのに万やむを得ない必要最小限度措置をとること、たとえば誘導弾等による攻撃を防御するのに他に手段がないと認められる限り誘導弾等の基地をたたくことは、法理的には自衛の範囲に含まれ、可能であるというべきものと思います」（すでにふれたように、この時代ＩＣＢＭはまだ未開発なので、「誘導弾等」といっても射程１００キロ以下の「戦術核兵器」を意味し、敵基地イコール外国を意味するものではない）

この答弁でいったんは収まったものの、３年後、社会党は伊能繁次郎防衛庁長官を追及して岸信介内閣の統一見解を引きだし、鳩山見解が再登場することとなった（衆議院内閣委　１９５９年３月19日）。岸内閣の見解は、「船田答弁」とおなじく「座して自滅を待つ」と「法理的には」の用語をそのまま踏襲し、それらは「自衛の範囲に含まれる」と鳩山見解をなぞるが、後段で政策論にふれ、自衛隊装備として保有することが明確に否定された。以下がその部分である。

「国連の援助もなし、また日米安全保障条約もないというような、他に全く援助の手段がない、かような場合における憲法上の解釈の設例としてのお話でございますから、例を飛行機とか誘導弾とかいろいろなことでございますが、根本は法理上の問題、かように私どもは考えまして……（敵基地をたたくということは）法理的には自衛権の範囲に含まれており、また可能であると私どもは考えております。しかしこのような事態は今日においては現実の問題として起こりがたいものでありまして、こういう仮定の事態を想定して、その危険があるからといって平生から他国を攻撃するような、攻撃的な脅威を与えるような兵器を持っているということは、憲法の趣旨とするところではない。かように二つの観念は、別個の問題で、決して矛盾するものではない、かようにわしどもは考えております」

傍線のとおり、法理上の問題であり政策には採用しないと明言している。ふたつの「内閣統一見解」があきらかにしているのは、①憲法9条をめぐる純粋に法理的な論争であること、つまり、野党が、日本国憲法は「例外的状況を許容しているか」という法理論からの問いかけにたいし、政府側は「座して自滅を待つ、でよいのか」と極限的な状況を設定したうえで、超法規の世界に逃げたということだろう(鳩山一郎は憲法改正なしに自衛隊を認知するのは違憲だと考えていた)。②「伊能見解」は、現実の政策に反映させるのは「憲法の趣旨とするところではない」と、法理と政策を区分し、防衛政策に反映させることは「憲法の趣旨とするところではない」と、明確に「敵基地攻撃能力の保有」を否定している。③両者の見解を総合すると、政府の9条解釈は「攻撃を受けたあとの敵基地攻撃」(反撃行動)は、「法理」としてありえても、先制攻撃用兵器の「保有」は違憲、と読みとれる。どちらの見解をとっても「安倍発言」や「小野寺提言」のように「相手領域内で阻止する」能力を容認しているとは理解できない。

それから3年後の1957年5月20日、岸信介内閣は「国防の基本方針」を決定した。日米安保条約の改定交渉が開始される直前のこと、以下が全文である。

国防の基本方針　昭和32年5月20日国防会議・閣議決定

国防の目的は、直接及び間接の侵略を未然に防止し、万一侵略が行われるときはこれを排除し、もって民主主義を基調とする我が国の独立と平和を守ることにある。この目的を達成するための基本方針を次のとおり定める。

(1) 国際連合の活動を支持し、国際間の協調をはかり、世界平和の実現を期する。
(2) 民生を安定し、愛国心を高揚し、国家の安全を保障するに必要な基盤を確立する。
(3) 国力国情に応じ自衛のため必要な限度において、効率的な防衛力を漸進的に整備する。
(4) 外部からの侵略に対しては、将来国際連合が有効にこれを阻止する機能を果たし得るに至るまでは、米国との安全保障体制を基調としてこれに対処する。

自衛隊発足後3年たっての「国防の基本方針」決定だった。やがて「専守防衛」の母体となっていく自民党政権の基本防衛政策である。安保改定を強行した岸内閣にしては、意外なほど穏健な方針だ（もっとも、発表時には第2項目「愛国心を高揚し」のくだりが、当時なまなましかった戦前・戦中の記憶とかさなり論議の的となったが）。

4項目中、第1で「国連協力」、第2項「民生安定」と非軍事的方策をかかげ、自衛隊の役割は第3項目に置かれ、第4項目が日米安保に――それも「国連による集団安全保障実現まで」との限定つきで――配されているにすぎない。むしろ、軍事安全保障の限定ないし制約と読むのが素直な受けとめであろう。これが、のちの「専守防衛」の下敷きとなる。

この「国防の基本方針」をうけ、1960年代になって、「自衛権発動の3要件」がしめされる。高辻正己内閣法制局長官の答弁（1969年3月10日、参議院予算委員会）によれば、以下の要件だ。

①わが国に対する急迫不正の侵害があること。

②この場合にこれを排除するためにほかの適当な手段がないこと。

③必要最小限度の実力行使にとどまるべきこと。

これが9条と例外的状況をつなぐ、自衛隊合憲論の〃渡り廊下〃だった。「合憲の自衛隊」がなりたつぎりぎりの法的限界といえる。この三要件が満たされたばあいにのみ――9条2項によって「陸海空軍の保持」「国の交戦権」が禁止されていても――自衛隊による武力行使は容認される、それが政府により合憲と解された自衛隊の出動要件だった。

要約すると、①現に外部から現実に急迫不正の侵略を受けている客観的事実がある。②外交的解決の手段も尽き果てた。③敵勢力の侵攻を排除するには武力による抵抗しかのこされていない…。そのような事態に日本が直面したならば、自衛隊が国土防衛に徹し防御をもっぱらとする「必要最小限度の実力行使」に出ても、それは国家自衛権の正当な行使といえ、ゆえに憲法9条があっても——正当防衛または緊急避難の行為として——許容される、という概念だ。「専守防衛」本来の定義とは、そのようなものだった。1954年、陸・海・空自衛隊に統合されて以降、自民党政権がおこなってきた国民むけの自衛隊の存在理由とは、そのような考えかたに依拠していた。

もうすこし歴史の経過をたどる。「国防の基本方針」～「自衛権発動の三要件」が、「専守防衛」という用語に置きかえられ「防衛白書」に登場するのは、白書がはじめて刊行された1970年、中曽根康弘防衛庁長官の時代（佐藤栄作政権時代）だった。「専守防衛の防衛力」の見出しで、以下の説明がなされた。

「わが国の防衛は、専守防衛を本旨とする。

専守防衛の防衛力は、わが国に対する侵略があった場合に、国の固有の権利である自衛権の発動により、戦略守勢に徹し、わが国の独立と平和を守るためのものである。したがって防衛力の大きさおよびいかなる兵器で装備するかという防衛力の質、侵略に対処する場合いかなる行動をとるかという行動の態様等すべて自衛の範囲に限られている。すなわち、専守防衛は、憲法を守り、国土防衛に徹するという考え方である」

1970年版白書は、つづけて「防衛力の限界」の節をかかげ、「(ア) 憲法上の限界」として「他国に侵略的な脅威を与えるもの、たとえばB52のような長距離爆撃機、攻撃型航空母艦、ＩＣＢＭ等は保持することはできない」と例示し、「(イ) わが国の防衛力は自衛のためのものであるから、自衛の範囲を越えて行動することはできない。したがって、いわゆる海外派兵は行わない」と明確にのべ、さらに「政策上の限界」として、「非核3原則」を引用しつつ「核装備をしない方針」を強調した。

持された。田中首相の衆議院本会議における答弁（1972年10月31日）。

「専守防衛」政策は、佐藤内閣のあとを継いだ田中角栄首相によっても自民党政権の基本方針として維持された。田中首相の衆議院本会議における答弁（1972年10月31日）。

「専守防衛ないし専守防御というのは、防衛上の必要からも相手の基地を攻撃することなく、もっぱらわが国土及びその周辺において防御を行なうということでございまして、これはわが国防衛の基本的な方針であり、この考え方を変えるということは全くありません。

なお戦略守勢も、軍事用語としては、この専守防衛と同様の意味のものであります。積極的な意味をもつかのように誤解されない（でいただきたい）。専守防衛と同様の意味を持つものでございます」

以上が「専守防衛とは」の源流であり、かつ菅内閣にも拘束力をもつ「公権的解釈」なのである。以後、この見解は曲がりなりにも維持されてきた。毎年の『防衛白書』にもそのように書かれた。それがいま「敵基地攻撃能力」の公然化によってくつがえされようとしているのである。

だから、もし護憲勢力が、（本来の解釈に立って）みずからが考える「専守防衛」のありかたを提示しながら、一致してこの状況と対峙し菅政権の専守防衛やぶりに結束して反対表明をおこなうことができるなら（それは、護憲側から対抗的な「専守防衛政策」が提示できるかにかかっているが）、「敵基地攻撃」を、「論」のうちに打破する余地はある。なぜなら現政権は、それでもなお「専守防衛の枠内での敵基地攻撃」と弁解せざるをえない弱み、ぎゃくにいえば「専守防衛の重み」を自覚しているからだ。護憲側が提示する「専守防衛とはこれだ」の政策提起が国民多数を説得できれば、敵基地攻撃論は打破できるだろう。どちらの専守防衛をとるか。現状はその正念場にあるといって過言でない。

以上みてきた「専守防衛」を内側からくずしていく既成事実の積みあげは、安倍政権のもとで根底からくつがえされた。２０１５年9月強行採決された「戦争法」（メディア用語で「安保法制」、政府は「平和安全法制」と呼称）によってである（これまでの経過に立てば、「戦争法」が違憲であり護憲政権によって廃止されなければならないのは自明だろう）。安倍「戦争法」より、従来維持されてきた（ファジーであっても）「専守防衛」の原則に立つ自衛隊、また「自衛権発動の三要件」が、「自衛の措置としての武力行使の三要件」に名称変更され、かつ内容も一変させられて「新三要件」となった。以下の文である。

①我が国に対する武力攻撃が発生したこと、又は我が国と密接な関係にある他国に対する武力攻撃が発生し、これにより我が国の存立が脅かされ、国民の生命、自由及び幸福追求の権利が根底から覆される明白な危険があること。

②これを排除し、我が国の存立を全うし、国民を守るために他に適当な手段がないこと。

③必要最小限度の実力行使にとどまるべきこと。

②と③は旧三要件ほぼ同文だが、冒頭部分が跡かたなく改変され、「専守防衛」とは異質の「集団的自衛権」の行使許容（傍線部）がもちこまれた。その結果「個別的自衛権」「専守防衛」とは正反対の意味にかわった。改正をうけ、自衛隊の行動を規定した自衛隊法76条「防衛出動の二」に「我が国と密接な関係にある他国……」以下の文がそっくり新設・挿入された。つまり自衛隊の本来任務に、「我が国と密接な関係にある他国」支援のための武力行使規定が追加されたことになる。「密接な関係にある他国」の筆頭が、安保条約の相手国・アメリカであることは指摘するまでもない。にもかかわらず、２０２０年版白書はなお白々しく「憲法の精神に則った受動的な防衛戦略の姿勢をいう」などと、「専守防衛」を曲論しているのである。

このように安倍政権のいう「専守防衛」なる用語の実態は、もはや〝空虚なことば〟というほかない。これに「敵基地攻撃能力」が付加されれば、完全に名存実亡となる。専守防衛の自衛隊が、「集団的自衛権」の範囲にまで武力行使領域をひろげ、先制攻撃能力をも取りこもうとしているのである。げんに海上自衛隊の護衛艦は、南シナ海などで米原子力空母艦隊と中国に向けた共同行動（や「米艦防護」活動　2018年16回、2019年14回）をおこなっている。つまり、いつ突発的な衝突が起きてふしぎでない）光景が日常的なのだ。

したがって「戦争法」の廃止こそ緊急の課題となる（その点は立憲民主党、共産党、社民党ともに一致している）。そのうえで、戦争法にかわる「護憲側の専守防衛」が出せるか、問われているのはそのことである。

三、「抑止の罠」という問題

「専守防衛」が崩壊し「集団的自衛権」の行使が容認されると、日本の防衛政策にどのような変化をもたらすか。「敵基地攻撃論」を提唱した「小野寺提言」（8月4日）は「抑止・対処」という用語をもちいていた。そこに自衛隊のめざしている方向があるのはたしかだ。抑止戦略に立つ自衛隊、それをひとことでいえば、相手＝想定敵国の能力に対抗できる（できれば上まわる）任務、装備の保有となろう。北朝鮮には「核・ミサイル」以外の通常戦力は（韓国を攻撃する兵器のほか）保有されないので、自衛隊が相手とみなすのは中国海・空軍（さらに極東ロシア軍も）ということになる。中国海・空軍と対抗し、できれば凌駕する戦力を持つ。「敵基地攻撃」にこめられた脱・専守防衛のねらいは、「抑止・対処」型自衛隊への脱皮であるにちがいない。いわゆる「所要防衛力」、すなわち相手の「意図」に対抗し、その「能力」を上回る反撃力を有するという考え方である。

「小野寺提言」はしかし、抑止型軍隊を待ちうける「抑止の罠」についてまったく言及しようとしない。そこにこそ「敵基地攻撃論」が、たやすく「先制攻撃」に転化しかねない（さらには国家の危機に名を借りた予防戦争という）要因があるにもかかわらず、故意に見落とされている。「抑止」は、それが破たんしたさいの「対処力」をもつがゆえに有効、と認識される。それは同時に「抑止の罠」におちいる逆機能も有している。日本もかつて落ちた罠である。説明していこう。

３０００年以上におよぶ戦争の歴史のなかでつちかわれた軍隊の存在目的、それは「戦争に備えて日夜訓練し、その試練の場が戦場・決戦であり、結果は勝利か敗北かにより判定される」という経験と伝承にぞくしていた。ワーテルローもノルマンディーも、それに先だつ戦闘をモデルにして戦われた。士官学校の教育はいまでも戦史からはじまる。

ところが、核兵器の出現は伝統的な関係式を一夜にして無効なものとした。過去の戦訓が通用しない戦争である。核兵器は、アテネ・スパルタ戦争以降の「戦場の教訓」を役立たないものとした。そればかりか、一歩まちがえれば戦闘員のみならず交戦国住民、全世界もろとも共滅しかねない新状況を突きつけたのである。広島・長崎の経験（1機・1回の出撃で1都市が壊滅する）が、そのような新時代の開示であり、「キューバ危機」（１９６２年）は、核時代が直面するおそるべき深淵をＩＣＢＭ（核弾道ミサイル）の威力で世界大にひろげ告知した。過去の「戦場の教訓」など通用するすべもない。

ふたつの経験から「核抑止」ということばが生まれた。核兵器は「戦場で使用する兵器」でなく「国際間の危機を管理＝抑止する」兵器とみなす思想である。フランスの社会学者レーモン・アロンの警句、「戦争は不可能だが平和も困難である」が、核の時代＝東西冷戦期における「戦争と平和」の危うさをうまく表現している。米・ソ対立の時代にあっては、「相互確証破壊戦略」（強大な核報復力を保持して相手の核使用を抑止し優位に立つ）にもとづく「恐怖の均衡」――ケネディ大統領はそれを「天井からぶらさがった剣の下で眠る人＝ダモクレスの剣」にたとえた――による相互自制がはたらいて（それとも偶然に）、核兵器の使用は、先制・報復どちらケースも回避され、核戦争は起こらなかった。あるべき平和にほど遠いにせよ、その意味で「抑止」は成功したといえるかもしれない。このように「抑止」という概念は核兵器の時代に（不自然かつ危うぃかたちで）誕生したのである。

以上をのべたには理由がある。それは、ふたつの「小野寺提言」（「イージス・アショア導入」につながる自民党政調会の提言２０１７年３月30日）および「相手領域内で弾道ミサイルを阻止する能力保有」提言（同２０２０年８月４日）のなかに「抑止力向上」や「抑止力・対処力」などという用語が頻出（とくに後者には10カ所）しているからである。つまり、２提言から「抑止の論理」（アメリカによる「拡大抑止戦略」で日本の安全を保障するという考えをふくめ）に、より接近している姿勢がうかがえる。自衛隊を「抑止型」につくりかえようとする意図なのだろう。

するとどうなるか。核抑止戦略を、「核兵器によって相手を威嚇、それ以上の報復があると覚悟せよ、と戦力を誇示し、それにより攻撃を思いとどまらせようとする意図」、こう定義してみると、それは「専守防衛」と正反対の攻撃的な防衛政策とならざるをえない。１９７０年、最初の防衛白書に「わが国の防衛は、専守防衛を本旨とする。……専守防衛は、憲法を守り、国土防衛に徹するという考え方である」と書かれ、いまも維持されている（ことになっている）自衛隊運用の基本構想とは真逆の方向だ。防衛相経験者の小野寺がそう「提言」しているのである。

抑止型自衛隊の目標が、核・弾道ミサイルをもつ北朝鮮、おなじく南シナ海、東シナ海に進出する中国の脅威に「対抗」、とすれば、抑止の論理に立つかぎり（時期は不定であれ論理的には当然に）日本も核武装しないと安全でないという結論にみちびかれる。フランスのドゴール大統領が「独自核戦略」保有に踏みきった（１９６０年）決断の論拠は、「アメリカはニューヨークを犠牲にしてまでパリを救う覚悟があるか？」と自問し、答えは「ノン！」だと結論したことにあった。それと同様、いかなるアメリカ大統領であれ、ニューヨークを犠牲にして「同盟国の首都防衛」のため核を使用するなどとは考えないだろう。こうして核抑止戦略の思想に依存しつづけるかぎり、日本もまたいつの日かに「核の選択」を免れないことになる。いうまでもなく「非核3原則」――製造・保有・持ち込みの禁止――に反するので、当然にこれを廃棄しなければならない。

ならば、アメリカの「拡大抑止」＝〝核の傘〟による保証は信頼するに足るだろうか。たとえ米政府による〝口先の誓約〟に信頼を置くとしても、その信頼度はドゴールの自問自答とおなじ結論になるとみていいだろう。それにとどまらない。米政府から、対朝・対中対抗策として「中距離核ミサイルの日本持ち込み」を要求されても拒むことができない。げんに新型中距離核ミサイルの開発は完了ずみであり、エスパー国防長官は「東アジアに配備したい」と明言している。水面下ですでに要請されているのかもしれない。菅政権が、国民を「核ならし」させるため進んで受けいれる可能性も考えられる。根拠となる事実は、2020年8月の第2回「小野寺提言」中「日米同盟と抑止力・対処力」の項に「日米同盟全体の抑止力・対処力の向上を図ることが（わが国の）基本的立場である」とあることにも示唆されている。そこに「核持ち込み」と明記されているわけではないが、「提言検討チーム」が「核持ち込み禁止」解除を念頭に入れているとも推測できる。自民党内には、石破茂元防衛相のように「持ち込ませず解禁」を持論とする人物もいるので、ありうることと受けとめたほうがいい。

ここにも歯止めはある。「日米安保条約の事前協議について」の交換公文には、「装備における重要な変更の場合」として、「核弾頭及び中・長距離ミサイルの持込み並びにそれらの基地の建設」と例示されている。日本政府の承諾なしに「核持ち込み」はできない。とはいえ、交換公文にもとづく事前協議は安保改定以降一度もおこなわれたことがない。それにアメリカが「非核中距離ミサイル」（と偽って）核弾頭つきミサイルを日本国内に設置する可能性もある（もっとも、抑止は威力の誇示にこそ最大の存在理由があるので実現性は小さいが）。〝安保のウソ〟には――「核抜き・本土なみ」「米艦の核つき寄港」など――慣れっこなので警戒しておかなくてはならない。米新型ミサイルの配備（冒頭部でふれた「統合防空ミサイル能力＝ＩＡＭＤ」）は南西諸島ミサイル基地化ともリンクしているのである。

抑止の罠

安倍＝菅内閣による「敵基地攻撃」と「抑止・対処型自衛隊」への接近は、日本もまた「抑止の罠」に踏みこむ方向に向かいかねないことを予感させる。３点挙げておこう。

第１に、核抑止論――核をもって核を制す――の危うさは、「もし、抑止が破れたら……」と表裏一体の関係にあることだ。その意味から、「小野寺提言」が多くの個所で「抑止力・対処力」と表現しているのは正しい。抑止の有効性（安心感）は、つねに想定敵国――北朝鮮、中国――の戦力を凌駕しているという自負とともに、万一、抑止が破綻したばあいの「対処力」（核報復力）によって保証されなければならないからだ（アメリカが〝対処〟してくれるとの期待は疑問である）。相手の能力に応じた核戦力のたえざる更新も必須となる（〝核の傘〟のばあい対米従属のさらなる加速、核持ちこみ容認）。相互確証破壊を満足させる作用と反作用の連続。冷戦時代における米・ソ間の核抑止をめぐるせめぎ合いは、ソ連経済が崩壊するまでつづいた。独自核武装か、核持ち込み容認か、いずれであれ、もはや戦争の形態は、明治以降、日本軍が戦ってきた（そして自衛隊が「離島奪還」で想定しているような）――鍛え・殺し合い・勝つ――戦争とは対照的な、心理的で背理に満ちた〝形而上学〟に変化したのである。

第２に、核抑止を成りたたせるには（きわめて逆説的だが）信頼と対話、交渉（最低でもたえざるメッセージの交換）が不可欠だという点にある。相手指導者が「理性的に判断し合理的に行動する」ことへの信認こそが「核抑止」を成立させる根底条件となる。「キューバ危機」が世界の破滅にいたらなかった理由は、ケネディ大統領とフルシチョフ書記長が、相手を理性的に判断し合理的に行動する人物だとみなし交渉した相互信頼にあった。いくつもの電報が交換され相互に腹を探り合い妥協した。こんにち私たちは、ソ連がキューバから中距離ミサイルを撤去するのと引き換えに、アメリカがトルコに設置されていたソ連向けミサイル「ジュピター」の撤去をおこなった事実を知っている。つまり危機回避は絶えざる交渉と妥協の産物だったのである。(「危機」の翌年、「米・ソ、「ホットライン協定」がむすばれ〝対話〟がより確実なものとなる)。だから、相互核抑止が米・ソ間で40年有効であったのは偶然のできごとであり――ペロポネソス戦争以来の「戦場の教訓」のように――普遍化できる法則ではないということもできる。

その核抑止戦略が、こんにち空中楼閣のように危ういものになってしまった。

最大の理由は、東西冷戦終結後の情勢変化が、それまで核抑止を有効としてきた「対話と交渉」という条件を消滅させたことにある。「イスラム国」や「核を持つテロリスト集団」とのあいだに抑止関係など成立しようもない。自爆覚悟の相手に対話や交渉の余地などあり得ないからだ。米・北朝鮮間、米・中間でも、かつての米・ソ間のような「安定した抑止」は成立していない。ソ連崩壊のあと、ヘンリー・キッシンジャー、ジョージ・シュルツ元国務長官、ウィリアム・ペリー元国防長官など、冷戦期に対ソ核戦略を構築した名だたる人物たちが、あいついで「全面核軍縮」や「核なき世界」を提唱するようになったのも、そうした事情による。だのに、この期におよんで抑止力を持ちだすなど言語道断というべきだろう。

日本と北朝鮮間には信頼関係も交渉のテーブルすら存在していない。そのことに思いいたすと、「圧力と制裁」しかカードがない安倍=菅外交には「抑止の前提」さえ欠けている。そこに「抑止・対処」や拡大抑止をひけらかしても「虎の威を借りる狐」としか映らないだろう。「虎」は平時に吠えてくれても、いざとなれば身をひるがえすはずだ。つまり、日本外交は「抑止のアクター」としての条件を欠いている。

第3は、核抑止戦略に静止状態など存在しないことである。作用と反作用の永久運動、たえまない兵器更新とそれに対応できる経済負担(アメリカ並みならGDP6%)が必要となる。そこでは「安全保障のジレンマ」（あるいはツキジデスの罠）という名の〝軍拡のシーソーゲーム〟が繰りかえされる。アメリカ並みなら年30兆円、韓国と同額でも20兆円以上に防衛予算に同意しなければならない。それを知りながら〝無効になった核抑止〟や〝核の破れ傘〟になお依存するか？

それにくわえて、思いがけない〝転移〟もある。いま日本の政策決定者たちは、もっぱら中国海空軍を意識しつつ敵基地攻撃や護衛艦の空母への改造（「多用途運用型護衛艦」と称する）、それに搭載するF-35導入をいそいでいる。しかし反面、そのことが隣の韓国に対日猜疑心を生じさせ、おなじ道（空母建造や中距離ミサイル保有）に向かっていることに気づこうとしていない。やがて、だれも望まない日・韓間の軍拡競争に点火されそうだ。

それは、ちょうど中曽根政権時代の１９８０年代に、日本が（アメリカの要請で）「ソ連の脅威」にのみ注目して「三海峡封鎖」「シーレーン１０００海里防衛」へと乗りだしていった過程を思い起こさせる。当時の中国政府は、自国領域である黄海、南シナ海の目前海域に設定された2本のシーレーン――「南西航路」（東京湾～南西諸島～フィリピン～インド洋のオイルルート）と「南東航路」（大阪湾～小笠原諸島～グアム島～オーストラリアの鉄鉱石ルート）――に対抗できず沈黙せざるをえなかった。いまそれが「第1列島線」、「第2列島線」とよばれる海域に変化したのである。ふたつの列島線は、日本の「シーレーン防衛」における「南西航路」「南東航路」とぴったり一致する。抑止・対処戦略はそのような意図しない「反作用」に転移して、〝軍拡の無窮運動〟をもうながすのである。宮古、石垣島のミサイル基地化に同様のリアクションを予期しておかなければならない。「三海峡封鎖」がいま「三海域（東シナ海・黄海・南シナ海）囲い込み」に大きく転換して日本にのしかかっている事実を直視すべきだ。

むすび

菅内閣は、安倍政権〝最後の遺産〟のかたちで引き継がれた「安倍談話」「小野寺提言」の方向を自衛隊の未来形にしようとしている。２０２１年度防衛予算がそのことを鮮明にしめすはずだ。その「抑止力・対処力」型防衛政策とは、つまるところ、米核抑止戦略に領導された「日米同盟」であり、自衛隊の将来はそれへの隷従でしかない。「相手領域内でも弾道ミサイルの等を阻止する能力の保有」政策によって、日本はまちがいなく「抑止の罠」におちいる羽目になる。

結局のところ、アロンの「戦争は不可能だが平和も困難である」という命題を、こんにちの日本人がどう読みとるかにかかっている。「平和は困難」のほうをとれば、北朝鮮中、中国との対話や交渉には意味がなく「敵基地攻撃」で対抗するしかない。それが「小野寺提言」「安倍談話」のゴールである。しかしそこにはいくつもの「罠」が待ちかまえている。なにより「専守防衛」を捨てなければならない。

いっぽう、「戦争の不可能性」と「日中再び戦わず」の誓いに着目したうえで、護憲の側から、自民党政府が最初に「専守防衛」についてのべた「憲法を守り、国土防衛に徹するという考え方」に立つ道を再定義してしめす、という方向もある。すなわち憲法前文に書かれた「諸国民の公正と信義に信頼した安全と生存」「全世界の国民が、ひとしく恐怖と欠乏から免かれ、平和のうちに生存する権利を有することを確認する」を具現化する方策である。

国民の多数が不安に思っているのは、つぎのようなことだろう。

・専守防衛はいい、しかしそれで戦争が止められるか？　近隣国が日本の首都を破壊できる運送手段を持った時代の「専守防衛」とは何なのか？

・日本単独で防衛できるか？　アメリカに守ってもらうなら相応の負担も必要ではないか？
・クエートに侵攻したイラクのような国が近隣にないよう祈るが、もしそんなことがあったら……
　これらの問いに、立憲民主党、共産党、社民党が、「護憲理念に立つ専守防衛」という共通かつ統一した対抗構想をしめしつつ、すべての護憲勢力が「敵基地攻撃能力保有」と結束して対決し、菅政権の〝専守防衛やぶり〟に一致して反対表明をおこなったとすると、「敵基地攻撃」を未発のうちに打破する余地はまだのこされている。

　9条堅持の一点にとどまるのではなく、専守防衛とはこれだ！　を対置して、「それでも万一……」、「もし攻められたら……」を懸念する人びとに、「9条維持のもとで、いかなる安全保障政策が可能か」、また「専守防衛はどのように可能か」を具体的に考えることがもとめられる。

　それ以外に「敵基地攻撃論」に対抗できる方法はない。どちらの側に立つか。いまの状況は、改憲以前の（たぶん最後の）機会となる。

米軍指揮による日米一体の海外出動態勢
――自衛隊はどこで、だれのために戦うのか？――

日本平和委員会常任理事　末浪　靖司

はじめに

日本と米国はそれぞれ独立した国家であり、自国の主権、平和、独立を維持するための武装部隊をそれぞれ保持している。独立した国家が自国の軍隊を他国の軍隊の指揮下におくことは通常ありえない。しかし、日米両国政府は自衛隊が米軍の指揮下で戦闘作戦行動ができるように、取り決めを結び、そのための態勢づくりと準備を進めている。

日本は米国と同盟関係にある。この同盟は、日本が米国に極東と自国の安全をゆだねて基地を提供し（日米安保条約第6条）、日本が攻められた時は日米が共同で作戦し（同5条）、日本が軍備を増強する（第3条）ことを約束しており、ＮＡＴＯ（北大西洋条約機構）のように同盟国が互いに対等の関係にある同盟とは異なっている。

自衛隊が米軍指揮下で海外に出動するという問題も、このような日米同盟の性格と深い関係があり、それを明らかにすることは興味深いテーマであるが、その関係は最後にふれることにして、まず明らかにするのは、第一に、自衛隊が米軍に指揮される実態、第二に、その根拠になっている日米の取り決め、第三に、日本政府が指揮権を米軍にゆだねた経過、そして第四に、自衛隊は米軍の指揮下どこで戦うのか、という問題である。

筆者は２００５年いらい米国立公文書館で戦後の日米関係に関する米政府文書を読むなかで、日本が指揮権を米政府にゆだねた経緯を知り、その事実関係を明らかにしてきた（創元社『日米指揮権密約の研究』）。ここでは紙幅の制約もあり、経過の説明は最小限にして、最近の事実関係を中心に述べる。

一、激化する日米共同演習

自衛隊が米軍の指揮下で戦うためには、日米両国政府がそのことを文書などで約束しあい、約束を実行するための取り決めが必要である。両国政府は１９６０年の現行安保条約締結いらいそのための協議を重ね、多くの取り決めをしてきた。しかし、米軍が自衛隊を指揮するためには、実際に戦場を想定して指揮を一本化し、両軍が一体になって戦うための訓練が必要である。

防衛白書２０２０年版は、日米共同訓練・演習が「国内のみならず、米国への部隊派遣などにより拡大している」とし、「日米共同指揮所演習、対潜特別訓練、日米共同戦闘機戦闘訓練など各軍種において相互運用性及び日米の共同対処能力の向上の努力を続けている」と述べている。

なぜ米国への部隊派遣なのか。もちろん米国で戦うのではないが、海外に派遣されて、米軍などと共同して戦うことを想定しているからである。米国で行われている日米共同演習の実態を見よう。

米陸軍参謀総長が語った米砂漠地帯の演習

まず、山梨、静岡両県にまたがる富士演習場や米国カリフォルニア州の砂漠地帯で行われている訓練を紹介しよう。

日本を象徴する美しい富士山。その広大な裾野はかつて米軍の演習場だった。現地住民の激しい返還要求運動もあって、今は日本側に返還され、自衛隊基地になっている。しかし山梨県側の北富士でも、静岡県側の東富士でも、米軍はここで、今も自衛隊とともに激しい訓練を繰り返している。

北富士演習場では、全国五つの方面隊から集められた陸上自衛隊の隊員が敵と味方に分かれ、レーザー銃で撃ち合い、相手をどれだけ殺傷したかを評価する訓練が２００６年からずっと続けられている。東富士では２０２０年10月も、米海兵隊と陸上自衛隊が榴弾砲や自燐弾の砲撃訓練をした。

北富士演習場から陸上自衛隊訓練評価隊の隊員約１８０人が最初に米カリフォルニア州のフォート・アーウィン演習場に送られたのは２０１４年だった。

この時の日米共同演習について、同年12月に米国防総省（ペンタゴン）に出向いた当時の河野克俊統合幕僚長にオディエルノ米陸軍参謀総長が語った記録がある。

オディエルノは、日米両軍の相互運用性や指揮統一機能強化を強調して、次のように述べた。

「数ヵ月前、カリフォルニアにあるナショナル・トレーニング・センターにおいて、小規模ながら陸上自衛隊と米陸軍が訓練を実施した。これは、相互運用性、情報共有、指揮統制機能の強化の観点から重要であると認識している。数年来の努力により海軍種間では相互運用性について向上がみられるが、陸軍種間には複雑な問題となっており、今まさに相互運用性の向上について取りくんでいるところである。この分野は我々が今後取り組むべき分野であると考えている」＊1

海軍種は米海軍と海上自衛隊、陸軍種は米陸軍と陸上自衛隊のことである。米陸軍参謀総長は米陸軍と陸上自衛隊の相互運用性を強化せよと日本の統幕長に要求したのだった。

では、そのために米陸軍トップが重要だと指摘したナショナル・トレーニング・センターの訓練とは何なのか。

それは、カリフォルニア州南部の広大な米陸軍の演習地で行われた熾烈な訓練である。フォート・アーウィン戦闘訓練センター（ＮＴＣ）は、ネバダ州とアリゾナ州に近いモハベ砂漠にあり、北富士と東富士の両演習場をあわせたよりも約50倍も広いといわれる。戦闘訓練センターには、市街地の戦闘を模した施設や英語以外の言語でかかれた軍事施設や宗教施設があり、アラビア語で書かれた食堂もつくられていた。

ここで繰り広げられた日米両軍の戦闘訓練は「赤い電撃戦」（レッド・ブリッツ）と呼ばれ、演習には、パートナーとして米陸軍約４０００人の歩兵（第二歩兵師団第三ストライカー戦闘旅団戦闘団）が参加した。それまでにイラクに３回、アフガニスタンに１回派遣され、実際に戦闘を経験してきた部隊である。

陸上自衛隊がイラク派遣にあたり北富士演習場で敵戦車の兵士を殺傷する訓練で劣化ウラン弾の模擬爆弾を撃ち込んだ巨大な構造物

自衛隊北富士駐屯地にズラリと並べられた155ミリりゅう弾砲

自衛隊歩兵部隊が２０１４年１月13日から２月９日までここで経験したのは、「アストロピア」という架空の国が、「ドローピア」という国の侵略軍を迎え撃ち、自衛隊の戦車や装甲車が米陸軍ストライカー旅団の対戦車ミサイルによって破壊され、連隊は全滅することを想定した訓練だった。

それは、実際の戦闘がいかに残酷なものであり、自衛隊が米軍司令官の指揮下で戦争するということは、言葉や図面で説明されるような生易しいものではなく、自衛隊部隊が全滅するほどのものだと自衛隊員に認識させたのだった。米軍司令官が自衛隊部隊をどのように指揮するかは、双方の司令官が戦場の現場で相談して決めるのではなく、最初から前提になっているのである。

日米共同演習がなぜ米国で行われるのか

日米共同演習は、陸上自衛隊や海上自衛隊が、米陸軍や海兵隊と一体になって負傷者が出ることも想定してもう何年も続けられている。

2020年1月5日から2月27日まで米カリフォルニア州キャンプ・ペンドルトンのサンクレメンテ島とその周辺海空域で行われた最近の日米共同実動演習には、陸自の水陸機動団第二水陸機動連隊と米海兵隊の第一機動展開部隊司令部、第一五海兵機動展開隊、第三艦隊水陸両用戦隊が参加した。「ドーン・ブリッツ（夜明けの電撃戦）」と呼ばれるこの演習は、2015年から続けられており、海上自衛隊から護衛艦「ひゅうが」「あしがら」、輸送艦「くにさき」などが、航空自衛隊からは航空総隊*2が参加した。

米カリフォルニア州サンクレメンテ島周辺の日米共同演習で負傷者を米軍オスプレイに運び込む陸上自衛隊

2015年には、米海兵隊のオスプレイMV22が「ひゅうが」の甲板に着艦し、戦闘で負傷した将兵を搬送するなど、日米両軍一体となった訓練をした。

2019年5月22日から6月28日まで、米アラスカ州エレメンドルフ・リチャードソン統合基地とその周辺訓練場、ドネリー訓練場、アイルソン空軍基地、ハスキー降下場で行われた空挺部隊による日米共同の降下訓練は、「アークティック・オーロラ」と名づけられ、自衛隊第一空挺団第一普通科大隊と米軍空挺部隊の第4—25歩兵旅団戦闘団第1—501歩兵大隊の計140人が降下訓練をした。

陸上自衛隊は、東京の横田基地、東富士演習場など各地の米軍基地と自衛隊基地を結んで、米軍司令官の指揮下で、オスプレイCV22やC130輸送機などの米軍航空機から落下傘や吊り梯子で降下訓練を続けている。日本列島の多くの米軍と自衛隊の基地で行われているこの訓練では、米軍からの兵員の参加はなく、参加するのは自衛隊員を指揮する司令官だけという場合が多い。

近いところでは、2020年9月14、15両日、東京の米空軍横田基地、陸上自衛隊習志野基地、同厚木航空基地を結んで行われた演習は、米第五空軍第三七四空輸航空団機から陸自第一空挺団隊員が降下する回数を増やすことにより、空挺作戦のための戦術技量の向上をはかるという、まさに米軍指揮下の日米共同作戦の訓練だった。

米海軍と海上自衛隊の共同訓練

このところ急速に増えているのは、海上自衛隊と米海軍の共同演習である。

2020年7月19日、フィリピン海で横須賀を母港とする空母「ロナルド・レーガン」打撃軍と海上自衛隊の護衛艦「てるづき」が共同演習を行った。日本の周辺ではなく、太平洋の真ん中だった。

「ロナルド・レーガン」打撃軍には、ミサイル巡洋艦「アンテイータム」や「マステイオン」が空母を守る輪形陣*3を組み、「てるづき」はその外側で輪形陣に参加した。自衛隊の艦船が米軍の指揮下に、米巡洋艦とともに米空母を防護するかたちである。

米艦船と海自艦船による共同演習では、2019年は6月15日から24日まで、さらに同年6月19、20両日に、「ロナルド・レーガン」と護衛艦「いずも」「むらさめ」「あけぼの」に、掃海母艦「うらが」、掃海艦「はつしま」「つのしま」「なおしま」に6名の水中処分員が参加して、掃海特別訓練が行われた。20

19年3月30日から6月29日までハワイ諸島海域では、潜水艦「まきしお」に加えて艦艇一隻が、また同年5月29日には、グアム周辺空海域で、護衛艦「ありあけ」「あさひ」に米駆逐艦「カーティス・ウィルバー」が参加した。

さらに2019年6月19、20の両日には、台湾とフィリピンの間にあるバシー海峡から関東地方の南方にいたる広い空海域で護衛艦「みょうこう」と米空母「ロナルド・レーガン」、それに同空母打撃軍の艦艇数隻が参加して、日米共同演習をした。この演習は、中国の潜水艦がこれらの海域を通過して太平洋に出るのを探知・監視する目的があるとされている。

日本海上空で米軍B52爆撃機を護衛する航空自衛隊F15戦闘機

核兵器搭載可能B52を護衛し北朝鮮威嚇

航空自衛隊と米空軍はどうか。石川県の小松基地沖では、2007年から航空自衛隊と米空軍の共同演習が行われてきた。最近では2019年10月1日に、青森県の米空軍三沢基地からF16戦闘機6機が飛来し、航空自衛隊のF15戦闘機4機と4日まで、小松沖の日本海上空で戦闘機同士の空中戦を想定して共同訓練をした。

米空軍のB1B爆撃機やB52H戦略爆撃機は、定期的に米本土の基地からグアムのアンダーセン空軍基地に派遣され、そこから頻繁に日本に飛来して、航空自衛隊各基地の戦闘部隊と共同訓練している。

B52は核兵器搭載可能爆撃機だが、日本に入る時に核兵器を下してくるのかどうかはわからない。北朝鮮が2016年1月に四度目の核実験をして朝鮮半島の緊張が高まったとき、B52爆撃機は日本列島を横断飛行した後、日本海上空で航空自衛隊の戦闘機部隊と、B1B爆撃機は九州西方や沖縄周辺でそれぞれ頻繁に共同訓練を実施した。訓練とはいえ、事実上、北朝鮮を威嚇する軍事作戦であった。

石川県平和委員会によると、Ｂ52戦略爆撃機は２０２０年に入って2月と6月に、小松（石川県）、千歳（北海道）、三沢（青森）、那覇（沖縄）などで空自のＦ15戦闘機と訓練し、築城（福岡）では空自のＦ２戦闘機と共同訓練をした。また米空軍Ｂ１爆撃機は、四月、五月、六月に、七月には二度にわたり、小松、新田原（宮崎）、那覇で自衛隊のＦ15戦闘機と、百里（茨城）や築城ではＦ２戦闘機と共同訓練をしている。

これらはいずれも、自衛隊が自衛隊法第95条の２[*4]にもとづく米軍防護の訓練である。つまり自衛隊機が米軍をエスコート（護衛）して飛行する訓練である。

指揮の一本化を前提にする日米戦闘機の空中給油も増えている。

防衛省の中期防衛力整備計画（中期防）では、海上自衛隊の「いずも」型護衛艦を短距離の甲板上で戦闘機の離陸と垂直着陸ができるように改造して、事実上の空母にする方針で、改修後は米軍戦闘機も搭載できることになる。安全保障法制で日本への武力行使に至る可能性がある「重要事態」が発生すれば、発進準備中の米戦闘機への給油も可能になる。

このように日米両軍が一体となって行動する訓練によって、自衛隊が米軍指揮下で行動する練度が向上することになる。

指揮所の図上演習で指揮貫徹をはかる

実際に兵員が参加し砲弾や銃弾が発射される実動演習にくわえ、米軍と自衛隊の指揮を一本化するうえで重要な役割を果たすのは、指揮所訓練といわれるコンピューターを使った図上演習である。

２０２０年1月24日から31日まで行われた日米共同統合指揮所演習「キーン・エッジ20」は、東京市ヶ谷の防衛省やこの演習に参加した自衛隊各部隊の所在地、さらに米軍横田基地、ハワイの米軍基地を結んで、参加人員９７００人という大規模なものだった。自衛隊からは、内部部局や陸海空各幕僚監部、情報本部、防衛装備庁をはじめ、陸自から陸自総隊、各方面隊、海自からは自衛隊艦隊、各地方隊、空自から航空総隊、航空支援集団など、また陸海空を超えた情報保全隊、指揮通信システム隊が参加した。

これに先立つ２０１９年12月３～16日に行われた日米陸上指揮所演習「ヤマサクラ77」（ＹＳ77）は、東京練馬区の陸自朝霞（あさか）駐屯地、香川県高松市の国分台演習場、熊本市の健軍駐屯地、沖縄県うるま市の米軍キャンプ・コートニーなどを結んで行われた。自衛隊からは陸幕監部、陸自総隊、東部方面隊、西部方面隊、教育訓練研究本部、統合幕僚部、海上自衛隊、航空自衛隊など約５０００人が参加、米軍からは太平洋陸軍司令部、在日米陸軍司令部、第1軍団、第40歩兵師団、第３海兵機動展開部隊など約１６００人が参加した。第一軍団はインド太平洋軍地域専任の作戦司令部で、米側演習部隊長はワシントン州の第一軍団長だった。

陸上自衛隊は米陸軍座間基地（神奈川県）の同第1軍団前方指揮所と同じ庁舎内に、陸自総隊の日米共同部を設置した。

「ヤマサクラ」は、１９７８年に最初の日米ガイドライン（日米防衛協力の指針）がつくられてまもない１９８２年に始まった。在日米陸軍の部隊章にあしらわれている「ヤマ」（富士山）と自衛隊のシンボルマーク「サクラ」（桜）をかけあわせたもので、指揮系統は別という建前をとりながらも、ヤマがサクラを指揮して戦闘できるようにするのである。

＊１　防衛省２０１４年12月14日付「統幕長訪米時における会談の結果概要について」（取扱厳重注意）「オディエルノ陸軍参謀総長との会談結果概要」

＊２　航空戦闘任務を与えられている第一線戦闘部隊。航空自衛隊の各部隊の総力が集められ、航空総隊司令部、航空方面隊その他の直轄部隊で編制される。航空方面隊は、航空方面隊司令部、航空団、航空管制団及び高射

軍とその他の直轄部隊により編制されている。

＊3　機動部隊の戦闘陣形。空母を中心にして、戦艦・巡洋艦・駆逐艦などを輪形に配置し、潜水艦や航空機による攻撃を効果的に防ぐ。

＊4　自衛隊法95条の2　1項　自衛官は、米軍、その他の外国軍、その他これに類する組織の部隊で、自衛隊と連携してわが国の防衛に資する活動（共同訓練を含む）に現に従事しているものの武器等を職務上警護するに当たり、人、武器等を防護するため必要であると認める相当の理由がある場合には、合理的に必要とされる限度で武器を使用できる。（2項は略）

二、日本政府は米国に何を約束してきたか

２０１9年4月19日、日米安全保障協議委員会（ＳＣＣ）（ツー・プラス・ツー）がワシントンで開催された。出席者は、日本側が河野外相（現行革相・前防衛相）、岩屋防衛相、米側はポンペオ国務長官、シャナハン国防長官である。会談後の共同発表文書は「閣僚は、平時及び有事における運用の双方に不可欠な要素である日米同盟の即応性、相互運用性及び抑止力を向上させるための手段として、運用協力を深化させる」と述べている。米軍と自衛隊が軍事同盟の義務として、いつでも戦時に即応して両軍を運用できるようにするというのである。

日米ガイドラインで両軍の相互運用を要求

これは、日米安保協議委員会（ＳＣＣ）が２０１5年4月25日に決定した「日米防衛協力の指針（ガイドライン）」で「自衛隊及び米軍は、必要な部隊展開の実施を含め、共同作戦のための適正な態勢をと

る」と書いたことを確認したものである。これまでみてきた日米両軍が陸海空で頻繁に繰り返して行う共同演習は、「共同作戦のための適正な態勢をとる」ためなのである。

ガイドラインは、さらに米軍と自衛隊が平時から緊急時にいたるあらゆる段階で政策面と運用面の調整を強化するとし、「米軍が作戦する場合、自衛隊は支援でき、作戦は緊密な二国間調整に基づき実施される」と書いている。

ガイドラインは、日米共同作戦が強化され、自衛隊が米軍を「防護」する理由を明らかにするうえでカギになる文書である。

いま日米両国の当局は、日米両軍の「緊密な二国間調整」、言い換えれば、米軍が自衛隊に対する指揮を実行できる態勢づくりを精力的に進めている。

異なる国の軍隊の間で指揮を一本化することは、かねてから自衛隊のなかでも重視されてきた問題である。たとえば、航空自衛隊幹部学校の戦史教官室長だった磯部巌氏（元防衛大学校講師・一等空佐）は、共著書のなかで次のように書いている。

「指揮の関係が協同関係にせよ、統一指揮関係にせよ、主導権は国と国の力関係で、兵力量、装備、運用等の優れた国が握り、主導権を握る国の指揮官が定めた作戦方針、作戦要領に対して異論を唱えることは、難しく、同意せざるを得ないのが実情である」＊5

米軍の司令官がなぜ自衛隊を指揮することができるのかという軍事的問題は以上で明らかになった。残る問題は政治の関係である。日米間の問題としては、さきに日米ガイドラインの関係部分をみたが、それを日本の法律にしたのが、２０１５年９月に成立した安全保障法制である。

これが安全保障法といわないで、安全保障法制あるいは安全保障関連法といわれるのには意味がある。武力攻撃事態法、重要影響事態法（周辺事態法）、国連平和維持活動（ＰＫＯ）協力法、船舶検査活動法、自衛隊法をはじめ多くの法律を改正したものだからである。

これまでも日本が攻められたときは自衛隊が武力を行使するとか、日本の周辺で日本の安全にかかわると政府が判断すれば武力を行使できるとか、国連の平和維持活動であれば自衛隊を海外に派遣して武器を使用できるとか、日本国憲法のもとで自衛隊を海外に派遣し、武力行使もできるように少しずつ変えられてきた。けれども、自衛隊が米軍司令官の指揮下に戦争できるようにするには、そのような改正では間に合わなくなったのである。日本は憲法の建前があるので米側の要求をうけいれられないと言うのでは、日米安全保障条約、日米安全保障協議委員会（ツー・プラス・ツー）、日米ガイドラインによって積み上げてきた日米間の協力関係は崩れることになる。

安全保障法制は、どのようなことを定めているのか。

改正武力攻撃事態法は「わが国と密接な関係にある他国への武力攻撃」などの「事態に対処するための武力の行使」などを定め、米軍を支援して自衛隊が武力を行使することを認めた。自衛隊法95条の2には、自衛隊が米軍その他の外国軍の兵士や「武器等」を防護するために武器を使用することができると書きこまれた*4。これにより、たとえばどこかの国と戦争している米軍が、その国の軍隊から攻撃を受けると、自衛隊は米軍を支援して参戦できることになる。実際、２０１７年5月に海上自衛隊最大級艦船のヘリ空母「いずも」は、米海軍の弾薬貨物補給艦「リチャード・Ｅ・バード」に千葉県沖で並走し同艦を防護した。

自衛隊が米軍の指揮下で参戦する軍部トップレベルの意思疎通と政府間の約束を実行する日本の法律は、こうしてつくられた。あとは、自衛隊が米軍の指揮に従って行動する仕組みをつくることである。すなわち、米軍の陸軍、海軍、空軍、海兵隊の各軍種司令官が、日本の陸自、海自、空自の各部隊の司令官を通じて実際に指揮するメカニズムである。

米軍指揮を確保する周到で緻密なメカニズム

日米ガイドラインの下で米軍が自衛隊を指揮する仕組みとして、最も重要な機能をはたすのは、「同盟調整メカニズム」(Alliance Coordination Mechanism　ＡＣＭ)である。これは、２０１５年9月15日に安全保障法制が成立した翌月につくられた。

またこのとき同時に設置されたものに、「共同計画策定メカニズム」(Bilateral Planning Mechanism　ＢＰＭ)がある。これは日米両国の政府が共同で計画を策定する機関である。

同盟調整メカニズムと共同調整メカニズムというこれら2つの機関は、米軍の指揮が日本軍に貫徹するように平時から調整しておくために、車の両輪として機能することが期待されている。

次に、この2つの機関のそれぞれの構成をみよう。

まず同盟調整メカニズムの下部組織としては、次の3つの調整機関がおかれている。

①同盟調整グループ(Alliance Coordination Group　ＡＣＧ)日米両国政府の局長クラスで構成されるが、米側からは在日大使館、在日米軍司令部の局長級や幹部の代表が常時出席するほか、国家安全保障会議、国務省、国防総省の国防長官府、統合参謀本部、太平洋軍司令部、関係省庁から必要に応じて代表が参加する。

②日米両国政府の局長らと、自衛隊や米太平洋軍司令部などのスタッフがこれに加わって調整する。このグループは、日米地位協定第25条により設置されている日米合同委員会(Joint Committee)と緊密に調整することにより、切れ目のない対応ができるようにする。合同委員会では、米側代表が在日

米軍副司令官（参謀長）、日本側代表が外務省北米局長だが、米側は、代表代理として在日米軍司令部第五部長、在日米軍陸軍司令部参謀長、在日米空軍司令部副司令官、在日米海軍司令部参謀長、在日米海兵隊基地司令部参謀長と軍人でほとんど占められ、文民は在日米大使館公使だけである。これに対して、日本側は法務省官房長、農水省経営局長、防衛省地方協力局長、外務省北米局参事官、財務省大臣官房参事官でいずれも軍人ではなく、米軍の要求が日本政府の行政に反映され、実行される仕組みになっている。

③共同運用調整所（Bilateral Operations Coordination Center　ＢＯＣＣ）統合幕僚監部、陸海空の各幕僚監部代表と、米太平洋軍司令部および在日米軍司令部が参加する。

④陸海空各レベルの調整所（Component Coordination Centers　ＣＣＣｓ）陸海空自衛隊の代表と米陸海空軍の各レベル代表が参加して調整する。

このように、日米両軍の間には、それぞれの司令部の最高幹部から、実際に指令を伝える幕僚部や各レベルの司令部、さらに現場の各レベルの司令官にいたるまで、「調整」という名で指令の一体化がはかられる。事実上の日米統合司令部である。

日米政府が意思疎通をはかる機関は重層的

このような軍人同士の意思疎通による指令の一体化が維持され実行される基礎になるのは、日米両政府間の意思疎通とその一体化である。

日米安保条約とこれを基礎にしてこれまで首脳会談をはじめ両政府間の会談を通じて積み上げられてきた政治的合意が基礎にあることはいうまでもないが、安全保障上の日米政府間の意思統一をはかる機関としては、共同計画策定メカニズム（Bilateral Planning Mechanism　ＢＰＭ）として次のようなものがある。

①日米安全保障協議委員会（ＳＣＣ　Security Consultative Committee）　１９６０年に調印された現行日米安保条約第４条により設置された。日米両国政府の外交・防衛閣僚が出席するので、ツー・プラス・ツーと呼ばれる。ここで日米間で合意された重要な内容は「共同発表」として文書により公表される。１９６０年９月８日に開催された第一回安保協議委員会では、防衛専門委員会の設置が合意され、そのもとで制服レベルの軍事的協議が以後60年間にわたり続けられてきた。その内容は基本的に秘密にされている。何が話しあわれ合意されたかは国民にはわからない。米軍司令官が自衛隊を指揮するうえでの重要な内容は、ほとんどここに含まれる。

②防衛協力小委員会（ＳＤＣ　Sub Committee for Defense Cooperation）　日本側から外務省北米局長、防衛省防衛政策局長が出席し、必要に応じて統合幕僚監部の代表が参加する。米側からは国務次官補、国防次官補が出席する。必要に応じて在日米大使館、在日米軍、統合参謀本部、太平洋軍の代表が参加する。

共同計画策定委員会（ＢＰＣ　Bilateral Planning Committee）　日本側は自衛隊の代表。米側は在日米軍の代表が出席する。

＊５『軍事学入門』（防衛大学校・防衛学研究会編、かや書房、一九九九年）

三、　なぜ米軍が自衛隊を指揮できるのか

米国は多くの国々と同盟関係を結び、あるいはさまざまの取り決めにより、米軍を駐留させている。しかし、最近は全体として、海外の駐留軍を縮小する方向にある。

米国が最大の米軍を日本に駐留させる理由

米紙ニューヨーク・タイムズ２０１９年10月22日付は、米国は20万人の米軍を海外に駐留させているとし、その内訳を次のように報じた。

米軍がタリバンと長年にわたり戦ってきたアフガニスタンは１万２０００か１万３０００、サウジアラビアの約３５００や最近になって増派したペルシャ湾岸をふくめ中東全体で４万５０００〜６万５０００である。そして、次に多いのが日本で20以上の基地に約５万の駐留軍を維持している。国としては最大の駐留である。うち２万５０００が沖縄である。

次に多いのが韓国で約２万８０００。ＮＡＴＯ（北大西洋条約機構）諸国に駐留していた約30万の米軍は、ソ連・東欧崩壊後に急減した。米国は最近バルト三国とポーランドに４５００の兵員を送ったが、それでも在欧米軍は約３万に減ったままである。ＮＡＴＯのうちドイツについては、トランプ政権が９５００人減らし、数千人をアジア太平洋地域に回したいとする意向が表明されている。

米軍が２００３年に作戦をはじめたイラクでは、２０１１年までの間には最高時15万に膨れ上がったが、イラク軍の軍事顧問として２０１６年に約５０００に減っている。

アフリカ全体では６０００から７０００になるが、その多くはサハラ砂漠南側のサヘル地方やアフリカの角に集中している。その他ではフィリピンの対テロ戦争支援で約２５０の海兵隊が駐留し、オーストラリア北部に駐留する米軍約２００が太平洋地域をにらんでいる。

このような世界各地への米軍派遣の状況をみると、日本駐留が突出して多いことがわかる。

その理由として指摘されるのは、日本政府が米国に提供する「思いやり予算」である。米軍に対して、基地の土地と施設を無償で提供するばかりか、それ以外に、日米地位協定など条約上の根拠がないものまで「思いやり」として支出するのであり、きびしい批判が出ている。もっとも日本に大量の軍隊をおいて紛争地域に出撃し、そのために昼夜を問わず訓練をしているのでは、日本国民の多大の負担とともに、米国政府の負担もけっして軽いものではない。

それにもかかわらず、なぜ米国は軍隊を日本に駐留させるのか。日本政府ににらみを利かせるという政治的目的はもちろんある。同時に、自衛隊を米軍指揮下で戦わせることができるのは無視できない重要な理由である。

他国の軍隊の指揮権を握り、自国のために戦わせることができるなら、これほど大きなメリットはない。米国にとっては通常の二国間関係ではとうてい考えられない日米同盟の現実である。しかし日本の安全や将来、なによりも国民にとってはどうなのか。

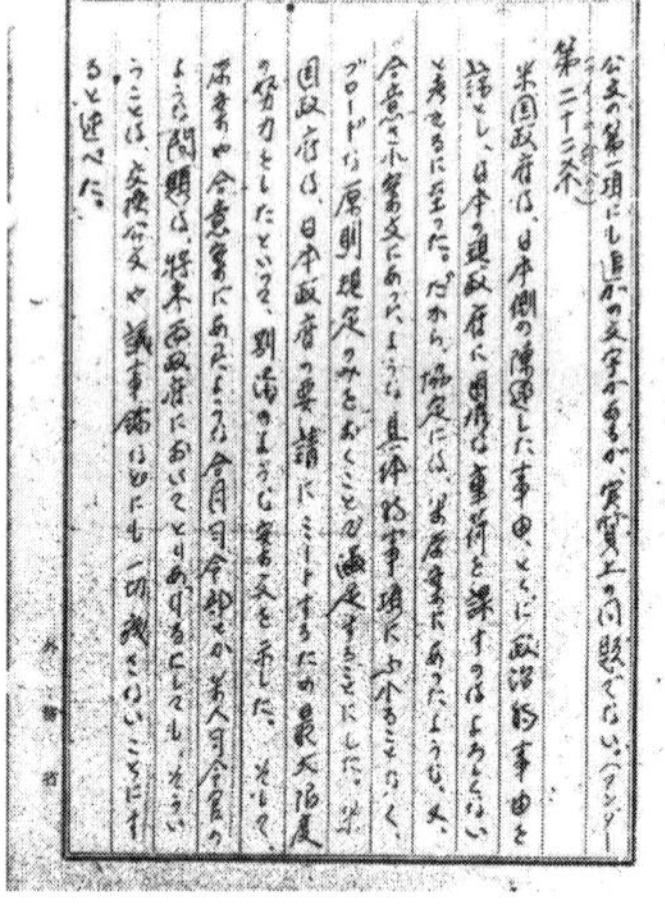
公文の第一項にも些かの文字があるが、実質上の問題でない。（アンダー

第二十二条

米国政府は、日本側の陳述した事由、とくに政治的事由を諒とし、日本の現政府に困難な重荷を課するはよろしくないと考えるに至った。だから、協定には、米原案にあったような、又、合意された案文にあったような具体的事項に言及することなく、ブロードな原則規定のみをおくことで満足することにした。米国政府は、日本政府の要請にミートするための最大限度の努力をしたといって、別添のような案文を示した。そして原案や合意案にあったような合同司令部とか最高司令官のような問題は、将来両政府においてとりあげるとしても、そういうことは、交換公文や議事録には少しも一切触れないことにすると述べた。

日本政府は米軍による日本武装部隊指揮を認めたが、米側が秘密にすることに同意したと書いた外務省1952年2月19日付文書（外務省第9回公開文書）

行政協定交渉で日本側は米軍の指揮権を認めた

実は、第二世界大戦で日本軍隊との実戦を経験した米国政府は、戦後の占領下でずっとこの目的を研究し追求してきたのである。

自衛隊の前身である警察予備隊は1950年7月にマッカーサー占領軍総司令官が当時の吉田茂首相に命じたものだが、直後の同年8月に当時のブラッドレー統合参謀本部議長は、ジョンソン国防長官に送った極秘書簡で「世界戦争が起きた時には、米国が日本の戦力を活用できることが自らの戦略にとってきわめて重要である」と書いた*6。そして同年10月にはマグールーダー陸軍少将が日米安保条約原案を起草して、「戦争になれば日本軍は米軍の指揮下に入る」と書き入れた。

当時、日本ではソ連や中国を除いて平和条約を結ぶことには反対論が強かった。このため、平和条約と同時に締結する安保条約に、米軍による日本軍指揮を書き込むのは刺激が大きすぎるという理由で、安保条約と行政協定に分けて、指揮権のことは行政協定交渉で議論されることになったのである。

その交渉を前にして米側代表のラスク国務次官補（当時）は「米軍の司令官が日本のすべての軍隊の指揮をとるという前例のない権利を、この交渉によって確保する」*7と米議会で証言して、行政協定交渉に臨んだのだった。

行政協定交渉は1952年1月から2月にかけて東京で行われ、交渉が始まると、ラスクは「日米統合司令部」をつくるとして、日本の武装部隊の指揮権は米軍司令官がもつと提案した。これに対して、日本側交渉団長の岡崎勝男国務大臣は「政府と与党が致命的打撃を受ける」として反対したものの、ラスクから「米軍が指揮権をもつことに原則的に反対なのではなくて、政治的にまずいからなのだ」と言われて、結局「行政協定の外ならいかようにもと総理も言っている」と述べて、秘密の合意にすることを求めたのだった。

こうして日米行政行程交渉では「交換公文にも議事録にも一切残さないことにする」と岡崎が述べて、米軍に指揮権をゆだねることを、秘密の合意にすることで決着した*8。

そして、当時の吉田茂首相は同年7月23日のマーフィー駐日米大使との会談でこの秘密の日米合意を確認し、米軍司令官が日本軍隊を指揮することが日米政府間で確認されたのだった。

指揮権密約は新安保条約第4条に移された

1960年1月19日にワシントンで調印された現行日米安保条約では、日米行政協定第24条の指揮権に関する秘密合意が安保条約第４条に格上げされた。

そのことを証明する文書も、米国立公文書館で見つかった。

１９５１年に結ばれた旧日米安保条約を、現行安保条約（日米相互協力及び安全保障条約）に改定する日米政府の公式交渉は１９５８年10月４日に始まった。その直後の同年12月18日、国務省のハワード・パーソンズ北東アジア局長はロバートソン国務次官補にあてた極秘の覚書で、旧安保条約下の行政協定については、第24条だけを改定後の安保条約に移すべきであると進言したのである*9。

旧安保条約の下では米軍基地が治外法権で、しかも米軍は基地として必要とする土地を自由に取り上げるなど、占領時代そのままの屈辱的な行政協定に対して国民の怒りが高まっていた。このため行政協定の改定は安保改定交渉の重要なテーマだった。

ところが統合参謀本部など米軍部は、行政協定の改定に頑強に反対し、結局、行政協定は第24条が現行安保条約第４条に移されただけで、その他の条項はすべて地位協定に引き継がれたのである。

行政協定第24条と現行安保条約第４条は、次のようになっている。

行政協定第24条　日本区域において敵対行為または敵対行為の急迫した脅威が生じた場合には、日本国政府および合衆国政府は、日本区域の防衛のため必要な共同措置をとり、かつ安全保障条約第１条の目的を遂行するためただちに協議しなければならない。

米軍の指揮権を認めた行政協定第24条を安保条約第4条に移すというフェルト太平洋軍司令官の要求を、ロバートソン国次官補に報告したパースンズ国務次官補の覚書（1958年12月18日）

現行安保条約第４条　締約国は、この条約の実施に関して随時協議し、また、日本国の安全又は極東における国際の平和及び安全に対する脅威が生じたときはいつでも、いずれか一方の締約国の要請により協議する。
（傍線は引用者）

「一読不快の念を禁じ得ない」と西村条約局長

軍隊は警察とともに、国家主権の根幹であり、主権国家が自国の軍隊の指揮権を外国にゆだねることは、本来あり得ないことである。どこの国であれ、自国の軍事力を外国にゆだねれば、その外国政府のいいなりにならざるをえない。

米軍占領下で一日も早い占領終了と日本独立の希望を国民から託されて、米国政府との平和条約交渉にあたった当時の西村熊雄外務省条約局長は、早くからそのことに気づいていた。

西村は、ダレス米国務省顧問から、緊急時に日本の武装部隊は米国政府の任命する司令官の指揮下におかれるという安保協定案*10を示されると、「一読不快の念を禁じ得ない」と考え、日本政府はこれを拒否したのだった*11。しかし、日本政府は結局、行政協定交渉で「米軍指揮」を受け入れ、それが70年後の今も日本を縛っているのである。

本稿の冒頭でくわしく紹介したように、米軍と自衛隊が米国などで陸でも海でも空でも頻繁に実戦さながらの共同演習をしている現実は、日本政府が70年前に約束し、60年前の現行安保条約調印でまた対米約束をした産物なのである。

＊6　１９５０年8月22日、統合参謀本部から国防長官へ、覚書、機密、主題:対日平和条約、米国立公文書館・統合参謀本部ファイルＲＧ２１８。

＊7　米下院外交委員会聴聞会１９５１～５６年第17巻「極東における米外交・極東パート１」。

＊8 ラスクから統合参謀本部へ、1952年2月18日、極秘、統合参謀本部ファイルRG218。
＊9 ハワード・パースンズ国務省北東アジア局長からロバートソン国務次官補へ、1958年12月18日、極秘、覚書、国務省ファイルRG59。
＊10 日本外交文書・平和条約の締結に関する調書第2分冊182頁。
＊11 西村熊雄『日本外交史第27巻サンフランシスコ平和条約』鹿島研究所出版会、1971年、91頁。

四、自衛隊はいつ、なぜ海外に出たか

日米安保条約第4条は「極東における国際の平和と安全が脅かされたときはいつでも協議する」として、安保条約第6条「極東における国際の平和と安全の維持」のため出撃する米軍との共同について協議することを定めている。前項で述べたように、第4条は日米行政協定の指揮権密約を引き継いで、それを安保条約に格上げしたものであるから、「緊急時の日米協議」は米軍の指揮下で自衛隊が戦うことを暗黙の前提にしている。

「極東」はどこまでも広がる

「極東」は地理的に無限定な言葉である。現行安保条約が1960年1月19日にワシントンで岸信介首相とハーター国務長官により調印された直後の同年2月12日、マッカーサー駐日大使はハーター国務長官にあてた秘密公電で、「極東」について、「この用語は、国際的に合意された定義はないので、明確な地理的範囲として定義されていない」と述べた[＊12]。

米軍が日本の基地から出撃する範囲はどこまでも広げられるという意味である。

１９６０年の安保国会では、野党が「米軍が出撃するのに応じて極東の範囲は広げられる」と追及したのに対して、政府答弁は二転三転した。当初は「フィリピン以北ならびに日本及びその周辺」と答弁したが、結局、「地理学上確定されたものではない」という「統一見解」を出した。

実際、その後、米軍はベトナム戦争へ、さらにペルシャ湾からイラク戦争へと、日本から地球の裏側にまで出撃している。これらの戦争には日本からＣ１３０のような輸送機で兵士や武器・弾薬が輸送された。ベトナム戦争では核兵器搭載可能Ｂ52戦略爆撃機が沖縄の嘉手納基地から直接飛行し、爆弾の雨を降らせた。いま日本列島の全域で昼夜を問わず飛行訓練している海兵隊の輸送機オスプレイＭＶ22や空軍の特殊作戦機ＣＶ22も、米海軍の強襲揚陸艦により中東やアフリカの戦場に運ばれるのである。

日米安保条約と米韓条約が違う理由

問題は、自衛隊と米軍の共同作戦はどこでやるのかである。日米安保条約第5条は、米軍と自衛隊の共同作戦を「日本国の施政の下にある領域」への攻撃があった場合としている。すなわち、自衛隊が米軍とともに戦うのは日本が外国から攻撃された場合であって、自衛隊が海外で米軍とともに戦うことは、安保条約では想定されないことになっている。自衛隊が１９５４年７月１日に発足したのに先立ち、参議院は同年6月2日に「自衛隊の海外出動を為さざることに関する決議」を採択した。つまり条約上も日本国会の意思も、自衛隊は海外に出動することも、そこで米軍と共同作戦することもできない建前になっているのである。

この点は韓国とは異なっている。１９５３年10月1日にワシントンで調印された米韓相互防衛条約は、第三条で「いずれかの締約国に対する太平洋地域における武力攻撃」（傍線は引用者）に対し、「共通の危険に対処するように行動する」と定めている。このため、米軍、韓国軍のいずれかが、韓国以外の地域で

与党だけが出席した衆議院本会議で衛視に守られ現行安保条約可決を宣言する清瀬議長(1960年1月20日未明)

攻撃された場合も、米韓両軍は共同作戦する義務がある。実際、韓国軍はベトナム戦争に延べ31万人を送り、戦死者は4986人にのぼった。

日本の場合はどうか。日本では1959年3月30日、東京地方裁判所が安保条約にもとづく米軍駐留を憲法違反とする判決を下し、判決理由で「わが国が自国と関係のない武力紛争の渦中に巻き込まれる危険」を指摘したこともあって、安保条約で「戦争に巻き込まれる」という国民の不安が高まった。

現行日米安保条約は1960年1月19日にワシントンで調印され、岸内閣が同年5月19日、衆議院に警官隊を導入して強行採決したのに対して反対の世論と運動が激しくなり、当時、岸信介首相が赤城宗徳防衛庁長官に自衛隊の投入を求めたものの、陸上自衛隊幕僚長に拒否された*13。

このような情勢のなか、翌5月20日、米国家安全保障会議は「米国の対日政策」と題する極秘文書(NSC6008)を採択し、そのなかで「日本の領域外でこの軍隊[自衛隊のこと]を使うために、その任務を広げることは憲法九条によって禁止されている」とし、「一九六五年までは日本に対する重大な攻撃に対して日本を防衛する限られた能力だけをもつ」と述べた*14。

国家安全保障会議は、大統領が議長を務め、内務、外務、軍事の政策を一本化して大統領に助言する、安保・軍事に関する米国の最高の国家機関である。

米国家安全保障会議が自衛隊を海外に派遣できるようになるのは1965年としたのは、5年もたてば、日本の情勢は沈静化し、そのための体制も整えることができるという思惑からだった。

実際、現行安保条約が1960年6月23日に自然成立し、同日発効すると、米軍と自衛隊が共同作戦する仕組みをつくるための日米安全保障協議委員会（SCC）がその年のうちに開催された。

けれども自衛隊海外派遣は遅々として進まなかった。日米両国政府が日本領域外での自衛隊の任務について最初に公式文書に書いたのは、1981年5月の鈴木善幸首相とレーガン大統領の共同声明で、「周辺海域防衛」「1000海里シーレーン防衛」というものだった。しかし、それに対しても、日本国内の批判は強く、鈴木首相は間もなく、タオルを投げて辞任してしまった。

繰り返されてきた自衛隊海外派遣

しかし、1990年代に入ると、状況は大きく変わり、自衛隊は海外に次々に出動するようになった。まず1991年の湾岸戦争でペルシャ湾に派遣され、その後は1992年のカンボジア、1993年のモザンビーク、1995年の中東ゴラン高原、2001年のインド洋と、海外派遣が質量ともに強化された。その名目は、機雷掃海、後方支援、選挙監視、人道支援、停戦監視、国連平和維持活動（PKO）などさまざまで、憲法九条や世論との兼ね合いから、米軍支援とは異なるように装っていた。海外出動の実績を積み、ゆくゆくは米軍の指揮下で戦闘作戦できるようにすることがねらいだった。

自衛隊海外派遣が米軍の戦争支援であることを明確にしたのは、米軍が2003年に国連の決議なく侵攻して始まったイラク戦争への派遣である。

最初にクウエートに出動した航空自衛隊は、武装した米軍兵士や武器・弾薬をイラクの戦場に運んだ。2004年2月からバグダッド近郊のサマワに駐留した陸上自衛隊員5600人は、北富士演習場でレーザー銃による射撃訓練を受け、至近距離での射撃と機関銃による絶え間なく連続して撃ちまくる制圧射撃を重点的に訓練した部隊だった。派遣部隊の番匠幸一郎群長は「イラク派遣は純然たる軍事作戦であった」と帰国後、防衛省部内誌「イラク復興支援活動行動史」に書いた。

２０１１年から南スーダンに派遣されていた陸上自衛隊の任務は、２０１５年９月に安保法制が成立すると、「駆けつけ警護」という戦闘地における軍事任務であった

出動した自衛隊がいずれも戦死者をだすことなく撤収できたのは幸いだったが、南スーダン駐留の自衛隊に装備や食料を供給していたジブチの自衛隊基地は、現在も基地を維持して護衛艦を保有しており、隣に基地をもつ米軍と滑走路を共有している。ジブチは、内戦が続き米軍やサウジアラビアによる空爆で多数の死者が出ているイエーメンとは、アデン湾をはさんで対岸にある。

イラク戦争でサマワに派遣された陸上自衛隊

米軍はいまアフリカのサハラ砂漠以南のサヘル地域で現地の各国軍隊とともにあるいはその軍事顧問として戦闘作戦に従事している。実態は詳細に明らかにされていないが、ソマリアやケニアなどアフリカ大陸東部における米軍の対テロ戦争も激しさを増しており、ケニアでは米兵３人が殺害された。中東やアフリカ大陸で米軍と自衛隊の関係がどうなるかは、日本国内の政治情勢にも大きく関わっている。

２０１９年ツー・プラス・ツーが打ち出した方向

２０１７年にスタートしたトランプ政権のもとで、日米両国政府は２０１９年４月19日に行われた日米安全保障協議委員会（日米の外交・軍事閣僚による会談で、ツー・プラス・ツーと略称）では、日米ガイドラインの対象を「自由で開かれたインド太平洋」に広げ、日米同盟の「領域横断作戦」に備えるとともに、日米両軍の「相互運用性、抑止力および対処能力」を強化することを確認した。とりわけ作戦の態勢と協力

の問題では、訓練区域にくわえて、自衛隊と米軍の基地の共同使用をいっそう促進することを確認した。いまでは各地の自衛隊基地は、事実上ほとんどすべて米軍との共同使用となっており、この面でも日米両軍の一体化が進んでいる。インド太平洋をはじめ地球的規模で共同作戦できるようにするためである。

２０１９年6月1日には、米国防総省が「インド太平洋戦略報告」を公表した。そこでは、「修正主義国家としての中華人民共和国」と題する項目をたて、中国の経済・政治・軍事的台頭が南シナ海で軍事化を継続し、台湾海峡では爆撃機、戦闘機、哨戒機によるパトロールを強化していると警鐘を鳴らした。

米軍指揮下の日米軍事一体は、菅義偉・バイデン両政権下では、弱まるどころか、むしろ強まるだろう。２０２０年秋の米大統領選でバイデン氏の勝利が報じられると、菅首相はただちに「日米同盟強化、インド太平洋とこれを越える地域での日米協力」を表明した。バイデン氏は、選挙戦で「米国第一」を掲げたトランプ政権を批判し、日本や西欧諸国などとの同盟関係を回復させる必要があると強調した。

危機深まる南シナ海で日米共同演習

横須賀を母港とする米空母「ロナルド・レーガン」打撃群は、東シナ海や南シナ海でしばしば中国艦船と緊張関係をつくりだしている。

「ロナルド・レーガン」は２０２０年7月4日と17日、「ニミッツ」空母打撃軍とともに南シナ海に入り、日本の海上自衛隊やオーストラリア海軍と共同演習した。その後、８月１日にいったん母港の横須賀に戻ったが、翌２日には再び出港して、10日から14日にかけて台湾南側のバシー海峡を通って南シナ海に入り、空母艦載機のＰ３Ａ偵察機が南シナ海から台湾海峡を北上した（「香港文匯報」２０２０年８月10日付）。

南シナ海を2空母打撃軍が航行

米軍のこのような動きに対して、南シナ海全域の領有権を主張する中国は同海域で大規模な軍事演習を行う一方、弾道ミサイルを撃ち込むなど、米中両軍の偶発的な衝突への危険への懸念が現実味を増している。

米インド太平洋軍のホームページによれば、「ロナルド・レーガン」打撃軍と海上自衛隊の汎用型護衛艦「てるづき」は2020年7月19日、フィリピン海で共同演習をした。

まさに、東シナ海、南シナ海、そして広大な太平洋をめぐる米中両軍の息詰まるような緊張関係であり、自衛隊がそれに深く関わっているのである。

中国は自国の地図に、南シナ海全域を取り囲むように線を引いて「九段線」と称し、スプラトリー（南沙）諸島やベトナムに近い北部のパラセル（西沙）諸島の環礁を埋め立て、それぞれ軍事基地を建設している。ASEAN（東南アジア諸国連合）諸国の多くが中国のこの行為を批判し、ハーグの国際仲裁裁判所は2016年に「中国はこの海域に歴史的権利をもたない」とする判決を下したが、中国はこれを無視している。

米中の艦船が一触即発の危機

中国のこのような行為に対して、米国はオバマ政権時代から、「航行の自由」作戦と称して、南沙・西沙両諸島海域で艦船を航行させている。

南シナ海における中国の行為は、国際法違反であり、国際社会が批判し結束して中止することを中国に求めるべきものだが、米国の軍事介入により問題が米中対立にすりかえられ、中国の責任があいまいになり、問題の解決を困難にしている。

同時に、問題は、これが米中戦争の発火点になるのではないかと早くから警戒されてきたことである。

米外交評議会『フォーリン・アフェアーズ』２０１４年１・２月号でパトリック上院議員は南シナ海を「最大の引火点」として、次のように書いた。

「北京の自己主張は地域の安定に重大な危険をもたらしている。最も大きな危険は、中国沿岸水域でアメリカが海洋航行の自由を主張し、あるいは米国の同盟国や戦略的パートナーが咄嗟の行動に出て、米中の海洋軍艦が直接ぶつかることである」

当時、南シナ海では、米ミサイル巡洋艦「カウペンス」と中国空母「遼寧」に随伴する揚陸艦が約50メートル、時間にすると数十秒のところまで接近したことがあった。中国艦は米巡洋艦に停船命令を出したが、米艦は止らず、急遽、舵をきってかろうじて衝突を免れたのだった。

最近も、中国軍は米ミサイル巡洋艦「マスティン」が２０２０年８月21日、西沙（パラセル）諸島に侵入したと非難して、南シナ海に弾道ミサイルを発射するなど軍事活動を活発化させ、「米中両軍の偶発的な衝突への懸念が現実味を増してきた」（朝日新聞２０２０年８月21日）と報じられた。

中国側でも、２０２０年９月８日に米軍電子偵察機ＲＣ-１３５が西沙諸島に接近したとし、「米側は中米の両軍関係を破壊し、さらに偶発的事件や軍事衝突を意図的に作り出そうとしている」と非難した（環球ネット２０２０年９月８日）。

このように米中両国が軍事の分野でも緊張した関係にあることは、南シナ海で海上自衛隊艦船が米艦船と共同演習を繰り返している日本にとっても、軽視できない危険な情勢である。

トランプ政権と習近平政権の間で急速に顕在化した米中対立との関係からも、米軍の自衛隊指揮の問題を少し見ておこう。

＊12　マッカーサーから国務長官へ、公電番号２６２３、１９６０年２月12日午後８時、秘密、国務省受領２月12日午前７時12分、マイクロフィルム、ＲＧ59、Ｍ１８５５、リール番号１３１２～１３１７。

＊13　末浪靖司『機密解禁文書にみる日米同盟』高文研、２０１５年11月1日、２７８～２７９頁。
＊14　ＮＳＣ６００８、国家安全保障会議、１９６０年5月20日、ＲＧ２１８、ＢＯＸ75、極秘。

五、米中対立の新たな国際情勢下で

大統領選でトランプ候補はバイデン候補を「中国寄り」と非難したが、バイデン氏は『フォーリン・アフェアーズ』最近号でも、「中国が米国の市民や企業を沈黙させようとするなら、米国は中国に厳しく対処する必要がある」と述べていた。その後も、中国を米国に対する「最高の戦略的挑戦者」としている。

防衛白書が描く中国の軍事活動活発化

トランプ政権のエスパー国防長官は河野防衛相と２０２０年8月29日グアムで会談し、「東シナ海と南シナ海における中国の引き続く侵略（aggression）が地域を不安定化させており、尖閣諸島の日本支配を掘り崩す北京の行動に対する両国の断固とした対応が必要である」と述べた。

防衛省が8月に公表した２０２０年版「防衛白書」は、第2章第1節の「米国」が11頁であるのに対して、第2節の「中国」は30頁を使い、「作戦遂行能力の強化に加え、中国は、既存の国際秩序とは相容れない独自の主張に基づき、東シナ海をはじめとする海空域において、力を背景とする一方的な現状変更を試みるとともに軍事活動を拡大活発化させている」と述べ、中国がいかに危険な存在になっているかを強調した。

日本の一部マスコミや書店には、「米中戦争は必至」「米中激突」などという扇情的な記事や本が氾濫している。けれども米中両国間の応酬をよく見ると、激しい非難合戦にもかかわらず、互いに銃火を交わす状況になるのを避けていることがわかる。米中いずれにとっても、武力で勝負する相手ではないのである。このような緊張した情勢のなかで、かつて中国に対して東北部（「満州事変」）から、さらに全土にわたり軍事侵攻（日中戦争）した歴史をもつ日本は、いかに行動するかが問われている。米軍指揮下で自衛隊が海外に派遣される問題も、そうした歴史を踏まえて考えなければならない。

米国防総省報告書が描く米中覇権争い

米国と中国の現在の軍事関係はどうなっているか。この問題では米側から多くの文書がでている。

米国防総省は２０２０年９月１日、議会への年次報告書「中華人民共和国に関する軍事・安全保障の展開」を発表した。報告書は１７３頁の膨大なもので、中国の軍事力の様相と特徴を詳細に明らかにしている。ここに書かれている特徴を一言でいえば、習近平政権下で進む中国の軍事的発展が地球的規模の性格をもっており、したがって、米国にとって重大な脅威になっているというトランプ政権と軍事当局の認識である。

報告書は、まず序文で、中国がアフリカのジブチに自衛隊基地や米軍基地と隣合わせに海外基地を設けており、今後はミャンマー、タイ、シンガポール、インドネシア、パキスタン、スリランカ、アラブ首長国連邦（ＵＡＥ）、ケニア、セーシェル、タンザニア、アンゴラ、タジキスタンに、陸海空軍の兵站施設をおこうとしていると述べている。まさに地球的規模での米中の覇権争いである。

一方で序文の最後では、「２０１９年における米中の防衛関係と論争」として、「中国との結果志向の建設的関係を追求することが、インド太平洋地域における米国の戦略の重要部分である」とし、２０１８年の国家防衛戦略報告が軍と軍の関係を築くという長期的展望を持って中国との協力関係の重要性を指摘したと述べている。報告書が指摘する同報告は、マティス国防長官が辞任直前に発表したもので、そこでは

「中国とは軍事的に競争する関係」と述べていた。

そのうえで報告書は本文で、中国軍の増強と地球的規模での進出を指摘し、これまで中国の防衛線とされてきた第一列島線についても、中国が今やそこから離れて攻撃能力を持とうとしているとし、「自由で開かれた国際秩序と一致する方法で中国に行動させる」と、中国軍の地球的規模の進出に対応する必要を強調している。

では、中国はどうか。米国防総省の年次報告書に対して、中国側は2020年9月13日に発表した呉謙国防省スポークスマンの談話で、「米国はこの20年来、イラク、シリア、リビアなどの国々に対して戦争と軍事行動を発動し、80万人を超える死者をもたらし、数千万の離散放浪者を生み出した」とし、「米国こそ戦乱をひき起こし、国際秩序の違反者、国際平和の破壊者である」と述べた。国際情勢を不安定にしているのは、米国のほうではないかというわけである。

米国防総省年次報告書について、日本では中国の軍事力増強が米国にとって脅威になっていることが強調されている。確かに中国みずから核戦力増強や最新兵器開発を宣伝しており、これらの指摘はその通りである。

同時に、中国側が米国による地域紛争への軍事介入を問題にするのは、そうした米軍に基地を提供し共同作戦態勢を強めている日本にとっても、けっして軽視できない現実である。

前出の米国防総省「インド太平洋戦略報告」では、中国によるインド太平洋地域における覇権追求とともに、「接近阻止・領域拒否（Ａ２／ＡＤ）」能力開発を指摘しつつ、米中軍事関係を透明かつ不可侵の長期的軌道に乗せることが重要だとして、「建設的で結果志向の両国関係の追求は米国の戦略の重要な一部である」と述べた。

米中両国は、核兵器を保有する軍事大国としても、多くの諸国に巨額の投資をしている世界第一、第二の経済大国としても、さらには地球温暖化による甚大な被害をもたらしている二酸化炭素排出国としても、国際政治のなかで利害を共有する分野が少なくない。

そうした中で、日本が海外における米軍の軍事行動の出撃基地となり、その米軍の指揮をうけて海外で戦闘作戦をできるようにすることが、はたして日本自身と国際社会の利益になるのだろうか。

日米が訓練するのは離れた地域の戦争のため

米軍は自衛隊を指揮して、どこで戦争するのか。

トランプ大統領は２０１９年5月、海上自衛隊横須賀基地に停泊中の護衛艦「かが」艦上で演説し、「日米両国の軍隊は世界中で一緒に訓練し、活動している」としたうえで、「かが」について、「さまざまな地域の紛争、離れた地域の紛争にも対応してくれることになる」と述べた。日米の軍隊が世界中で一緒に訓練するのは、「米国のために離れた地域の紛争」のためにあるという事実を、安倍首相をともなって率直に語ったのである。

トランプはその後、米海軍横須賀基地の強襲揚陸艦「ワスプ」に乗艦し、米軍の将兵を前に、世界中に展開する米軍の重要性を強調した。

米国の大統領は「合衆国陸海軍の最高司令官である」（合衆国憲法第２章第2条）。米大統領の演説は通常、優秀なスタッフが起案した何本もの原稿の中から最もふさわしいものを選んで、さらに大統領が手をいれ練りあげられると言われている。トランプの場合はこれまでの大統領と必ずしも同じではないが、「かが」艦上の演説は安倍首相をはじめ日米の政府高官や将兵を前にした演説であった。

海自護衛艦「かが」艦上で安倍首相や日米の兵士を前に演説するトランプ大統領

「離れた地域の紛争」とは何なのか。トランプ政権が２０１７年12月に公表した「国家安全保障戦略」報告は、中国、ロシアを「米国の利益に挑戦し、安全保障と繁栄の侵食をくわだてている修正主義国家」、北朝鮮とイランを「米国と同盟国に脅威を及ぼしている、ならず者国家」としたうえで、さらに「ジハディスト（聖戦主義者）のテロリストは米国に危害を加えている」と述べた。

現実に米軍は、日本から「離れた地域」でＩＳＩＳなどのテロ勢力と各地で戦ってきたし、いまも戦っている。「米国防総省は２０２０年1月22日のホームページで、「焦点は依然としてＩＳＩＳを敗北させることである」とし、「イスラム国」は破壊されたが、我々が長期にわたり圧力を加え続けないと、その脅威はますます増大する」と警告した。

米国防総省は２０１９年3月29日のホームページで、オスプレイＣＶ22を背に戦闘する米特殊作戦部隊の映像を公開し、その重要性を指揮した。現に米軍は、サハラ以南の中央アフリカ、チャド、ブルキナファソなどで「対テロ戦争」と称して現地武装勢力との戦闘を続けている。

ニジェールのマリとの国境付近では、２０１７年10月に米兵四人が現地武装勢力に殺害された。ニジェール中央部の要衝アガデスには、武装勢力を監視し爆撃する大規模な無人機基地を建設した。アフリカ東部のソマリアやケニアでは、米アフリカ軍司令部が無人機などを使った激しい対テロ作戦を続けている。

米軍は中東やアフリカ大陸の多くの諸国の軍隊に武器・弾薬を提供し、あるいは各国に軍事顧問として将兵を送り込み、空中偵察機や無人機により武装勢力を発見すると、みずからは地上戦を避けながら、空爆などで攻撃するとともに、現地軍を指揮して戦争しているのである。

このような状況を見ると、自衛隊が米軍基地と隣合わせに駐留しているジブチ基地に駐留している意味が理解できる。

これまでの自衛隊派遣が「武力を行使しない」「戦闘しない」という限定されたもので、犠牲者がでる前に帰国できたことは幸いであった。しかし、米軍が自衛隊を指揮することが、暗黙の合意になっているなかでは、今後の国際情勢や国内政治情勢の動向によってどうなるかは予断できない。

敵基地攻撃能力について

イージス・アショア配備計画が撤回されたあと、あらたに敵基地攻撃能力論が急速に浮上してきた。これからの日本政治の中で大きな争点になる可能性がある。

イージス・アショア配備は北朝鮮のミサイル開発に対して、その状況をリアルタイムで監視し、もしそれが発射されれば、迎撃するという計画だった。敵対国が日本に向けてミサイルを発射するのは、米国との戦争の一部としてである。北朝鮮かどこかの国がミサイルを発射したという情報収集をふくめ、日本は米軍のミサイル戦争の一翼を担うのであり、自衛隊が米軍の指揮下で行動することが前提になっている。

敵基地攻撃能力論についても同じことが言える。この問題では米軍の指揮を離れて日本が単独で行動できないことはいっそう明らかである。

日本がどこかの国のミサイル発射を事前に探知し、発射寸前か、その直後に、相手の基地に対して、日本からミサイルを撃ち込むというのだが、相手の移動式発射台を監視し続け、発射台にミサイルを撃ち込むための情報は米軍に依存している。したがって「米国が指示する目標を、米国が提示する時間に攻撃する—つまり、日本の攻撃の引き金を米国が握ることになる」（柳澤脇二元内閣官房副長官補、「平和新聞」２０２０年９月５日）。

柳沢氏は「南シナ海や台湾をめぐって米中が本格的な戦争に突入したら、沖縄をはじめとする在日米軍基地にミサイルが飛んでくることを覚悟しなければならない」（同）と指摘する。ここでも自衛隊は米軍の指揮下で米国の戦争の一部として行動することになる。米軍が日本国民の運命を握っているわけである。

アジア太平洋とそれを超えた地域で

２０１５年の日米ガイドラインその他の関連取り決めによる合意やそれを実行するための日米共同演習など、米軍が海外の戦場で自衛隊を指揮する準備は着々と進められている。

自衛隊が米軍の指揮をうけるメカニズムを明らかにした２０１５年の日米ガイドラインは、米軍と自衛隊が活動する舞台を「アジア太平洋およびこれを越えた地域」とのべ、インド洋からアフリカ大陸にいたる地球上の広範な地域を想定している。

自衛隊は１９９１年の湾岸戦争でペルシャ湾に派遣されたが、この時の任務は機雷掃海だった。憲法９条が禁止する武力による威嚇、武力の行使にならないようにしたのである。２００３年に始まったイラク戦争で武装し米軍兵士や武器・弾薬を輸送し、多国籍軍の一員としてサマワに派遣されたが、かろうじて戦闘行動に加わらないで撤収できた。これからはそう甘くないだろう。

激動する国際情勢のなかで、自衛隊が海外に出動し、米軍の指揮下で作戦行動をするなどあってはならないことである。けれども本稿の冒頭でみたように、自衛隊が米国に派遣され、あるいは国内でも、陸海空で激しい共同訓練している現実は、そうした国民の願いがいかされない危険がますます大きくなっている。

国民の命を脅かす「ミサイル防衛」
——「敵基地攻撃」論の危険性——

神奈川県平和委員会事務局次長　菅沼　幹夫

はじめに

私の住む街（神奈川県相模原市）に「米陸軍相模総合補給廠」がある。名前が示すとおり補給・兵站を担う基地。広大な敷地の中に巨大な倉庫・修理工場などが並ぶ。

ここに２０１８年10月、米陸軍ミサイル司令部（第38防空砲兵旅団司令部）が強行設置された。

現在、青森・車力のＸバンドレーダーを運用する第10ミサイル防衛中隊、同じく京都・経ヶ岬の第14ミサイル防衛中隊、沖縄・嘉手納のペトリオットミサイル部隊、そして２０１９年10月からグアムのサードミサイルを運用する「タスクフォース・タロン」を指揮下に置く、日本で唯一の米軍ミサイル部隊の司令部である。

２０１９年４月３日、米上院軍事委員会「戦略軍小委員会」でジェームス・Ｈ・ディキンソン中将（米陸軍宇宙・ミサイル防衛司令部司令官）は「防空ミサイル防衛の即応性を高めるには、ミサイル防衛の指揮能力を高めなければならない」そのため、「インド・太平洋軍に追加の実行部隊である防空砲兵旅団司令部を新たに編成した」と証言している。

一、現在の「ミサイル防衛」

緊張を高める米中関係

様々な局面で緊張関係が強まっているが、とりわけ南シナ海を中心とする軍事的緊張が高まっている。米軍は2020年7月、南シナ海で空母2隻「ロナルド・レーガン」と同「ニミッツ」を動員し大規模な演習を行った。これに対し中国軍も8月、大規模な軍事演習を南シナ海で実施。アメリカ軍の偵察機が演習にともなう飛行禁止区域に侵入したと非難し、中国本土から南シナ海に向けて中距離弾道ミサイルを4発発射した。

軍事的緊張は時として大きな犠牲を生む。2020年1月8日イランの首都テヘラン近郊で、ウクライナの旅客機が墜落し乗客乗員176人が死亡した。

事件の背景には、米国の無人機攻撃によるイランの司令官殺害がある。報復としてイランは、米軍が駐留するイラクの軍事基地をミサイルで攻撃。その直後、ウクライナの旅客機はイランのミサイルで撃墜された。国営イラン通信は、「敵の脅威が最高度にまで高まる中、ウクライナ機が敵機と誤認され、撃ち落とされた」と発表。あってはならない事故だが、起るべきして起きた事故でもある。

「ミサイル・ルネサンス」―新たなミサイル軍拡競争時代へ―

最近、米・中・ロが次々と開発・配備する「新型ミサイル」競争を見て、「ミサイル・ルネサンス」と呼ぶ人もいるが、「ルネサンス」は一般的には「復興・再生」を意味する。現状は、ミサイル技術のまさに「リボルーション」（革命）と言える。

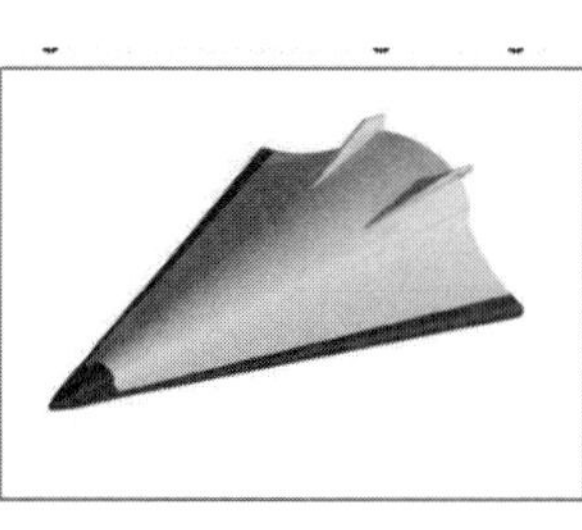

図1「アヴァンガルド」(ロシア・極超音速滑空ミサイル)イラスト図（2020年8月27日、米議会調査局「Hypersonic Weapons: Background and Issues for Congress」より）

２０２０防衛白書は「既存の防空システムやミサイル防衛システムに挑戦する新兵器」として、「アヴァンガルド」（ロシア・極超音速滑空ミサイル）＊1、「３Ｍ22ツイルコン」（ロシア・極超音速巡航ミサイル）、「ＤＦ-17」（中国・極超音速滑空ミサイル）、「ＤＦ-１００」（中国・超音速巡航ミサイル）、「ＫＨ-１０１」（ロシア・ステレス巡航ミサイル）、「９Ｍ７３０ブレヴェスニク」（ロシア・原子力推進巡航ミサイル）などを列挙している。次々と新型ミサイル、兵器システムの登場である。

一方、米国も、極超音速兵器の発射実験を２０２０年3月19日、ハワイで行い、成功したと発表。エスパー米国防長官は上院で「特にインド太平洋地域で極超音速兵器が必要とされ、今後数年以内に配備すると確信している」と語った（朝日新聞２０２０年3月21日）。同時に、米国は極超音速兵器に対処する広域防空兵器の開発をスタートさせたとも報道されている。

北朝鮮も各種弾道ミサイルなど合計７００～１０００発を保有していると言われ、２０１６年以降様々な実験をしている。

日本は、ミサイル防衛対応のイージス艦（ＳＭ3ミサイル搭載）＊2、２０２０年度に8隻態勢となる。さらに打ち漏らしたミサイルが大気圏に再突入し着弾するまでの最終段階で迎撃するＰＡＣ3ミサイルが、全国に24か所、28個高射隊体制（20年度）で21年度より改良型（ＭＳＥ）の導入計画である。

全国13か所にレーダーサイト（２０１９年末）を置き、警戒監視。自動警戒管制システム（ＪＡＤＧＥジャッジ）を整備している。

＊1　極超音速兵器は音速の5倍以上で大気圏と宇宙の境界（約１００㎞）領域のニアスペース（準宇宙）を飛

行し、弾道ミサイル並みの射程と速度を持ちつつ通常の弾道飛行を行わないもの。「極超音速滑空ミサイル」と「極超音速巡航ミサイル」に分類される。地上のレーダーでは探知が難しく従来のミサイル防衛システムでは迎撃が困難とされる。

＊2　ＳＭ３ミサイル：大気圏外で慣性飛行している段階（ミッドコース段階）で迎撃をするミサイル。

米軍のミサイル戦略

（1）敵を鮮明にした米国家安全保障戦略

米トランプ政権は、ブッシュ、オバマ前2世代の国家安全保障戦略を根本的に転換させた。「米国の過去2世代の政策―グローバルな通商において競争相手に関与し、彼らを取り込むことが、彼らを信頼に足るパートナーかつ当事者に変えると言う、仮定に基づく政策―を再考するよう求めている。多くの部分で、この前提は誤りである」と断言し、「中国とロシアは、アメリカの力、影響力及び利益に対抗し、アメリカの安全と繁栄を犯そうとしている」（米国家安全保障戦略、２０１７年）と冒頭で名指ししたのである。

この国家戦略を踏まえ、２０１９年1月17日、米国防総省はトランプ政権の「ミサイル防衛見直し」（MDR：Missile Defense Review）（以下ＭＤＲと表記）を発表した。

（2）米ミサイル戦略の基本　先制打撃「撃たれる前に撃て！」

ＭＤＲでは「抑止が失敗し、米国が地域武力紛争に突入しなければならない場合、発射前に敵対ミサイルを攻撃することは進行中の戦闘作戦の一部である。発射前の移動ミサイルとその支援インフラの位置を突き止め、標的にし、そして破壊する攻撃作戦は、発射後の迎撃に対する米国の積極的な防衛の負担を減らすし、敵のミサイル攻撃が成功する可能性を減らすことができる」としている。

そのために「攻撃」と「防御」の統合を強調している。米国が「ミサイル防衛」という場合は、「攻撃」と「防御」は「一対」のものである。さらに、米国は、「発射前に移動式ミサイルを破壊するのに必要な長距離の精密な航空・地上・海上の打撃能力と共に、改良された攻撃警戒情報、ＩＳＲ（情報・監視・偵察）、瞬時の標的化などの攻撃作戦に必要な能力に投資する」と述べ、「ＩＳＲ、対空・ミサイル防御、そして敵のシステム破壊の融合が鍵」と強調する。

分かり易く言い換えれば、米ミサイル戦略の基本は、宇宙、陸、海、空のあらゆる角度から、全天候、24時間監視し、少しでも不自然な兆候があれば、1分1秒でも速く、正確な情報を基に、適切な判断を下し、いつでも「先制打撃」と「迎撃」ができる即応態勢を整え、実行することである。

「矢より射手を撃て」

国際ジャーナリストの高橋浩祐氏が「米軍幹部が警告」と、Ｗｅｂ上に２０１９年6月28日、米シンクタンク、ブルッキングス研究所が開催したシンポジウムで、「ポール・セルヴァ米統合参謀本部副議長（当時）がミサイル防衛をめぐって注目の発言」と紹介した。シンポジウムの講演記録によれば、セルヴァ氏は「ミサイル防衛では、ミサイル1個撃たれると1個の迎撃ミサイルを撃たなければならない。これは撃つ方が圧倒的に有利である」「なので私はこれを『矢を破壊する』か『射手を殺す』かの問題と考える」「私が示唆しているのは、敵のネットワークを断ち、指揮・命令体制の内部やミサイル防御機能とシステムの内部に入り、発射台をターゲットにすることだ」と述べ、敵地攻撃力の強化を強調した。

また、ミサイル防衛では、「敵の最初のパンチのサイズが何であれ、最初のパンチを防御できなければならない。それ以降（2発目以降）防御に依存するべきではない」と訴え、最初のパンチを防御し、耐える能力と2発目以降を許さず、敵を破壊する圧倒的な打撃能力の必要を説いた。

セルヴァ統合参謀本部副議長（当時）の話は、トランプ政権のＭＤＲを分かり易く話したものであるが、現在日本政府が進めようとしている「敵地攻撃」論も全く同じことである。言い換えれば、日本が進めようとする「敵地攻撃」論は、トランプ政権のＭＤＲを手本としてなぞり、共通のバックボーンに立って持ち出してきたことが明らかである。

二、「ミサイル防衛」は不可能

具体的なことから検討してみよう。

①迎撃ミサイルの命中率

弾道ミサイル防衛では、地上・艦船・衛星のレーダーからの情報を元に軌道を割り出し、ミサイルを発射後も管制システムで誘導・調整し、目標に接近したところで迎撃ミサイル自体が自動的に目標を感知し、衝突・破壊するシステムである。現在のスタンダード・ミサイルの迎撃率は84％と米国防総省は発表したようだが、あくまで実験結果でのデータであり、これを否定する米科学者などの報告もある。

迎撃ミサイルの命中率は周辺機器などの進化などにより変化するものだが、現状では１００％でないことは、だれもが認めるところである。もともと「撃ち漏らし」があることを前提に、日本も、その後始末をペトリオットミサイル（ＰＡＣ３）に託している。しかし、例えば北朝鮮からのミサイルは10分前後で着弾するといわれ、ＰＡＣ３ミサイルが迎撃できる態勢に展開できるまで、どんなに早くても30分以上かかるといわれている。これでは到底間に合わないのは明らか。

②速度の違い

防衛省資料（弾道ミサイル防衛）によれば、長距離弾道ミサイルの場合、大気圏再突入速度は７〜８㎞／秒（マッハ約21〜24）、短距離ミサイルでも１〜３㎞／秒（マッハ約３〜９）。これに対し迎撃ミサイルは、秒速5㎞前後。迎撃ミサイルの速度が弾道ミサイルに比べて遅すぎる。

③複数弾頭化や軌道修正弾道

弾道ミサイルに搭載される複数弾頭にはＭＩＲＶ（Multiple Independently-targetable Reentry Vehicle マーヴ）やＭａＲＶ（Maneuverable Reentry Vehicle マーヴ）が挙げられる＊4。弾頭が分裂する前に破壊する以外にないが、非常に困難であるといわれている。

＊4ＭＩＲＶ（複数個別誘導再突入体）これは小型ロケットのようなものに搭載され、そこから再突入体に搭載された弾頭を1発ずつ速度と方向を微妙にずらして切り離すことで軌道が変わり弾頭ごとに別の目標に向かって飛翔する。ＭａＲＶ（機動式再突入体）は、翼や舵、またはロケット噴射によってあらかじめ定められた運動を行なわせ、通常の弾道軌道を変え、再突入時に迎撃を回避可能な弾頭と言われている。

④飽和攻撃

200機もの無人機からミサイル攻撃を一斉に受けたら、100数十の目標を同時に捕捉・追跡し、10個以上の目標を同時迎撃できるといわれているイージス・システム搭載艦でも対応できない。同時に大気圏外の弾道ミサイルも多数となると、レーダーを集中的に照射しなければならず、同時追跡は難しくなり、すべてを迎撃するのは不可能。

⑤ミサイル防衛システムを突破する新兵器が続々登場

以上見てきたように「ミサイル防衛」は、不可能というのは明らかである。それゆえ、日本政府も「ミサイル

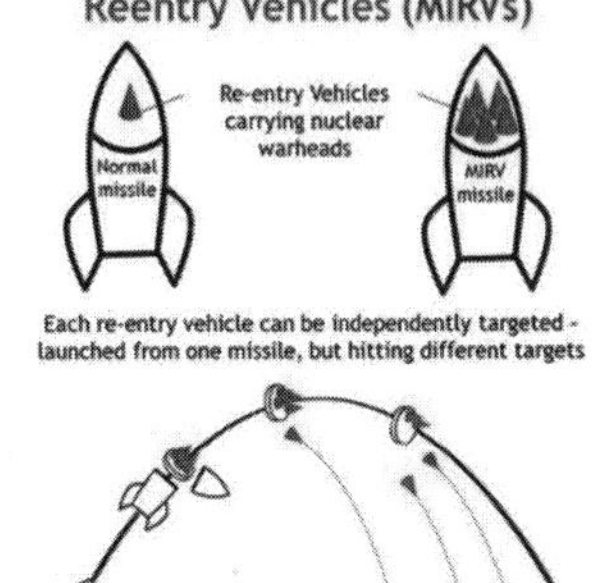

図2　MIRVイメージ図
（Center for Arms Control and Non-Proliferation August 28, 2017 Multiple Independently-targetable Reentry Vehicle（MIRV）より）

防衛」は十分でない、「敵基地攻撃」能力が必要と、今になって強調するのである。

では、「敵基地攻撃」論の背景とその危険性について考えてみよう。

三、「敵基地攻撃」論の危険性

その背景―「日米同盟」と「ミサイル防衛」―

米国は「抑止が失敗し、紛争が発生した場合に備えて、発射前に地域の敵のミサイルに対抗することに重点を置く。そのために、米本土と地域のミサイル防衛能力の統合、積極的な防御と攻撃作戦の運用、ならびに合衆国、同盟国、およびパートナーのミサイル防衛システムの相互運用性を強化する」（ＭＤＲ）とし、「地域のミサイル防衛能力と、幅広いミサイル防衛活動に関する同盟国との協力関係の強化、共通の防衛責任の分担」（同）を強調している。

（１）同盟の能力の活用は、ミサイル防衛の有効性を高める

さらにＭＤＲは、「米国と同盟国のミサイル防衛システムの間で情報とデータを共有することは、ミサイルの脅威を抑止するのに必要な軍事的共同を強化しながら、米国主導の地域防衛態勢のギャップと継ぎ目を最小限に抑える」（ＭＤＲ）と強調している。

米国は、「情報の共有、負担の分担、調整された指揮統制による同盟の能力の活用は、ミサイル防衛の全体的な有効性を高める」（ＭＤＲ）と述べ、ミサイル防衛の共同・統合戦略と投資を同盟国に強く求めるのである。

（２）日本の攻撃力強化と日米一体化を勧告

２０１８年10月、米シンクタンクＣＳＩＳ戦略・国際研究センターが出した第４次「アーミテージ報

告」（日本の防衛・外交政策の青写真ともいわれる）は、「作戦の調整を深化させるため、統合された基地からの作戦と統合された合同機動部隊（combined joint task force）の創設」「日本の統合作戦司令部の創設」、「不測事態への対処計画の共同運用」など日米統合化の具体的な10項目の提言をした。

さらに、アーミテージ氏は「北朝鮮にあるミサイルを破壊する能力を保持していないというのは、自ら守れないことを意味する。日本が矛（敵基地攻撃能力）を持つことは賛成だ。日米で２本の矛を持つこととなる」（２０１８年４月24日、朝日新聞インタビュー）と、公然と日本の「敵基地攻撃能力」の保有を勧告した。

（３）安保法制下の「日米同盟」の危険

米海軍が開発した「共同交戦能力」（CEC; Cooperative Engagement Capability）は、「防空に対する革命的な戦闘システム」と言われている。戦域に展開する米軍、同盟国軍部隊のすべての探知情報と射撃管制を統合化し部隊間で共有し、戦闘部隊群を１つの部隊として一体的に連携動作できるようにするシステムである（参照; The Cooperative Engagement Capability, JOHNS HOPKINS APL TECHNICAL DIGEST, VOLUME 16, NUMBER 4 (1995)）。

このシステムを運用すれば、かりに米軍と自衛隊が、共同作戦態勢にあった時、敵のミサイルが米軍の艦船に向け発射された場合、目標に対する詳細な探知・追尾データが共有され、射撃の指揮・管制がネットワークされていれば、最適な

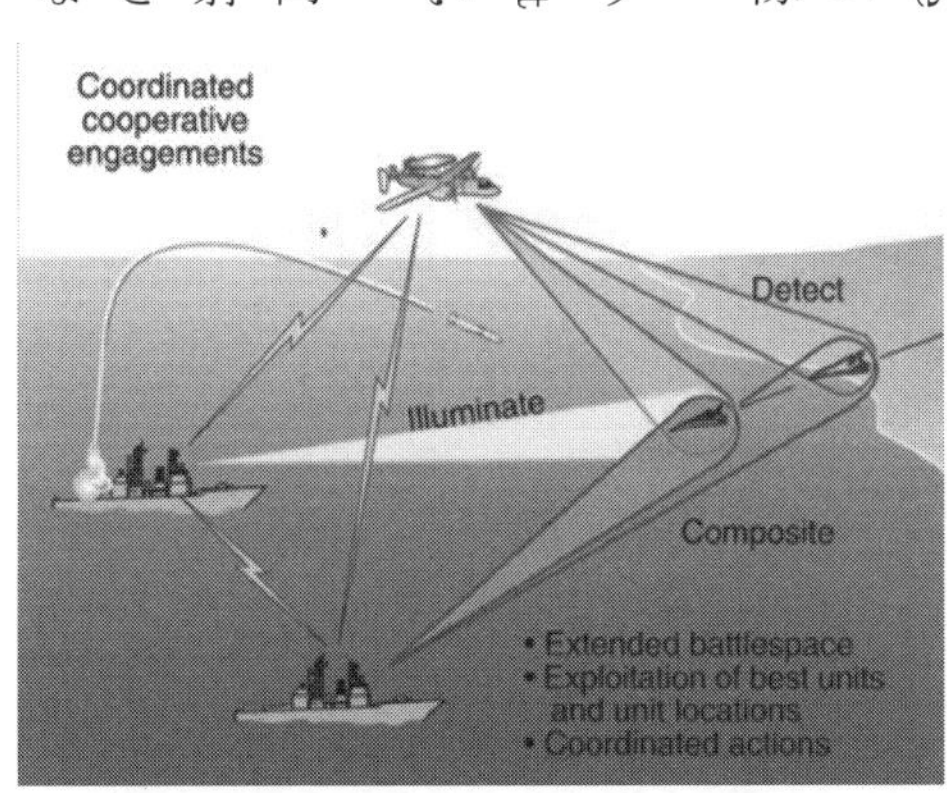

図3　主要なCEC機能　イメージ図
（JOHNS HOPKINS APL TECHNICAL DIGEST, VOLUME 16, NUMBER 4 （1995)より）

ポジションにある自衛隊に、迎撃指示が可能となる。

これは、ほぼリアルタイムで、実行される。すでに自衛隊法82条の3（破壊措置命令）は改定され、ミサイル発射命令は現場指揮官に委ねられている。

現在の戦争は、瞬時に戦端が切られる。日本に向けられたミサイルでなくても、集団的自衛権行使の「米軍防御」任務の遂行で安保法制下では合法とされる。息をのむ間もなく戦争に巻き込まれ、当事国となる自動参戦システムである。この場合は先制攻撃とみなされ、日本本土への報復攻撃の危険すら生じる。

日本の「敵地攻撃」能力は米軍にとって不可欠

米国は、今までのように安全で前進した場所に戦力を集中させ、軍事作戦を展開することができなくなった。従って現在米国の戦略上の大きな目標は、米国、同盟国およびパートナーの軍事力の全体を統合することによって、米国が競合する環境にいかに戦力を投射することができるかを考えている。つまり、「情報の共有」や「負担の分担」や「同盟国の能力の活用」は、米国の軍事的能力を大きく支え、高めるためにいまや不可欠のものである。

言い換えれば、日本の「敵基地攻撃能力」の保有も、米国を支え、強化するために不可欠である。これが現在の「日米同盟」に求められている実質であり、背景にある。

「敵基地攻撃能力」とは

河野防衛大臣の先の国会答弁では、①ミサイルの発射基地のリアルタイムの把握、②敵の防空用レーダーやミサイルの無力化、③発射装置や地下施設を攻撃・破壊、④攻撃の結果を正確に評価する一連の能力。（２０２０年7月8日、衆議院安全保障委員会・閉会中審査）と説明。言い換えれば、「他国に深く侵入し、基地はもちろん、レーダーや通信施設、司令部など軍事施設と思われるすべてのインフラや輸送路などをことごとく破壊し、使用不能にする攻撃能力」のことである。具体的には今後どのような「攻撃能力」の保有をめざそうとするのか。防衛大臣の答弁に沿って考えれば、

①ミサイルの発射基地のリアルタイムの把握には、情報収集・監視・偵察（ＩＳＲ）能力の強化が必要。早期警戒衛星や電子偵察機、レーダー・システムの強化など。

②敵の防空用レーダーやミサイルの無力化には、相手国のレーダー網を破壊する電子戦機、敵防空網制圧や破壊をする戦闘機などが必要。

③発射装置や地下施設の攻撃・破壊には、空母をはじめ戦闘爆撃機や空中給油機、各種の対地ミサイルなど十分な打撃力の整備などである。

日本の「敵基地攻撃能力」保有の現状―次々と進む既成事実化―

「専守防衛」の看板を掲げながら、「いずも」型護衛艦の空母化、Ｆ35Ｂのステレス戦闘機の空母での運用、長距離スタンドオフミサイルの導入などを進めてきた。これらを既成事実化しさらに、装備とシステムを一新し、人材の育成を強化しようとしている。

最近の防衛省の予算要望のための事前事業評価一覧では、ミサイル技術やスタンドオフシステム、電子スペクトラムに関連する研究・開発が主流となっている。

平成30年度では、「多目的誘導弾システム（改）、島嶼防衛用高速滑空弾の研究、極超音速誘導弾要素技術の研究」など。令和元年度は、「多目的監視レーダー、スタンド・オフ電子戦機、ＡＳＭ‐3（改）、将来水陸両用技術の研究、次世代赤外線センサー技術の研究」などがずらりと並ぶ。

（1）極超音速兵器の開発

防衛省は、２０１９年度から２０２５年度にかけて、さらに高速なマッハ５以上の極超音速で相手のレーダー網などをくぐり抜ける飛行可能なスクラムジェットエンジンで飛行する誘導弾の要素技術に関する研究を行うとしている。「２０１９年度予算の概算要求に、極超音速を生み出す特殊なエンジンの技術研究費として64億円を計上した」（東京新聞２０１８年９月19日）。

図4　EA-18G電子戦機
（US Pacific Command　HPより）

（２）電子戦闘機の開発

敵の接近を探知するレーダーや反撃できない距離から攻撃できる地対空ミサイルが進化し、以前に比べ自由に地上を攻撃できなくなった。米軍のＥＡ-18Ｇ電子戦機は、「敵のレーダー波や無線通信を受信して、それらと同じ周波数でより強力な電波を送信し、敵のレーダーや航空管制施設と航空機との通信を妨害することで、敵の攻撃を困難にさせ、味方の航空機の生存性を高め、レーダーサイトや無線通信施設など敵の防空網を対地ミサイルで物理的に制圧（破壊）することができる」といわれている。これらは、先制攻撃・制圧を強く意識した装備であり、専守防衛を基本としている自衛隊が導入を検討する装備ではない。

ところが２０２０年度政策評価書「スタンド・オフ電子戦機」（防衛省）によれば、「総事業費（予定）約４６５億円（試作総経費）。実施期間　令和2年度から令和7年度まで試作を実施する。また、本事業成果と合わせて、令和6年度から令和8年度まで技術実用試験を実施し、その成果を検証する（技術実用試験のための試験費は別途計上する）」とされている。

（３）集団的自衛のため電子戦強化

米国の航空宇宙大手のボーイングは、日本のＦ-15Ｊ戦闘機部隊へのアップグレードを支援するため、三菱重工業（ＭＨＩ）と直接販売契約を締結したと報告している。

ボーイング日本代表のウィル・シェファー氏は「このアップグレードにより、最先端の電子戦と武器が導入され、F-15Jが重要な役割を果たす国内および集団的自衛のための重要な機能を提供する」と述べた（Boeing will support upgrades to Japan's F-15J fleet Jul 31, 2020）。

（4）すでに始まっている日米共同「敵地攻撃」訓練

２０１７年10月2日～6日まで、6機のF-16と共に米第35戦闘航空団の１００人以上が航空訓練の移転のために築城航空基地に前方展開した。航空自衛隊第８飛行隊のF-2と並んで、地理的に異なる環境で二国間訓練を実施。

図5　日米共同訓練（築城ATR）
米空軍のF-16と航空自衛隊のF-2（2017年10月3日）築城基地への航空訓練移転で編隊飛行。（U.S. Air Force photo）

訓練期間中、パイロットの両チームは、二国間の基本的な戦闘作戦、空中戦闘行動、対空防御と敵の防空網の制圧（ＳＥＡＤ）からなる特別な訓練に焦点を当て、27回の急襲攻撃（訓練）を実施した。「U.S-Japan strengthen strategic alliance through Tsuiki ATR」（2017.10.10三沢基地ニュース）より。

日本の国柄を変える―「専守防衛」から「先制攻撃」へ―
―憲法の「封印」を解き、日米安保体制の根幹もひっくり返す―

（1）憲法の「封印」を解く「敵基地攻撃」論

歴代の自民党政権もこの「敵基地攻撃能力」は「封印」してきた。歴代の政府は、憲法上保有できない装備として、「性能上専ら相手国の国土の潰滅的破壊のためにのみ用いられるいわゆる攻撃的兵器の保有は、……いかなる場合にも許されず、たとえばＩＣＢＭ、長距離戦略爆撃機、攻撃型空母を自衛隊が保有することは許されない」（１９８８年４月６日、参院予算委・瓦防衛庁長官）と答弁してきた。この憲法の「封印」を解くのである。

（２）安保体制の本質を根本から変える

政府はこれまで、日米安保体制の下では、「わが国は防御（盾）、米国は打撃（矛）」が基本的役割分担。敵基地の攻撃については、アメリカの打撃力に依存する。今後も役割分担を変えることは考えていないと説明してきた。この仕組みを根本から変えることになる。

国際法違反の「先制的自衛」

１９８１年6月7日、イスラエル空軍機は、イラクが核兵器を持つ危険性があるとしてイラク・タムーズの原子力施設を攻撃した。これは、イスラエルが「先制的自衛」を理由におこなった先制攻撃である。これに対し国連安全保障理事会決議４８７（１９８１年6月19日ニューヨーク）は、国連憲章第２条４項にある「すべての加盟国は、その国際関係において、武力による威嚇又は武力の行使を、いかなる国の領土保全又は政治的独立に対するものも、また国際連合の目的と両立しない他のいかなる方法によるものも慎まなければならない」と指摘し、「国連憲章と国際の行動規範に明確に違反」するとしてイスラエルの軍事行動を強く非難した。

「自衛のため」といかなる理由をつけても「先制攻撃」は許されない。「国際紛争を平和的手段によって国際の平和及び安全並びに正義を危うくしないように解決しなければならない」（同憲章２条３）。これが明確な国際行動規範であり、国際的ルールである。

「敵地攻撃」で国民の命は守れない

（1）最初のパンチに耐えるのはだれか？

先の米高官は、「最初のパンチはしのげ、2回目は許すな！」と言う。しかし、最初のパンチをまともに食らう危険はだれなのか。そのパンチに何人が犠牲になるのか。パンチを受けない最も確実で唯一の方法は、リングに上がらないことである。

（2）勝者はいない！

今まで見てきたとおり、「ミサイル防衛」は不可能である。「ミサイル防衛」の本質は、「命を守る」ではなく、「失う命を何人にするか」である。

移動式ミサイルや潜水艦発射ミサイルなど含め何千、何百ものミサイルの位置を正確に、リアルタイムで把握し、すべてのミサイル発射台やシステムを破壊する「敵地攻撃」など不可能である。

ミサイルの応報となれば、相互に大きなダメージを負い、多くの国民の命が失われるのは明らかである。現在の戦争に「勝者はない」。「敵地攻撃」で国民の命は守れない。

四、宇宙を新たな戦場にしてはならない

トランプ政権は、宇宙空間を新たな戦場として重視し、本格的な態勢づくりに乗り出してきている。「宇宙戦闘のスペシャリストとして訓練された技術者、科学者、情報専門家、オペレーター、戦略家などの宇宙専門家による宇宙作戦部隊を設立する」（Final Report on Organizational and Management Structure for the National Security Space Components of the Department of Defense 国防総省議会最終報告書）として2０１９年12月宇宙軍（USSF）を創設した。

宇宙「新たな戦闘領域」として位置付けたＭＤＲ

「宇宙の開発・利用はより効果的で、弾力性があるミサイル防衛態勢を提供し、予期しない脅威に対しても適応可能である。たとえば、宇宙ベースのセンサーは、地球上のほぼどこからでもミサイル発射を監視、検出、追跡することができる。これらは、地理的な制約のある地上センサーと違い、移動による柔軟な対応を持っている。

さらに、宇宙設置型センサーは、設置の権利や外国との協定を必要としない。これにより、理想的な地政学的視界を実現するために必要な場所に配置できる」と宇宙設置の優位性を強調し、さらに「宇宙設置は、敵が様々な対策を展開する前に、彼らの最も脆弱な初期ブースト段階（発射・上昇）で攻撃的なミサイルと交戦する機会を提供し、攻撃側の領域で敵ミサイルを破壊する可能性を生む」とＭＤＲは述べている（訳・筆者）。

これの具体化のために、現在米国は、指向性エネルギー兵器の開発や衛星コンステレーション（集団配置）に取り組んでいる。

「衛星コンステレーション」は、低軌道に多くの小型人工衛星を投入する。低軌道衛星は、静止衛星と比較して高緯度の地点でも容易に交信可能で大型の指向性アンテナが不要である。しかし、ひとつの衛星から見渡せる地域は狭くなるため、多数個の衛星を衛星間通信により協調動作させ全地球的な交信やターゲッティングを可能にするといわれている。

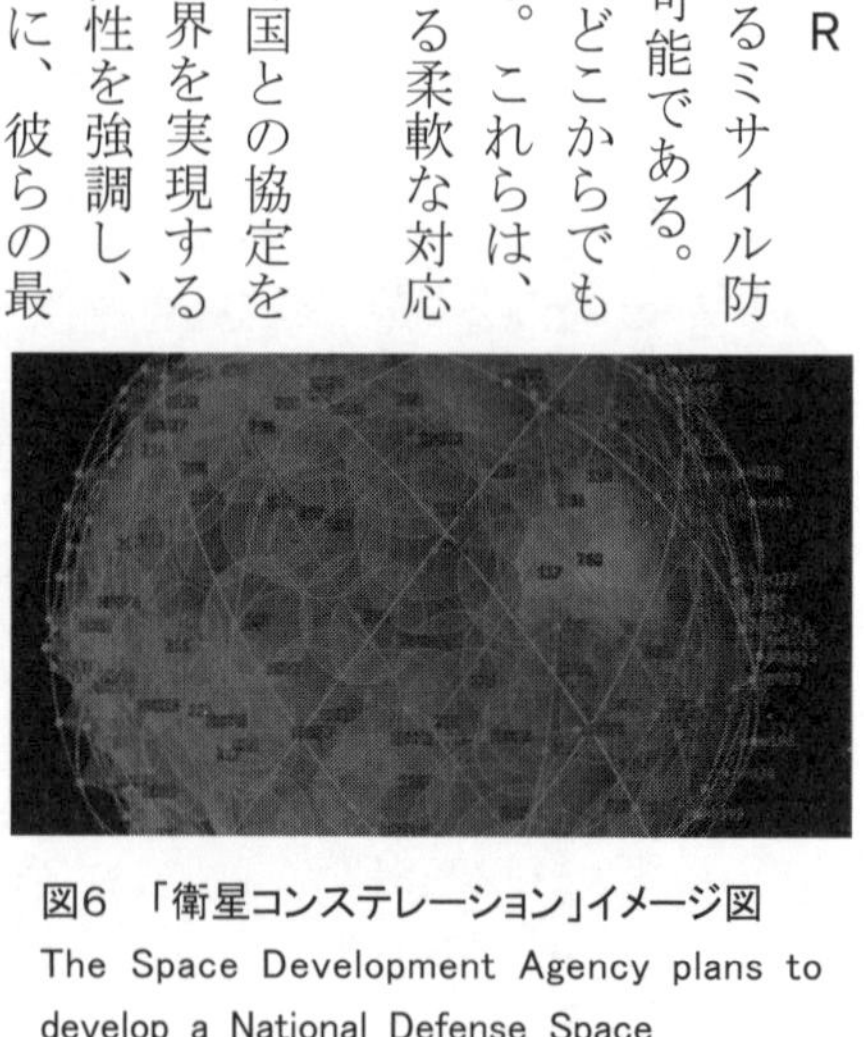

図6　「衛星コンステレーション」イメージ図
The Space Development Agency plans to develop a National Defense Space Architecture that will integrate current and future military constellations. Credit: SDA
（米宇宙開発局HPより）

米国防総省宇宙開発局は、２０２０年１月21日、国防総省の記者会見で、軍が地上のターゲットを見つけ、飛行中の敵ミサイルを追跡するのに役立つ、低地球軌道に衛星のネットワークを構築することについて発表した。

宇宙開発局長は、「２０２２年後半までに、数十個の衛星を軌道に乗せて、増大させた衛星群を操作できることと、その衛星群が兵器システムと通信できることを示したい」と述べ、「これは、地上と海上でのターゲットの配置と極超音速兵器などの高度なミサイルの追跡をする」と明らかにした。

米宇宙開発局の計画では「地球から８００キロ～１２００キロの高度で運用し、２０２４年までに、地域をカバーする数百の衛星、２０２６年までに、全世界をカバーするのに十分な衛星が存在するようになる。最終的に、数千の衛星になる複数の衛星群を配備する予定」と語った。（Space Development Agency to start building its first constellation of surveillance satellites-Space News January 21, 2020より）

一方中国も、宇宙ベースのシステムを使用する能力、およびそれらを敵に否定する能力を、現代の戦争の中心と考えている。「中国は統合作戦で指揮・命令を強化し、リアルタイムの監視、偵察、および警戒システムを確立することを目指しており、さまざまな通信衛星や情報衛星、北斗航法衛星システムなどの宇宙システムの数と機能を増やしている。中国はまた、対戦空間能力と関連技術を開発し続けている。これには、キネティックキル（直接衝突破壊型）ミサイル、地上レーザー、軌道宇宙ロボットのほか、世界中の対象物体を監視し、対空間を有効にする宇宙監視機能を拡張している」（ANNUAL REPORT TO CONGRESS; Military and Security Developments Involving the People's Republic of China 2019米議会報告）と指摘している。

日本も参加

日本政府は２０２０年６月、５年ぶりに宇宙基本計画改正案を出し、米国との衛星共同開発を示唆した。

防衛省は米国の新ミサイル防衛構想「衛星コンステレーション」への参加を前提に、来年度政府予算に関連の調査研究費を計上する計画との一部報道もある（２０２０年8月30日、産経新聞）。

「イージス・アショア」配備計画撤回を呼び水として、とんでもない宇宙大軍拡計画に足を突っ込もうとするのではと危惧する。日本も含め宇宙が新たな戦場となる。宇宙を戦場にしてはならない。

宇宙の軍事利用禁止を

ミサイルに限らず現在の戦力は、その機能の多くを各種の衛星に大きく依存している。互いに交信するための通信衛星、敵情を把握する情報収集衛星、位置確認や兵器の精密誘導に用いるＧＰＳ衛星、弾道ミサイル発射を真っ先に探知する早期警戒衛星など、現在の戦争は衛星なしには戦えない。これに対し、衛星を破壊し、機能不全にさせる様々な兵器が開発されていることも前述の通り。

様々な衛星が表では、商業用、一般用として活用され、裏ではそのほとんどが軍事用としてデュアルユース（共用）されている実態も指摘されている。

また、宇宙空間には破壊された衛星などの破片など「宇宙ゴミ」が無数に存在する。衛星が衝突すれば、その機能を失うこともある。そうなれば何億人の人々の生活に直接影響を及ぼす。

もしＧＰＳシステムが使用できなくなったら輸送システムは運用できなくなり、インターネットができなくなれば国民生活に重要な情報・通信・経済、気象、環境やサービスの提供など重大な損害をもたらす。宇宙もサイバーも電磁波も今や地球と人類の生存を支えているかけがえのないインフラである。これを「新しい戦闘領域」にしてはならない。

軍事利用禁止国際条約の締結を

宇宙条約第4条「軍事利用の禁止規定」は「核兵器及び他の種類の大量破壊兵器を運ぶ物体を地球を回る軌道に乗せないこと」とし、現状では「核兵器の配備禁止」の合意以外はほとんど何も決まっていない。早急に包括的な国際条約を作り、宇宙の軍事利用を禁止するべきである。

おわりに

莫大なコストを国民の暮らしへ

防衛省は２０２０年７月９日、参院外交防衛委員会で、「ミサイル防衛」の整備経費が２００４年度から２０２０年度予算までの累計で２兆５２９６億円にのぼったことを明らかにした。

当初、政府は「ミサイル防衛」の導入経費として「おおむね８０００億円～１兆円」としてきたが、すでに当初の３倍近くに膨れ上がっている。

２０１８年防衛力整備計画（「中期防」）では、５年間で２７兆円を超える巨額が組まれているが、「敵基地攻撃能力」の保有となると電子戦機、情報収集・監視用衛星、高性能レーダー、衛星通信システムなどさらに莫大な予算が必要となる。

新型コロナ感染症パンデミックの中、国民の税金を他国破壊のために投入することは許されない。

憲法に基づく「平和外交力」を

軍事同盟は仮想の「敵」を作ることによって成り立つ。そして敵の脅威を煽ることで「抑止論」が成り立つ。逆に日本の憲法は「敵を作らない」ことで成り立っている。多国間の連帯と共同が憲法の土台である。

「敵地攻撃力」の保有で平和憲法の精神を踏みにじり周辺国の「脅威」となってはならない。これ以上軍事的緊張を高めてはならない。

日本が仕掛けなくてもアメリカの戦争に巻き込まれたら確実に戦場となる。いま政治に求められるのは、「敵地攻撃能力」や「抑止力」でなく、憲法にもとづく「平和外交力」である。

新冷戦と日本の安全保障
――ＩＮＦ廃棄条約破棄と中距離ミサイル配備を巡って――

琉球新報社政治部長　新垣　毅

日本国民にとって米軍基地はどんな存在なのだろうか。２０１５年に成立した新安保法制など日米の軍事的一体化が進み、日本は「戦争ができる国」に向け突き進んでいると言われて久しい。その様相がいよいよ国内外で現実味を帯びている。

最低でも広島原爆級の破壊力を持つ核兵器を搭載できる新型短・中距離ミサイルの開発・配備競争を中心とする、いわゆる新冷戦と言われる新たな緊張が生まれつつある。米国は、沖縄はじめ日本列島に新型中距離ミサイルを大量配備することを計画している。

米軍基地機能の強化は、もはや沖縄だけの問題ではなくなってきている。日本政府は秋田と山口への配備を断念した地上配備型迎撃システム「イージス・アショア」計画の代替策を模索する中、敵基地攻撃能力の保有論を加速させようとしている。こうしたミサイル戦略は南西諸島での自衛隊配備や装備強化の問題ともリンクする。

政府は「我が国の安全保障環境は一層厳しくなっている」を決まり文句に、北朝鮮や中国のミサイル攻撃能力を意識し、米国との安全保障分野における「運命共同体」化に躍起になっているように見える。

米国が日本列島に配備したい新型中距離ミサイルは迎撃型のイージス・アショアと異なり攻撃型だ。核弾頭も搭載できるので、仮想敵国からは当然、同様の核ミサイルがミサイル施設に向けられる。いったんミサイル戦争が起きれば、人類史上、類を見ない多大な犠牲が出るのは必至だ。もし配備されれば、そんな飛躍的に大きい新たな基地機能が加わる。

米国は日本だけでなくオーストラリアやフィリピンなど同盟国を中心に新型ミサイルの配備を計画しており、中国包囲網を敷きつつある。包囲網は米本国を守る「安全保障」の意味もある。米国は今後、日本に配備を強く迫るとみられる。

日本にとってこの問題は敵基地攻撃を想定していない憲法や非核三原則との整合性が問われることになる。それでも米国や日本の現政権は「中国や北朝鮮の脅威」を強調し、配備の必要性を国民に説くだろう。日本は中国の脅威から守られるのか、それとも米国本国の防波堤なのか。米軍専用施設が集中する沖縄だけではなく、日本列島全体の安全保障上の在日米軍の位置付けが根本から問われることになりそうだ。

一、安全保障の転換

米、日本配備を当然視

日本の安全保障の在り方が180度変わり、危険度が飛躍的に増すのではないか。そう確信したきっかけは、2019年9月、ロシアの首都モスクワでの取材だった。

ロシアを訪れた取材の狙いは、東西冷戦を終結に導いた元米ソ連大統領のミハイル・ゴルバチョフ氏に会うことだった。沖縄が日本に復帰した1972年以降、1989年に終結する冷戦時代から現在に至るまで、米国の核兵器が沖縄に存在するという情報を把握しているかどうかを知りたかったからだ。

現在のロシアもそうだが、冷戦当時のソ連は米国と激しい情報戦を展開していただけに、諜報能力にたけている。そのソ連の国のトップだったゴルバチョフ氏が、日本復帰以降の沖縄にも在沖米軍基地に核兵器が存在したかどうかなど、容易に察知できたと考えた。

ところが、その取材の前に、モスクワで衝撃的な情報に出合った。旧知のロシア大統領府関係者があいさつがてら会ってくれた時の話だ。

２０１９年8月2日に中距離核戦力（ＩＮＦ）廃棄条約が破棄された後の世界情勢の変化を危惧していた私は、沖縄との関係を含め、破棄の影響についてロシア大統領府関係者に対して、いくつか質問した。すると、返ってきた言葉に驚きを覚えた。条約が破棄されたことで、条約が製造を禁じていた中距離弾道ミサイルの新型基を、米国が今後2年以内に、沖縄はじめ北海道を含む日本列島に大量配備する計画があるというのだ。話の大筋は次のような内容だ。

《ＩＮＦ条約が終了したことを受けて２０１９年8月26日に米ワシントンでアジアにおける新しい戦略について大きな会議があった。その会議で2年以内に米国がアジアに新型のミサイル、つまり前にＩＮＦで禁じられた短・中距離ミサイルを大量に配備する計画が示された。会議では新型ミサイルをどこに配備するかが議論された。まず日本、オーストラリア、場合によってはフィリピン、もし可能であればベトナム、韓国に関しては現在、米朝間で非核化の話が行われているので、今は配備しないことになっている》

この情報はロシアにとっても驚くべき内容で、対応せずに指をくわえて静観するわけにはいかないと受け止めた。米側は、この大統領府関係者に対し「ロシアは絶対に心配することはない、全て中国をけん制する目的で配備する。将来的には尖閣諸島や南沙諸島で問題があれば中国をけん制するための措置だ」と説明したという。

しかし新型ミサイルが沖縄を含めて日本に配備されれば、ロシアの極東が射程に入る。ロシアにとっては新しい脅威になるのは明らかだ。

ゴルバチョフ

今までの軍事戦略は長距離の大きなミサイルに対する防衛を前提につくられたが、状況は明らかに変わってきた。ロシアは急ぎ新しい防衛システムを導入しなければならない状況に追い込まれ、さらに対抗策として新型中距離ミサイル開発を進めざるを得なくなった。

ロシア大統領府関係者は「ＩＮＦ条約がなくなった時からこの新しい脅威はロシアにとって重要かつ危機感を持たせる要素になりつつある。日ロ平和条約を妨げるすごく大きな要素になっている。今、ロシアの軍事指導部の間では新型ミサイルが現れるので、ヨーロッパより極東の安全が一番ホットな問題になりつつある」と話した。

極東の安全が「ホットな問題」というのどういうことだろうか。それを問うとこう答えた。「この新しい状況の中では残念ながら我々のミサイルを日本に向けることになる。この状況では日ロ関係をよくすることはできないし、平和条約の交渉を加速させることもできない。トランプ大統領は来年（２０２０年）の大統領選で再選されると、すぐ日本に対して配備問題を念頭に、すごく圧力をかけるつもりだ。なのでロシアは現在、かなり難しい状況に置かれている」

新型ミサイルの日本国内の具体的な配備場所について情報を把握しているかと聞いてみた。すると「沖縄プラス日本本土になるという理解で米国は動いている。米国はいつも『対中国だけ』と強調しているが、ロシアの軍事専門家は沖縄と日本の本土に新型ミサイルが配備されれば、ロシアの極東においては、南と東の位置になる」と話し、危機感を示した。

その上で、日本への対抗策を講じざるを得ないと強調した。

また「新型ミサイルは大きな発射台や大きな軍事基地は不要だ。全く新型なので、移動できるし、簡単に配備できる」とも付け加えた。すなわち、米軍基地が集中する沖縄だけでなく、日本列島、あらゆる所に配備可能だという認識だった。新型ミサイル配備問題は、日本全国が沖縄と同様に戦争と隣り合わせになることを意味している。

二、新冷戦と日本

ＩＮＦ条約とは

短・中距離ミサイル開発競争を主軸とする新冷戦と言われる状況はどんなものだろうか。それを知るには、なぜそれらのミサイルが条約で禁止されたかを知る必要がある。

中距離核戦力（ＩＮＦ）廃棄条約は１９８７年１２月、当時のゴルバチョフソ連共産党書記長とレーガン米大統領が調印し、翌年の１９８８年６月に発効した。米ソの地上配備型短・中短距離ミサイル（射程５００～５５００キロ）を条約発効から３年以内に全廃すると定め、１９９１年までに両国は計２６９２基を廃棄した。

また現地査察制度も導入し、廃棄されたかどうかを検証できるようにした。ただ米ソ二国間の条約のため、その後、軍事的に台頭した中国などの配備には歯止めをかけられていない。米国は２０１８年10月、ロシアの「条約違反」を理由に条約の破棄方針を表明、２０１９年２月に破棄の通告と履行停止を発表し、同年８月２日に条約は失効した。

「現在の軍拡への動きはＩＮＦ廃棄条約が締結された時代と似ている」。１９８７年にＩＮＦ条約を締結したゴルバチョフ氏の補佐官を務めるウラジミール・ポリャコフ氏はこう話す。条約締結に至った背景には、米ソによる欧州へのミサイル配備競争と、それに抗議する「草の根反核運動」の広がりがある。

１９７７年にソ連がＳＳ‐20ミサイルを東欧に配備したことに対抗し、米主導の北大西洋条約機構（ＮＡＴＯ）は、パーシングⅡ弾道ミサイルと地上発射型トマホーク巡航ミサイルを西ドイツ、英国、ベルギー、イタリアなどに1983年末から持ち込んだ。これに反発した市民らの抗議運動が欧州全土に広がり、ドイツでは100万人規模の反対集会が開かれた。合言葉はヨーロッパとヒロシマの合成語「オイロシマ」。運動の大きなうねりが史上初のミサイル全廃条約締結を後押しした。

INF廃棄条約は、核軍拡から核軍縮へと歴史を大転換させる契機となった。さらに東西冷戦終結をも後押しし、米ロが対峙する欧州で安全保障の支柱となった。

しかし2019年8月2日の同条約破棄により、冷戦後の軍縮体制は「死に体」に陥った。「核兵器なき世界」を目指す国際的な軍縮の機運がさらに後退することが危惧されている。米国は規制されていた地上発射型の巡航ミサイル実験を実施し、直後にロシアも北極圏に近いバレンツ海から潜水艦発射弾道ミサイルの発射実験を行うなど、さや当てが繰り返されている。新冷戦が始まった。

ポリャコフ氏はINF廃棄条約締結を促した欧州の反核運動について「ミサイルの標的にされ、家族や友人ら多くの命を奪われるという危機感が一般市民を突き動かした」と振り返る。

その上で「沖縄をはじめ日本が標的にされる状況と似ている」とし、条約破棄により「冷戦時代に戻った感じだ。当時よりも深刻かもしれない。欧州は苦労して得た大きな成果を失った。中距離ミサイル配備競争の中で欧州にも配備される可能性がある。欧州と日本をつなぐ新たな運動が必要だ」と語った。国同士が「脅威」の相手ではなく、信頼を回復するための運動も提起した。

新型中距離ミサイルの威力や危険性

米国が開発を進めている新型の中距離弾道ミサイルは、先述したように核弾頭装備が可能で、威力は10～50キロトンの範囲で選べ、最低でも広島に投下された原爆（12キロトン）級の威力がある。

大陸間弾道ミサイル（ICBM）は数百キロメートルの高度に達しながら大陸を横断して標的に到達す

るまでに一定の時間がかかるため、迎撃も比較的可能であるのに対し、新型の中距離弾道ミサイルは目標に数分で到達できるので迎撃が難しい。

短時間の対応では、発射を探知すると即、迎撃発射という自動報復にならざるを得ない。このため、誤認、錯覚、レーダーの不具合など不確かな情報でも迎撃指示を出す可能性が高まる。偶発的戦争の引き金となる危険性がある。

これまで配備されたＰＡＣ３などの迎撃ミサイルと異なり、核弾頭搭載可能な攻撃ミサイルのため、日米安保条約で規定された装備の「重要な変更」に当たる可能性が高い。破壊力が大きい攻撃型であるから「敵」から標的にされる恐れも強まる。

ＩＮＦ廃棄条約破棄に伴い中距離弾道ミサイルの開発・配備は拡大し、そのミサイルを迎撃するためのミサイルも開発・配備されるという軍拡競争が激しくなりつつある。

米政府は、米ロのＩＮＦ廃棄条約失効後、アジア太平洋地域に新型の地上発射型中距離ミサイルを配備する考えを表明した。アジアのどこに配備するかは具体的に公表していないが、中国は強く反発し、米国と受け入れ国に対抗措置を取る構えだ。

エスパー米国防長官は条約が失効した翌日の２０１９年８月３日、記者団からアジアへの中距離ミサイル配備について聞かれ「数ヵ月内にやりたい」と意欲を見せた。一方で「これらは全て我々の計画であり、同盟国とも協議しなければならない」「実際に運用可能になるには数年はかかる」との見通しを示した。具体的な配備先については言及しなかった。

エスパー氏の発言を受け、中国外務省の傅聡軍縮局長は同月６日、米国がアジアに中距離ミサイルを配備すれば「傍観はしない。対抗措置を取らざるを得ない」と強く反発した。日本、韓国、オーストラリアを名指しし、米国にミサイルを配備させないよう慎重な対応を求めた。配備を受け入れれば、自国の安全保障上の利益にならないと警告した。

米国の中距離ミサイルの配備先について米メディアなどは「日本が最有力」と伝え、沖縄への配備の可能性にも触れている。

ニューヨークタイムズ（２０１９年8月1日付）は各専門家の意見として「最も明白な場所は日本だ」（ボーニー・グレイザー米戦略国際問題研究所上級研究員）、「日本か韓国だろう」（ゲーリー・サモア元大統領補佐官）と取り上げた。

外交専門誌「ディプロマット」（同年8月30日付）は「米国の中距離ミサイルは太平洋のどこになるか」の記事で「国防総省は、琉球諸島とパラオを最も実行可能な選択肢だと考えている」と明記。沖縄から台湾、フィリピンを結ぶ軍事戦略上の海上ライン「第1列島線」に分配されるとの見方を示した。

ジャパンタイムズ（8月25日付）は「中国とのミサイルギャップを埋めるため、米国は日本の協力を求めている」との記事を掲載した。元国防官僚や専門家の話として「トランプ政権と最も近いアジアの同盟国、日本が配備先として最適だ」としている。

日本のどこに配備するかについて日本国際問題研究所のジョナサン・バークシャー・ミラー上級客員研究員は、沖縄への配備が最も有力だとしたが、「米軍普天間飛行場の移設をめぐる東京と沖縄の問題をみれば、沖縄は非常に難しい」と、県民の反対が強まる可能性が高く、困難との見方を示している。

沖縄への配備について、米国の軍事戦略に詳しい専門家は「米軍基地が集中していることを考えると配備され得る」などと述べ、配備の可能性は高いとの見方を示している。配備に関する日本政府の対応について「強固に反対しないのではないか」「反対しても日米安保条約に基づき配備されると思う」などと分析している。

平和・軍縮・共通安全保障キャンペーンのジョセフ・ガーソン氏は「米軍基地の沖縄への植民地的な集

中を考えると、配備の場所になり得る」との認識だ。沖縄に配備される計画のミサイルは地上型になると予測した。ただ、軍港もあることから海上発射型の可能性もあるとし「核と従来の能力の両方が使用されるだろう」と述べている。

日本配備の狙いは、中距離核ミサイルを大量に保有する中国とのパワーバランスを取るための対抗策強化だとし、「台湾の独立を守り、日本の尖閣諸島の領有権を主張し、南シナ海の重大な米中衝突が起きた時に備え、米国のパワーを強化することだ」と分析した。

英リーズ・ベケット大名誉教授のデイブ・ウェブ氏は日本に配備される場合は沖縄である可能性に言及した。日本が配備に反対した場合でも、米国は日米安全保障条約を基に配備を実施するとの見方を示している。

配備の狙いについては、米国はミサイル配備数の「ギャップを埋めるため」と説明しているが、中国や北朝鮮を標的にしているのは「明らかだ」と強調する。貿易戦争を展開する中国や、非核化協議を巡って北朝鮮に圧力をかける可能性も指摘した。

三、形骸化する非核三原則

沖縄と核ミサイル

そもそも日本復帰前の沖縄には辺野古弾薬庫や嘉手納弾薬庫に、１３００発もの核兵器が貯蔵されていた。沖縄に新型の中距離弾道ミサイルが配備されれば、大量の核ミサイルが配備されて東西冷戦の最前線に置かれた、日本復帰前の時代と似た危険な状態に逆戻りすることになる。

１９５９年には、米軍那覇飛行場配備のミサイルが核弾頭を搭載したまま誤射を起こし、海に落下する事故が起きた。

１９６２年には、米ソが全面戦争の瀬戸際に至ったキューバ危機の際、米軍内でソ連極東地域などを標的とする沖縄のミサイル部隊に核攻撃命令が誤って出され、現場の発射指揮官の判断で発射が回避されるという出来事もあった。ミサイルは、核搭載の地対地巡航ミサイル「メースＢ」で、１９６２年初めに米国施政下の沖縄に配備された。

沖縄の核兵器は日本復帰の際に撤去したとされるが、客観的に証明されていない。沖縄返還交渉の過程で日本政府は米国に非核三原則を保証する書簡を求めたのに対し、米側は書簡を出す条件として「核の確認や沖縄の貯蔵施設への査察をしないこと」を提示し、日本政府はこれを受諾している。

一方で当時の佐藤栄作首相はニクソン米大統領との間で有事の際には沖縄に核を持ち込めるという密約を結んだ。

２０１０年に当時の民主党政権は核密約は失効したとの認識を示したが、米国防総省の歴史記録書は「米国は危機の際にそれら（核）を再持ち込みする権利を維持した」と明記している。米国にとって核持ち込みは「権利」として生きている。

その後、日本国内では国内への核持ち込みに肯定的な動きが出ている。

２０１７年、自民党の石破茂元幹事長はテレビ番組で、北朝鮮の核実験強行を踏まえ、日米同盟の抑止力向上のため、国内への核兵器配備の是非を議論すべきだとの考えを示した。

安倍政権下で外務事務次官を務めた秋葉剛男氏は駐米日本大使館の公使時代の２００９年、沖縄への核貯蔵施設建設に肯定的な姿勢を米国に示していた。

そのメモを入手した米国の科学者らでつくる「憂慮する科学者同盟」のグレゴリー・カラキ上級アナリストは、名護市辺野古への新基地建設と隣接する米軍辺野古弾薬庫の再開発を挙げ、沖縄への核兵器の再持ち込みに警鐘を鳴らしている。

メモによると秋葉氏は２００９年、当時のオバマ米政権の核戦略指針「核体制の見直し（ＮＰＲ）」策定に向け、米連邦議会が設置した戦略態勢委員会（委員長・ペリー元国防長官）から意見聴取された。沖縄での核貯蔵施設建設について問われ「そのような提案は説得力があるように思う」と肯定的な姿勢を示した。

今後も、北朝鮮・中国脅威論を強調し、新型ミサイルの日本国内配備を肯定的に捉える意見が表面化する可能性がある。

先のロシア大統領府関係者に、こう聞いてみた。沖縄の軍事的な重要性が高まると言ったが、そうするとロシアも中国も沖縄に核ミサイルを向ける、そういう状況が生まれるのかと。すると、こんな答えが返ってきた。

「我々は沖縄という言葉を使っていない。日本だ。ただ、もちろん（指摘の通り）だ。プーチン大統領は今、安倍首相からまともな説明を期待している。プーチン大統領の観点から言えば、ロシアの安全保障のレベルは急速に下がっている状況の中で、なぜ日本とロシアの間で平和条約が必要かとの疑問が出る」

そこで、もし安倍晋三首相がきちんと安全保障面での約束ができなければ、北方領土や平和条約の話はなしになるのかと聞いた。ロシア大統領府関係者はこう答えた。

「私はそう考えている。安倍首相の約束は不十分であ

新型ミサイル配備を報じる新聞紙面

ることは確かだ。ロシアが納得できる保障、約束ができなければならない。例えば平和条約の中でちゃんと明確に書くなどいろんなやり方がある」

「例えば『平和条約の中で明確に日本の国土でロシアに向けている第三者の兵器を配備しないと明確に書きましょう』と、（ロシア側が）一度提案したことがある。でも日本政府は『これはできない。米国との安保条約があるから』と答えた。このため、さらに状況は悪くなった」

「（ＩＮＦ廃棄条約が失効した）２０１９年８月２日までと今の状況は全然違う。今の方が難しい」

すなわち、新型中距離ミサイル配備問題は、日ロの北方領土問題交渉に大きな影響を与えているのだ。日本の国内メディアはほとんど報じていないが、米国の新型ミサイル配備計画は、北方領土問題交渉を完全に棚上げさせた。それだけ大きな問題だ。沖縄の問題にとどまる話ではない。

プーチン・ロシア大統領は、沖縄の辺野古新基地建設問題を挙げて、日本は米国の基地建設や武器配備などの要求を拒否できないとの見方を示している。

北方領土の４島のうち２島を日本に返還した場合、そこに米軍施設が建設される可能性は日米安保条約上、排除できない。プーチン大統領はこの懸念を払拭するために、日本側に返還された場合の２島に米軍基地は建設させないとの約束を書面で求めているが、日本側が拒み続けているという。それが、北方領土問題の交渉が進まない真相である。

ロシア大統領府関係者に対して、こんな質問もした。「辺野古の新基地には弾薬庫も整備される。そうすると新型ミサイルも配備される可能性があるので、ロシアからすると辺野古ができることは嫌なことではないか。プーチン大統領も辺野古を話題にしたが、新しい状況ではどう変わるか」。すると答えはこうだ。

「もちろん状況を悪化させる。加えて、イージス艦が寄港できる軍港が辺野古に整備されることも状況を悪化させる」

「一番大きな問題は中国と米国だ。東アジアでは両国が一番爆発しやすい。米国は必ず中国に全ての方向で圧力を増す。中国も米国との軍事的衝突に備えている。中国政府は特にいろんな島々での衝突が必ず起こることを理解している。だから今のところは軍縮交渉に参加するつもりはない」

米国は中国とアジア太平洋の島々での限定戦争を想定しているという。「限定紛争は十分あり得ると考えている。例えば米国が中国の船を沈没させるとか、逆もあり得る。そんな形での限定紛争の可能性は十分高い。我々もその危険性をよく分かっている」。

特に沖縄は尖閣諸島があるので危険性が高いのではないかと聞くと「もちろん。その通りだ」との回答だった。

今後の見通しについては「これからの動きは危険性をもたらす。ＩＮＦ条約がなくなってから世界は軍備拡大の新時代に入ったと言ってもいい。１、２年間以内に大量の新型兵器の生産が始まる。生産すれば倉庫に保存するのではなく、どこかに配備しなければならない」との認識を示した。

日ロ関係も修復を望めない状況に陥っていくとの見方だ。

「米国にとっては一番やりやすいのは日本だ。簡単だ」と語り、日本は対米従属姿勢が強いことを指摘した。日本政府が繰り返す「強固な日米同盟」は海外の主要国であるロシアからも、そんなふうに映っているのだ。さらにこう続けた。

「その状況においては我々も対抗措置を取らざるを得ない状況になる。日本が好ましくないような措置を取らざるを得ない。残念ながらＩＮＦ条約失効以降の新しい動きが日ロ関係に悪影響を及ぼす。しかし、今でも安倍首相が何らかのまともな説明をプーチン大統領にすることを期待している。安全保障面をクリアできなければ、平和条約は忘れてもいいと思う」

新型ミサイル配備問題は、日ロの平和条約締結という画期的な歴史的出来事の実現を頓挫させたと言えるのだ。

核査察能力

もっとも、日本政府は領土問題という国益に最も鋭く関わるこうした影響よりも、米国の安全保障上の利益に寄り添う方を優先させている。ミサイル防衛システムなどを巡り、日米の軍事的一体化はさらに進みそうだ。

政府は地上配備型迎撃システム「イージス・アショア」計画に代わるミサイル防衛論議を開始した。最大の焦点は、敵基地攻撃能力を持つかどうかだ。この能力は、敵のミサイル発射拠点などを直接破壊できる兵器の保有を意味する。

保有を決めれば、日本の安全保障政策は大きく変わる。防衛政策の根幹である専守防衛の原則が形骸化するからだ。政府はこれまで保有は憲法上、許されるとする。しかし9条をはじめとする憲法の理念から逸脱しているのは明らかだ。日本国憲法はそもそも戦力の保持を禁じているのだから、敵の基地を攻撃することなど想定されていない。

専守防衛は、アジア太平洋戦争で周辺諸国に多くの犠牲を強いた日本が過ちを繰り返さないというメッセージにもなってきた。敵基地攻撃能力の保有は、この姿勢を放棄することになるだろう。

自民党は保有推進派が大勢を占め、安倍政権以降、前のめりの姿勢が続いている。菅新政権も同様だ。安倍前首相はアショア断念を「反転攻勢としたい。打撃力保有にシフトするしかない」と周囲に漏らしていた。外交と安保政策の包括的な指針である国家安全保障戦略を２０１３年12月の閣議決定以来、初めて改定する方向だ。

注意しないといけないのは、ミサイル戦争を巡る日米の「運命共同体」化である。保持すれば、日本が盾、米国が矛を担う従来の役割分担は日本が矛に合流する。

迎撃型のアショアとは異なり攻撃型の新型中距離ミサイルは、安倍前首相が考える「打撃力」と一致する。敵基地攻撃能力保有論は、米国の配備計画を呼び込む布石と考えられる。

中国への包囲網やロシアへの対抗を狙う米国の新型中距離ミサイルを配備すれば、当然、中ロは核弾頭を搭載した短・中距離ミサイルを、その配備されたミサイルに向ける。攻撃型ミサイルの日本配備は、日本列島が核戦争の最前線に置かれることを意味する

核を持たず、造らず、持ち込ませずという非核三原則を国是とする日本に対し、米国は「核弾頭は搭載しない」として説得を試みるかもしれない。しかし米国は自国の核兵器の所在を明かさない政策を取っている上、日本は在日米軍に対し核査察の意思や能力を欠いている。日本政府が米国の言葉を信じても中ロはその言葉を信じるはずがない。日本は間違いなく核ミサイルの標的に設定される。

新冷戦下での敵基地攻撃能力保有は、「抑止力」や「防衛」の名の下で米国の核戦略の一翼を担うことを意味する。国民の命を米国の手の中に委ねるのと同義だ。

日本政府が国是である非核三原則を厳守すると言いつつも、米国に核弾頭を付けないことを条件に新型中距離ミサイルの配備を認めたとするならば、同時にその条件が守られているか、絶えず検証することが求められる。

しかし、日本政府はこれまで、在日米軍基地に核兵器が持ち込まれているかどうかについて査察し、存在しないことを証明したことはない。米軍の言うことを信じるだけである。というよりも、査察の意思すらないと言ってよい。

従って、全国の米軍専用施設の約7割が集中し、これまで米国が関与する紛争地に部隊が派遣されてき

た沖縄には、いつ核兵器が持ち込まれていてもおかしくないが、それは証明されていないのである。まして や核持ち込みの密約まで交わされた地域だ。沖縄は冷戦時代のように核戦争の最前線に置かれないか、強い不安がつきまとう。

このようなこともあって、先述のように、２０１９年9月のモスクワ訪問で、ゴルバチョフ氏への取材を決意した。

「沖縄が日本に復帰した１９７２年以降、89年に終結する冷戦時代から現在に至るまで、米国の核兵器が沖縄に存在するとの情報を把握しているか」と尋ねた。

これに対し、ゴルバチョフ氏は明言を避けつつも、レーガン元米大統領の「信用せよ、されど検証せよ」という言葉を引用し、検証の必要性を提言した。復帰後の非核化に疑念を示唆した形だ。

沖縄の非核化は、客観的に証明されたことはない。それと同様、米国が「核抜きだ」と言って新型ミサイルの配備を迫っても、証明するすべを持たない。配備の受け入れは、核の持ち込みを認めたのと同義と言っていい。可能性は低いと思うが、百歩譲って、実際に核抜きでミサイルを配備したとしても、中ロのミサイルは確実に核を搭載して米国のミサイル施設を狙う対抗策を取るだろう。

四、真の安全保障とは

米国の防波堤

こう考えると、米国にとっての安全保障上の日本の役割が透けて見えてくる。本文冒頭で書いた「日本における在日米軍基地の存在の意味」について、一つの答えでもある。それは、日本列島が米本国を守るための防波堤であり、在日米軍はその防波堤を守る存在であるという側面だ。

それが米国にとっての「同盟国・日本」の基本的位置づけと考えてもいいと思う。例えば、北朝鮮のミサイル実験に対する米国の態度にも表れている。北朝鮮の大陸間弾道ミサイル実験に対し、米政府は、米本国にまで到達する技術を持たないよう警戒し、北朝鮮に圧力をかけている。ところが、日本近海や日本列島を越える弾道の実験については認めている。

このことからも、米国は本気で日本を守る意思はあるのだろうかと疑いたくなる。そう指摘すると「守るに決まっている」と米政府は答えるだろう。だがその真意は「防波堤を守っている」という意味の「守る」に過ぎないのではないだろうか。

こうしたことをうかがい知れるのが、軍事評論家の前田哲男氏の指摘である。前田氏は米国が新型中距離ミサイルの発射実験に成功したとの発表について、こう論じている。

「想定敵は中国とロシアだろう。中国は『グアム・キラー』『空母キラー』と称される中距離ミサイルを既に保有していると信じられている。その場合、有力な配備地が在日米軍基地となる可能性は高い。既にＣＳＩＳ（米戦略国際問題研究所）のリポート（２０１８年５月）は『太平洋の盾—巨大なイージス駆逐艦としての日本』という表現さえ使っている」

さらにこう続ける。

「米新型攻撃ミサイルがロシアと中国に向け配備されると、日本は文字通り『太平洋の盾』となる。嘉手納基地には既にＰＡＣ３が24基展開していることも銘記しておくべきだ」

日本国民は、米国のこうした戦略の基に、新型中距離ミサイル配備の問題があることを明確に認識しなければならない。そしてその戦略は、いま日本政府が前のめりな敵基地攻撃能力の保有と符号することも考慮すべきだ。

安保、外交政策の転換を

先述したように、敵基地攻撃能力の保有は日本国憲法の理念に違反する。核弾頭を搭載できる中距離ミサイルの配備は非核三原則を完全に形骸化させる。敵基地能力保有は安全保障上の日米関係は盾と矛から矛と矛の関係に転換する。こうした安全保障政策の大転換は、日中、日ロの関係に暗い影を落とし続ける。それが本当に「国益」なのか、日本国民は立ち止まって熟考する時に来ている。

そして沖縄は攻撃兵器の配備先として真っ先に狙われる恐れがある。敵基地攻撃能力として使用の可能性が高いとされ、既に導入が決まっている長距離巡航ミサイル導入案は南西諸島防衛を進める中で浮上した。既に沖縄配備が検討されている。防衛省は敵基地攻撃への使用を否定しているが、射程を延ばして攻撃目的も兼ねて配備される可能性が指摘されている。

敵基地攻撃能力の保有は、米中ロの軍拡競争に日本が加担することをも意味する。それは平和憲法の理念と明らかに逆行する。米国による中国敵視政策に乗っかるのではなく、憲法の平和主義の理念を生かし、周辺隣国と友好関係を築くことこそが、憲法が求める日本のあるべき姿ではないだろうか。

周辺諸国を「敵国」として脅威をあおるのではなく、その国との紛争の火種を除去するため対話外交に徹し、軍事力を縮小していくことが、憲法が描く日本の在り方だ。米国の「防波堤」としてではなく、対立が激化している米中の「懸け橋」となって、紛争や戦争の可能性を小さくする役割こそが求められている。

敵基地攻撃能力の保有という発想を改め、米国の中距離ミサイル配備を拒否し、対話を軸とした外交・安全保障政策に転換すべきだ。

冷戦時代と重ねながら現在の新冷戦の状況を憂いているゴルバチョフ氏は２０２０年の４月15日、米タイム誌で「国際政治の非軍事化」を提言した。２０１９年８月にＩＮＦ条約撤廃された時から世界は変わり、未曽有のコロナウイルス禍にある。コロナの脅威は世界大戦後、新たな人類の脅威となった。こうした状況を踏まえ、ゴルバチョフ氏は次のような声明を出した。

「今、緊急に求められているのは、新しいセキュリティーの概念だ。冷戦後もセキュリティーは軍事面だけで語られ、武器、ミサイル、空爆などだけが議論されてきた。…戦争と軍拡が現在のグローバルな問題を解決できないことに、いい加減気づくべきだ。戦争はそれ自体が敗北であり、政治の放棄にほかならない。

最大のゴールは『人間のセキュリティー』、つまり、食料、水資源、クリーンな環境、住民の健康の確保だ。この達成のために、戦略の策定、準備・計画の実施、備蓄の確保が必要だ。しかし政府が軍拡に資金を浪費している限り、この努力は成功できない。必要なのは、国際政治の『非軍事化』、政治思想の『非軍事化』だ。

私たちが世界の指導者たちに呼び掛けたいのは、コロナ危機収束後、直ちに緊急特別国連総会を招集して、これについて具体的な議論をすることだ」

果たして今の日本の指導者はこの呼び掛けにどれだけ真摯に応えられるだろうか。率直に言って、安倍前政権、その路線を引き継いだ菅現政権も呼び掛けに逆行している。沖縄で新しい米軍基地の建設を強行していることが、その証しだ。

核ミサイル開発には、何兆円、何十兆円という天文学的なお金が投入されることになるだろう。新冷戦下でそれが膨らんでいく可能性がある。世界の人々が今、願っているのは、そのようなお金があるのなら、コロナに打ち勝つための医療や経済、貧困などへの対策にお金を回すことではないだろうか。

沖縄県名護市辺野古の新基地建設は、政府試算で完成まで12年以上かかり、９３００億円の血税を要する。沖縄県の試算では２兆５５００億円かかる。日本政府は一方で南西諸島にも自衛隊を次々と配備している。日本が、人間の安全保障を顧みず、軍事力に頼り切ろうとする姿勢の象徴である。

去るアジア太平洋戦争で日本は、アジア諸国の人たちに多大な犠牲を強いた。たくさんの日本国民も命を失い、傷ついた。私たちは、これら戦争の教訓に立ち返る必要がある。教訓とは、いったん戦争が起きれば、真っ先に多大な犠牲を払うのは社会的に弱い人々であり、一般庶民であることだ。国は「国を守る」を大儀に、国民に犠牲を強いた歴史がある。こうした戦争を二度と起こさないよう、未然に防ぐために、世界の人々は現在の新冷戦に向き合わねばならない。

新型ミサイルの配備先の有力候補となっている沖縄はじめ日本の市民は、今後、配備の可能性が指摘されている欧州の市民とも連帯を模索し、声を上げ、新冷戦を終結に導くことを考える時に来ていると思う。新型コロナウイルスがもたらした人類にとっての脅威は、世界が一つになることの必要性を気づかせてくれた。ゴルバチョフ氏の言う「人間の安全保障」を最優先し、政策に取り入れるなどして実践することは、軍拡競争へと進む新冷戦に歯止めを掛けることにつながるのではないかと考える。

宇宙の軍備拡張とポストミサイル戦争
——南西諸島防衛を口実にした超音速兵器の開発——

元京都女子大学教授　前田佐和子

一、アメリカの対中国戦略のもとで進む南西諸島の軍事要塞化

九州から奄美、宮古、石垣、与那国にかけての南西諸島で、陸上自衛隊のミサイル基地建設が進められている。２０１６年3月28日、国境の島、与那国島に陸上自衛隊沿岸監視部隊１６０人、翌年には40～50人の航空自衛隊が配備された。続いて基地建設が始まったのは、奄美大島である。２０１６年から奄美市と瀬戸内町で大規模な敷地の造成が始まり、濃い緑で覆われた山々が、赤土の道路で切り裂かれた。２０１９年3月をめどに、６００人規模の部隊が配備された。南西諸島全域の自衛隊の指揮所は宮古島に置かれ、８００人規模の基地が作られる。この島には川がなく、宮古全域に水を供給する地下ダムが完成したのは、わずか20年ほど前である。〃命の水〃が汚染されることを怖れる島民の抵抗のなかで、工事が続いている。石垣島にも６００人規模の部隊が配備される予定で、すでに工事が始まっている。台湾や沖縄本島からの開拓農民、嘉手納米軍基地の建設で土地を取られた沖縄本島からの避難民が、マラリアの災禍のなかで開墾し、作り上げた農地に基地が作られる。島々に配備されるのは、地対艦・地対空誘導弾部隊である。つまり、ミサイル部隊である。ミサイルや弾薬を格納する大規模な弾薬庫が、民家から数百メー

トルのところに造られている。

中国艦船が、沖縄本島と宮古島の間の公海を通って、日本海と太平洋を往来している。アメリカはこれを脅威とみなし、南西諸島を武装地帯にして中国を封じ込める戦略を進めてきた。これを「オフショア・バランシング戦略」と呼ぶ。〝米中全面戦争にはエスカレートさせない、そのために、日本が沖縄を含む南西諸島を戦場として差し出すことを求める〟というものである。憲法9条にもとづく平和主義と非軍事の国家理念を崩して軍備の増強を企む日本政府は、この戦略のもとで自衛隊を島嶼地域に配備する。配備される自衛隊は、島嶼戦争が勃発したときに前線で戦う部隊である。その自衛隊を指揮するのは、日本に駐留する米軍である。米軍は前線では戦わない。２０１２年、防衛省は、沖縄本島の米軍基地、キャンプ・シュワブやキャンプ・ハンセンに、陸上自衛隊員８００人程度を常駐させた。南西諸島での陸上自衛隊基地建設は、辺野古沖に計画されている新たな米軍基地の建設と連動しているのだ。

〝敵基地攻撃〟が公然と語られ、巡航ミサイルの配備やイージス艦「いずも」の空母化が進められている。いま、開発中の極超音速滑空弾が、南西諸島に配備されることになっている。弾道ミサイルに替わる新型兵器で、アメリカ、中国、ロシアなどが開発中の、超音速兵器の一種である。島嶼間の戦闘から、敵基地の攻撃に転用されるのではないかと危惧される新型兵器である。島嶼地域が、ポストミサイル戦争の実験場になろうとしているのだ。軍備の急激な増強は、地上や海上だけで進められているのではない。これらの装備は、宇宙に配備されている各種の軍事衛星とネットワークでつながれる。南西諸島の基地建設は、宇宙の軍事化を推進する政府と、それを絶好のビジネスチャンスと捉える防衛産業や大手電気メーカーなどが一体となって進めているのである。

二、衛星測位

グローバル・ポジショニング・サテライト（ＧＰＳ）

軍備拡張の中心が高速で上空を飛行するミサイルと、それを迎撃する対空システムに移っていった。ミサイルを標的に向かって飛行させるためには、時々刻々のミサイルの位置を把握（測位）し、軌道を修正しなければならない。これをミサイル誘導と言う。アメリカの「グローバル・ポジショニング・サテライト」ＧＰＳは、イラク戦争開始の２０００年代初頭、世界で初めて登場したグローバルな測位衛星である。小泉政権は、「ミサイル防衛」計画への参加を決め、翌年から衛星システムの整備を開始した。この事が、平和利用に限定されていた日本の宇宙開発を大きく軌道修正し、宇宙の軍事利用に導いたのである。

衛星測位では、４つ以上の人工衛星から発信される電波を受信し、発信時刻と衛星の位置を４つの数式に入れ、受信時刻の自分の位置を計算する。受信できる衛星の数が多いほど、正確な位置情報を得ることができる。昔、アメリカ大陸を発見した大航海の時代があった。大海原で周囲に目標となるものが何も見えないところを船が航海するのに、天文航法が使われた。船が動くと星の見える方向が少しずつ変わっていく。いくつかの星からの光を受信しながら自分の位置を確かめた。星にあたるのが人工衛星、星からの光が衛星からの電波である。衛星測位は、現代版の天文航法といえる。

ＧＰＳは、ミサイル防衛には必須のシステムで、アメリカの国防総省が１００％出資して運用されている軍事衛星である。地球半径の4倍の高度を、赤道面から55度傾いた軌道で12時間をかけて一周する。配備されている機数は24機で地球全体をカバーする。さらに予備としてもう7機飛んでいる。ＧＰＳから3つの周波数の電波が発信されている。アメリカの本土防衛システムとして開発されていた２０００年までは発信される電波はすべて暗号化され、民生利用はできなかった。しかし、巨額の国費を使って運用されていることに企業からの不満が強く、クリントン政権は、信号の一部の暗号処理を解除したのである。このことが、衛星測位情報が様々に民生利用されるきっかけとなった。発信される電波の周波数は、ある幅を持っている。中心周波数をピークとして、それより高周波側と低周波側は強度が落ちる山型のスペクトルになる。ＧＰＳの電波では、中心周波数のところは暗号処理が解かれているが、両サイドは暗号処理され、軍事用に使われている。

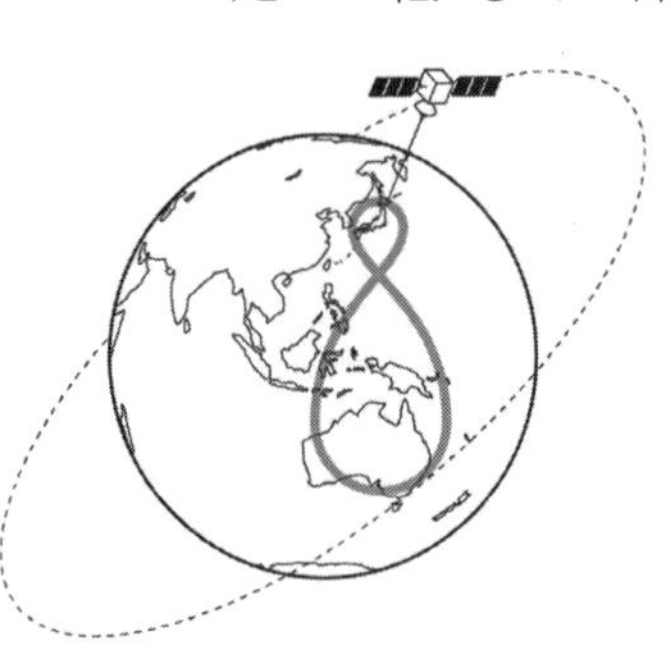
準天頂衛星「みちびき」の軌道（イメージ）（作図／新垣雄一郎）

準天頂衛星システム（ＱＺＳＳ）

日本の測位衛星（ＱＺＳＳ）、愛称「みちびき」は、現在４機が高度３万２０００〜３万９０００㎞を飛行している。そのうち１機は、赤道面上を地球が自転するのと同じ時間で回っている。地上から見ると、いつも同じところに留まって見えることから、この軌道を静止衛星軌道という。あとの３機は、準天頂衛星軌道といって、赤道面から45度傾いた面上を24時間で周回している。軌道が傾いているため、一番北に行った後、南に下がっていって、赤道を横切って南半球に廻って、また元に戻ってくるという軌道になる。この軌道では、24時間のうちの３分の１くらいは、日本列島の頭の上、天頂をはさんで南北20度くらいの範囲に見える。高いところに見えるほど、その電波を使って正確に測位しやすくなる。４機で極東アジアからオセアニア地域における測位を行っている。１号機は２０１０年に打ち上げられ、２０１７年に３機が追加された。４機の体制が整い、測位に必要な最低の機数が揃った。２０２３年には７機の体制になる。そのうち４つは準天頂衛星軌道、３つは赤道面上を回る静止衛星軌道に配置され、日本では常時４機以上からの電波を受信できるようになる。「みちびき」のみで24時間の持続的な測位が可能になる。

測位は、同時に受信する衛星の数が多いほど、精度が上がる。「みちびき」が発信する3つの周波数は、GPSのそれと同じに設計されているので、地球全体をカバーするGPSを、極東アジア上空で補完するものと言える。「みちびき」は、「公共専用サービス」と名付けられているもう一つの周波数の電波を出している。「高水準な方式によって秘匿・暗号化を行い」、「政府が認めた利用者だけが利用できる」と説明されている。内閣府の文書には、「安全保障上の観点から、暗号化されていない信号が妨害された場合の信号」であると書かれている。

南西諸島に集中する地上関連施設：追跡管制局

衛星の地上管制は、通常1～2か所で行われる。しかし、「みちびき」の地上管制システムは複雑である。主たる管制は、茨城県常陸太田と神戸で行われている。しかし、2015年から翌年にかけて、追跡管制局とよばれる施設が、沖縄本島恩納村、種子島、久米島、宮古島、石垣島に、ほぼ同時に建てられた。他の人工衛星には見られない、特異なシステムである。「みちびき」が発信する電波を追跡管制局で受信し、常陸太田の主管制局に転送する。ここで、電波情報をチェック・補正し、データを恩納村に送り、そこから衛星に送り返す。こうして整形されたデータが、ユーザーにむけて発信されるのである。

それでは追跡管制局が南西諸島に集中しているのは、何故か？　衛星と地上の間で交信される電波は、真空中なら秒速30万㎞で伝わるが、大気を通過するときは、少し遅れる。これを〝遅延〟と呼ぶ。電波は上空100㎞から1000㎞の電離圏（空気分子の一部がイオンと電子に分離した状態の大

石垣島追跡管制局

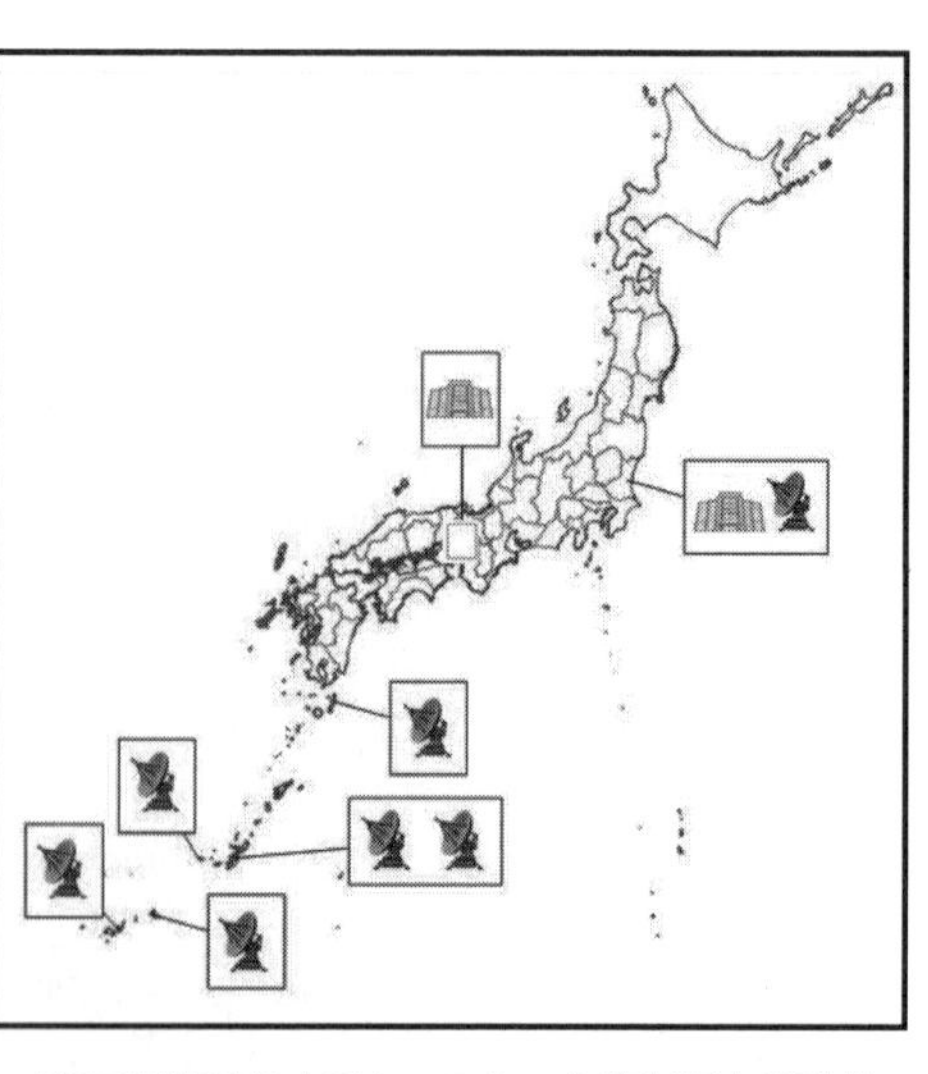

準天頂衛星地上系システム　主管制局と追跡管制局　内閣府 https://qzss.go.jp/overview//status/st01_1502.html

気層）を通過する。亜熱帯から赤道上空の電離圏は他地域に比べて層が厚く、変動が激しい。これを電離圏の赤道異常と呼ぶ。時刻と位置の特定を任務とする「みちびき」にとって、この問題は重大である。そのため、南西諸島に複数の追跡管制局を置いて、衛星の電波を直接受信し、近隣局のデータと比較しながら電離圏の影響を補正するのである。精密な測位が要求されるということは、準天頂衛星から見て、南西諸島は重要な位置にあるということを意味する。２０１８年10月には、宮古島で、電離圏の影響を調べるために、測位精度の実験が行われている。今年になって、宮古島に現在ある追跡管制局に隣接して、もう一局建設すると住民側に通告があった。さらに特異なシステムとなるが、その理由は説明されていない。精密な測位が必要だということは、南西諸島に測位を必要とするミサイルなどの誘導兵器が配備されることと密接に関連することは否定できない。

　今年８月の安倍首相（当時）とレイモンド米宇宙作戦部長の会談で、「みちびき」の６・７号機に、宇宙空間を監視する米軍の軍事用センサーを搭載することが確認された。これを〝ホステッド・ペイロード〟と呼ぶ。ミッション機材の相乗りである。日本が自前のロケットで打ち上げ、大々的にその民生利用を宣伝してきた衛星に、アメリカの軍事機器を搭載する。日米共同の宇宙軍事作戦である。

　現在、測位衛星を運用しているのは、アメリカ、日本以外にロシア、中国、ＥＵとインドである。各国の衛星が共通した周波数と、それぞれ独自の周波数の電波を発信している。これらの電波情報を標準化して、全世界測位システム（ＧＮＳＳ）を作ろうとする試みが行われている。ＥＵ以外は、軍事目的で運用されているが、民生用にも活用しようとするものである。しかし、軍事用のシステムであるという本質は、いささかも減ずることはない。

三、「宇宙の平和利用原則」の終焉と自衛隊宇宙専門部隊の創設

宇宙の平和利用原則から宇宙基本法への転換

１９５０年代中期に始まった日本の宇宙開発は、科学と、それを支える技術開発・民生利用を中心に進められた。１９６９年の国会で「宇宙の平和利用原則」が決議され、宇宙開発は、自主・民主・公開・国際協力に沿って行わなければならないとして、一切の軍事利用が禁じられた。憲法９条の理念との整合性が図られたのである。宇宙研究と宇宙の実利用が、当時の文部省と科学技術庁という、別々の監督官庁のもとで、独立した機関によって進められたのは、平和利用の原則を貫くためであった。

厳しい冷戦の時代にも、日本の専門家達は科学と民生利用の技術開発に専念した。少ない国家予算にも拘わらず、科学の水準は世界の最高レベルを維持し続けた。気象衛星や通信衛星も着実に開発が進められた。旧ソ連とアメリカの厳しい対立のなかで、国家の威信をかけ軍事利用のもとで進められる他国の宇宙開発とは、一線を画したのである。２００６年、太陽を観測する科学衛星「ひので」が鹿児島県内之浦から打ち上げられたとき、計画に関わってきた多くの国の科学者や技術者が、万感の想いでその打ち上げを見守った。それまで科学衛星を打ち上げてきたＭロケットシリーズが廃止されることが決まったからである。平和利用に徹してきた日本の宇宙科学・宇宙開発にたいする称賛と、間もなくその伝統が破られるこ

とを悲しむ気配が、打ち上げ場に満ちていた。

2年後の2008年5月、「宇宙の平和利用原則」は破棄され、軍事利用に道を開く宇宙基本法が制定された。以後、数年に一度改訂される「宇宙基本計画」に従って宇宙開発が進められ、次第に政府と宇宙航空産業（防衛産業）の意向が強く反映されるようになった。2013年に策定された第2次宇宙基本計画で、〝専守防衛の範囲内で〟と書かれていた文言が削除され、ついに2015年度の宇宙基本計画は、宇宙開発の最重要目的が、〝積極的平和主義に基づく宇宙安全保障〟であると宣言するに至った。「宇宙の平和利用原則」の終焉である。安保法案が、多くの国民の反対を押し切って強行採決される半年前である。これ以降、毎年のごとく計画は改訂され、今年度改訂された計画では、宇宙政策の最優先目標が「多様な国益への貢献」であり、そのトップに「宇宙安全保障の確保」が掲げられた。具体的には、第一の課題が準天頂衛星システムの7機体制の完成、次に、防衛省が初めて所有する通信衛星「きらめき」の3機体制、情報収集衛星と呼ばれている偵察衛星の機数の倍増と続く。

自衛隊宇宙専門部隊の創設：宇宙作戦隊

飛行する衛星にとって、宇宙は安全な空間ではなくなってきている。これまでに打ち上げられた推定6000機以上の偵察衛星は、高度1000㎞以下を飛行するため、空気との摩擦が大きく、老朽化し、機体が崩壊する。また、米国、ロシア、中国において、宇宙戦争が想起されるような「対衛星破壊実験」（自国の衛星を自国のミサイルで破壊する）が行われてきた。その結果、衛星の破片などの多くの宇宙ゴミ（スペース・デブリ）となり、秒速4～8㎞という高速で漂っている。最近では、宇宙空間での核爆発まで想定されるようになった。

2020年5月、航空自衛隊のなかに20人規模の宇宙作戦隊が新編された。この隊の任務は、衛星がスペース・デブリに衝突することを避けるために、デブリを監視することである。アメリカはすでに2019年12月20日、宇宙軍（United States Space Force）を設立した。日本の宇宙専門部隊は、当初、100人規模で2022年に創設されることになっていた。これほど急ぐ理由は、どこにあるのか？　2020年8月には、新型コロナ禍のなかで、安倍首相（当時）はアメリカ宇宙軍トップ、レイモンド宇宙作戦部長と会談し、宇宙分野での緊密な協力を約束した。レイモンド部長は、「宇宙はもはや平和的な空間ではなく、戦闘領域になった」と語ったと報じられている。増え続けるスペース・デブリ対策という名目ではあるが、その本質は、日本が宇宙軍拡の決定的な一歩を歩みだすという点である。米宇宙軍に引きずられながら、日本の宇宙軍拡が進められていく。

倍増する偵察衛星

日本の偵察衛星は、「情報収集衛星」と呼ばれている。この衛星は、490㎞の低い高度を飛行し、地上の精細な写真を撮影してその映像を地上局に送る。紛れもない軍事衛星であることを言葉の言い換えで粉飾する、日本の常套手段である。この衛星の1号機の打ち上げは、2003年、ミサイル防衛の始まった年であり、宇宙の平和利用から宇宙軍拡へ転換した年である。

晴天の昼間に可視光カメラで撮影する光学衛星と、雨天や夜間に電波で撮像するレーダー衛星の2種類がある。2003年に光学衛星とレーダー衛星のそれぞれ1号機が打ち上げられて以来、常時、光学衛星2機、レーダー衛星2機の4機の体制で運用されてきた。低空を飛行するために、空気との摩擦が大きく消耗が激しい。スペース・デブ

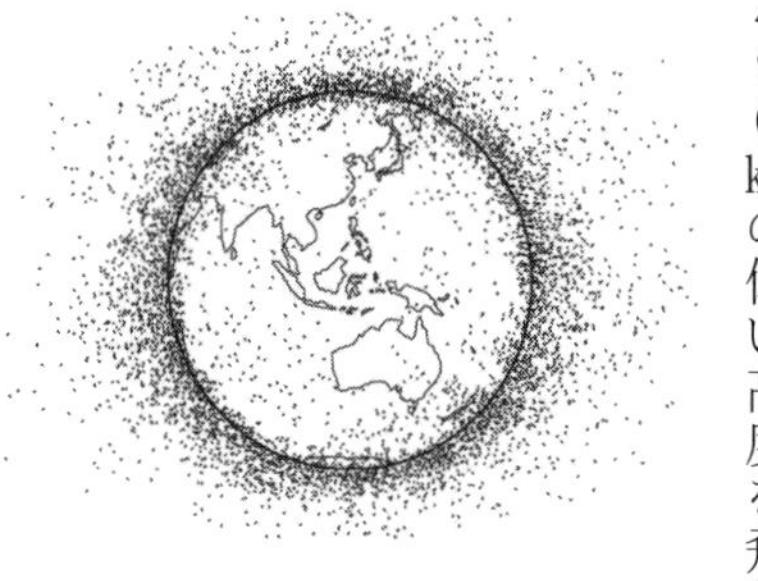

地球を取り巻く低軌道衛星の残骸・スペース・デブリ（イメージ）
（作図／新垣雄一郎）

リの主な発生源である。設計寿命は5年程度で、後継機を補給しつづけなければならない。これに年間600億円の国費が充てられ、今年3月の時点で総額1兆2000億円を超えた。

2030年代前半には次世代の衛星が8機～10機に拡充される。計画によると、運用中のものに替わって、機能を向上させた新たな4機を「基幹衛星」と位置づけて配備する。この衛星は、1日1回、同じ場所を撮影する。さらに、「時間軸多様化衛星」と名付けられた新しい衛星を4機打ち上げる。この衛星群は、高速度移動体の動態を監視するために、1日に複数回撮影することができるとされている。まさに戦闘状態を想定した監視体制が敷かれようとしている。

地上や艦船に搭載されるレーダーでは水平線の影になり探知ができない低空飛行の目標を、遠距離から発見することを早期警戒と呼ぶ。この機能を持つ即応型小型衛星システムの開発が、内閣官房や防衛省で進められている。米国は、高度300～1000kmの低軌道に数百基の衛星を打ち上げ、「小型衛星コンステレーション」を作る。低軌道で飛来するミサイルを追尾することが目的とされる。日本は、この計画に参加する。2021年度に衛星の打ち上げが開始される。

同じく早期警戒機能を人工衛星に持たせるために開発されているのが、赤外線センサーである。開発されているのは、ミサイル発射の瞬間に発光する赤外線を、中赤外線と遠赤外線という2つの波長帯で探知

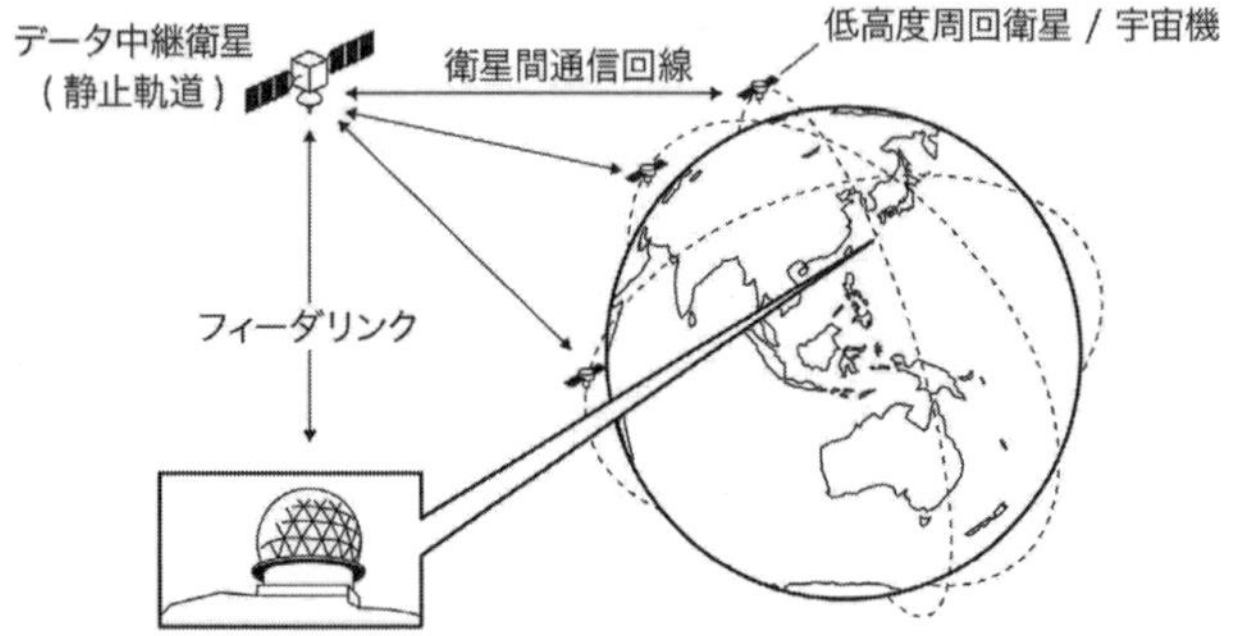

静止衛星軌道上の光通信中継衛星による低高度周回衛星と地上局を結ぶデータ中継システム（作図／新垣雄一郎）

・識別する機能を持つ。ミサイル本体の形状と排出ガスを明確に判別できる。このセンサーは民生用の地球観測衛星に搭載され、２０２０年末に打ち上げられる。

高度１０００㎞以下を飛行する「情報収集衛星」が撮影した大容量の情報を、遠方の地上局に送るために、高度３万６０００㎞の上空に、光通信によるデータ中継を行うデータ中継衛星2基を配備する。衛星と地上局とを双方に結ぶ回線（フィーダリンク）を通して、地球の反対側の地上局に、瞬時に情報が伝えられる。２０２０年末にその1号機が打ち上げられる。

四、島嶼防衛用超音速滑空弾配備と部隊創設

現在、日本は「島嶼防衛用高速滑空弾」と呼ばれる兵器を開発している。従来の弾道ミサイルや巡航ミサイルに替わる新しい兵器として開発される新型兵器である。超音速滑空飛翔体、極超音速滑空飛翔体（マッハ5以上）と呼ばれ、超音速で滑空する新型兵器である。ミサイルのロケットで打ち上げられる。上空10㎞くらいまでくると空気の密度が急に薄くなる。そこで弾頭部分を切り離すと、ロケット本体は落ちていく。弾頭はグライダーのような形をしていて、空気の揚力をうけるので、切り離されたあとは一瞬落ちるが、そのまま落ちてこないで、上昇する。こうして、上下に振動しながら水平に飛行していく。やがて標的の上まで来ると、衛星に誘導され、落下して標的を攻撃する。この上下に振動しながら水平飛行するスピードが極超音速を意味するマッハ５以上であると言われている（２０１８年9月24日、時事通信）。宮古島が占領されたときに石垣島からこれを撃つと数分で敵の部隊に打撃を与えることができるということになる。この新型兵器は、島嶼部に奇襲的に侵攻する敵に対処することが目的であることが、政府文書に明記されている。早期装備型は２０２６年、性能向上型と呼ばれている改良型は２０３２年ごろに開発

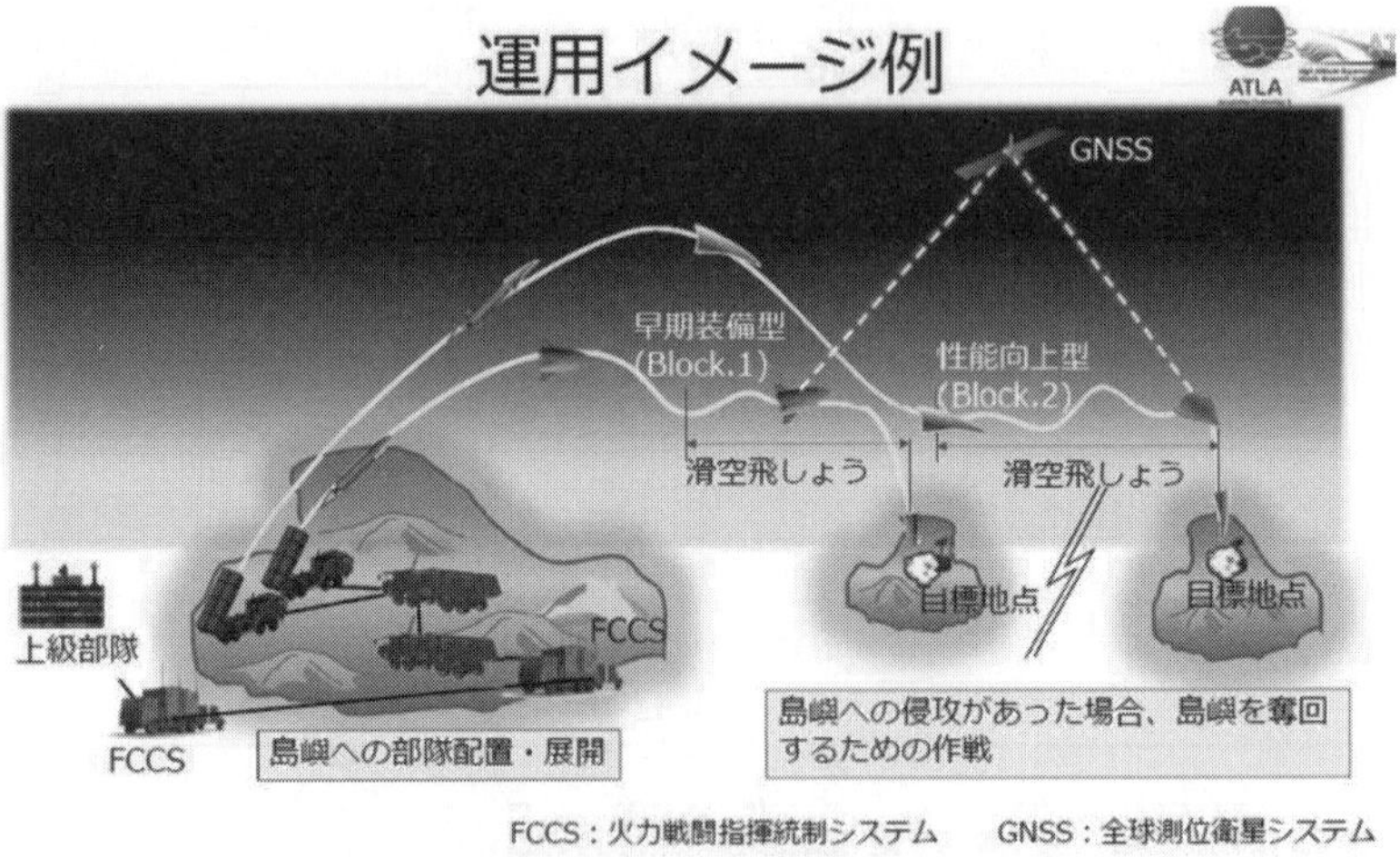

島嶼防衛用高速滑空弾の運用イメージ
（福田浩一「島嶼防衛用高速滑空弾の現状と今後の展望」）

が完了すると見込まれている。２０１８年の「防衛計画の大綱」において、「島嶼防衛用高速滑空弾部隊」を陸上自衛隊に新編することが明記された。

　この極超音速滑空飛翔体はオバマ大統領のアイデアであると言われている。彼は「核なき世界」という構想を出して、ノーベル平和賞を受賞した。これの切り札が「極超音速滑空飛翔体」である。核兵器ではなく、「通常兵器型即時全地球攻撃」と言う。今までに、アメリカと中国が２０１０年と２０１７年に実験した。ロシアは、極超音速ミサイルの開発をしている。日本は「極超音速」とは書かず、「島嶼防衛用」と名付けている。２０１８年度から毎年１００億円以上をかけて２０２５年までに合計６７８億円の予算で開発し、２０２６年に配備していく予定である。

　一方、ジェットエンジンを噴射しつづけながら飛行する超音速誘導弾も開発が進められている。ミサイルと同じく、標的に向かって誘導される兵器である。現在、これのエンジン開発が、宇宙航空研究開発機構（ＪＡＸＡ）を中心として、岡山大学などとの共同研究が行われている。軍事研究に反対している運動体からの要望に耳を貸すことなく、研究が進められている。学術の場に軍事研究が持ち込まれている一例である。これらの高速で長射程の兵器は、いわゆる敵基地攻撃の能力も持ちうることになる。このように、学術界が積極的な技術革新を進め、兵器の脅威を高めることは、新たな軍備拡張競争を招く。やがて憲法で定められた〝専守防衛〟の枠を超えることが懸念されている。

五、軍事通信網の完成と、軍・産・学共同体の形成

2017年1月、高周波のXバンド電波を使う新型の軍事通信衛星「きらめき」が打ち上げられた。2022年度中に3機の体制になる。防衛省が単独で保有・運用する初めての衛星である。その役割は、部隊の指揮統制にかかわる通信を行うことである。弾道ミサイルの発射などに際し、短時間で大容量データを伝送することが可能になる。これまでの軍事通信衛星「スーパーバード」は、3機がそれぞれ陸・海・空の自衛隊3部隊と個別に交信してきた。「きらめき」の交信では、3部隊間で通信信号の変換が可能になり、地上と宇宙をつなぐ統合型ネットワークが結ばれる。各地に配備される基地やレーダー、武器などは、通信ネットワークにつながれて初めて、有機的なシステムとして稼動する。新編された宇宙作戦隊の任務は、スペース・デブリの監視とされているが、なかでも「きらめき」を守るために周囲のデブリや通信を妨害する電波などを監視することが主たる任務である。

衛星打ち上げや運用に関わるリスクを小さくして、宇宙事業への産業界の参入をうながすために、2016年、「宇宙活動法（人工衛星等の打上げ及び人工衛星の管理に関する法律）」が制定された。人工衛星やロケットなどの衝突、爆発、落下などに伴って生じる損害、その賠償責任に対して、政府が補填することなどが盛り込まれている。軍事通信衛星「きらめき」の開発・実施体制では、これまで衛星打ち上げに携わ

Xバンド衛星「きらめき」通信網

防衛省　https://www.mod.go.jp/j/procurement/release/pfi/xband/pdf/xband.pdf

ってきた三菱重工業などの防衛産業以外に、家電メーカー、通信業界に加えて、ベンチャー企業も参入している。安全保障を最優先課題とする宇宙開発に、官民あげて推進する体制が整えられたのである。

われわれの日常生活が、宇宙に配備された様々なシステムに依存する度合いが高まっていくなかで、その恩恵に預かれない人々や国家が多数存在する。むしろ、宇宙配備の兵器で命の危険に曝されている地域があるのだ。敵基地攻撃論は、その脅威を拡げていく。

六、住民混在の戦いを繰り返してはならない

アジア・太平洋戦争末期、旧日本軍は、沖縄をアメリカの本土攻撃に対する盾として戦闘を展開し、20万人以上の死者を出した。〝あらゆる悲惨を集めた〟と形容される沖縄戦の記憶は、今なお、沖縄の住民に受け継がれ、米軍基地建設に対する激しい抵抗運動の源泉となっている。一方、南西諸島などの離島では、米軍との直接的な地上戦はなかった。しかし、軍命により、石垣島や波照間島などの住民は強制退去させられ、マラリア有病地域に移住させられた。飢えとマラリアで八重山地域だけで４０００人近くの人々が命を落とした。宮古島でも、戦後数年までに、１０００人の犠牲者が出た。強制退去は、軍が枯渇する食糧の現地調達のために、家畜や農産物などを接収することが目的であったと言われている。

周囲を海に囲まれた離島では、住民は逃げ場を失い、兵士と混在して戦闘に巻き込まれる。沖縄戦では、首里陥落のあとも32軍は降参せず、大本営の戦略のもとで本島南部への撤退を続けながら、住民を巻き込んだ持久戦を続けた。〝軍民一体〟と評される所以である。２０１３年、沖大東島で行われた離島奪還訓錬について、琉球新報は「いったん敵に島を占領させた後、増援部隊が逆上陸して敵を撃破する戦い方が採用されたようだ。」と報じた。長い海岸線を持つ離島では、敵の上陸を事前に阻止することは不可能だ。

住民混在の戦いにならざるを得ない。住民の命を守るためには、軍備ではなく、戦争を回避するための外交と、周辺地域との交流を深めることが何より求められる。

２０２０年９月末、防衛省が、翌２０２１年度予算の概算要求について、過去最大の防衛費５兆４０００億円を超す額を計上する方針を固めたことが報じられた。多額の国費を投じて新型兵器を開発し、島嶼地域に配備する。２０１６年10月末に開かれた日本環境会議沖縄大会で、琉球大学の我部政明教授は、島嶼の安全保障における基本原則の一つに、〝周辺の世界との間の交通、運輸、通信の手段が安定的に存在する〟ことを挙げた。近隣諸国とどのように信頼を築き上げるかを差し置いて、ひたすら軍備の拡張に走ることの危険性は計り知れない。

参考資料

宇宙の平和利用原則（国会決議）
https://www.jaxa.jp/library/space_law/chapter_1/1-1-1-5_j.html
１９６９年６月13日参議院科学技術振興対策特別委員会、抄録

宇宙基本法
https://elaws.e-gov.go.jp/search/elawsSearch/elaws_search/lsg0500/detail?lawId=420AC1000000043

宇宙基本計画
https://www8.cao.go.jp/space/plan/keikaku.html

人工衛星等の打上げ及び人工衛星の管理に関する法律
https://elaws.e-gov.go.jp/search/elawsSearch/elaws_search/lsg0500/detail?lawId=428AC0000000076

第二章❖米国発「新冷戦」の〝わな〟を暴く

米軍新戦略がもたらす激震
——日本列島は米中ミサイル戦争の最前線となるのか？——

東アジア共同体研究所上級研究員　須川　清司

はじめに

現在、米国の国防戦略は大転換期を迎えている。米軍は冷戦期にソ連を主敵とし、9・11以降は国際テロリズムへの対処に追われた。そして数年前から、最優先の標的は中国になった。米ソ冷戦が終わってから初めて、米軍は「自分たちが負けるかもしれない」という怖れを抱きながら、必死で対中戦略を練っているところだ。

米国の主敵が中国になれば、米中軍事対立の最前線は必然的に日本列島を含む西太平洋地域となる。それがこの地域と日本の安全保障環境に及ぼす影響ははかり知れない。

本稿では先ず、オバマ政権以降の米国の国防戦略の変遷をたどり、トランプ政権下で検討が進む米軍の対中戦略について主にミサイル戦力の面から説明する。そのうえで、米軍の新戦略が日本の外交安全保障に与える影響を考えてみたい。

一、米国防戦略と中国

２００１年９月11日の同時多発テロ以降、ジョージ・ブッシュ（子）大統領の下で米軍は対テロ戦争に人員、予算、関心の大方を割いた。米国が中東に手足と関心を取られている間に軍事力を目覚ましく強化したのが北朝鮮であり、中国であった。特に、中国は驚異的な経済成長を背景にして軍事の近代化を進め、質量ともに米軍を脅かす存在として無視できなくなってきた。

オバマ政権のリバランス

そのことに漸く気づいたのか、２０１１年11月になってバラク・オバマ大統領は「アジア太平洋における米国のプレゼンスと任務を最優先課題とする」と述べ、中東からアジア太平洋への米軍の「リバランス」という方針を示した。ただし、オバマ政権は、中国との間で建設的な関係を追求しようとする従来方針は基本的に維持した。

オバマ政権の後半期、米国はイスラム過激派ＩＳＩＬや、クリミア併合（２０１４年３月）への対応など、アジア太平洋方面以外にエネルギーをとられ続けた。オバマ政権の掲げた〈アジア太平洋への回帰〉は概して言辞にとどまり、実行に移されたのは一部にとどまった。

中国を主敵に据えたトランプ政権

ドナルド・トランプ大統領の下、米中関係が対立を基調とするものへと劇的に変化したことは周知の事実である。ただし、米中対立の激化をすべてトランプの個性に帰するのは誤りである。米軍が中国を主敵と捉えるようになった要因のうち、最も重要なものは米中のパワーバランスの変化とそれに伴う米軍の危機感である。

トランプ政権が対中戦略を表明した最初の主要文書が、2017年12月の『国家安全保障戦略（National Security Strategy、以下NSS）』である。NSSは米国政府の国家戦略の大方針や世界認識を示す文書であり、大統領の4年の任期中に一度出されるのが通例だ。トランプのNSSを大雑把に要約すると、以下のような内容であった。

第一に、米国が直面する挑戦（脅威）を、①現状の国際秩序を修正しようとする勢力＝中国とロシア、②大量破壊兵器を求める地域的独裁者＝北朝鮮とイラン、③聖戦を主張するテロリストと国際的犯罪組織、の3つのカテゴリーに整理した。

第二に、国力の基礎としての経済とテクノロジーを重視する方針を打ち出した。それに基づき、①不公正な貿易をこれ以上許さない、②米国のテクノロジーやイノベーションを外部勢力による窃盗から守る、と宣言した。

第三に、米軍を再建・強化するとして、①宇宙とサイバーを含む広範な分野での能力を強化する、②ミサイル攻撃から米国を守る、③同盟国とパートナーにより大きな責任分担を迫る、という方針を打ち出した。

NSSが米国政府全体で取り組む安全保障戦略であるとすれば、その中で国防総省と米軍が所管する部分が国家防衛戦略（National Defense Strategy、以下NDS）である。トランプ政権では2018年1月に発表された。以下にNDSのポイントを整理して示す。ちなみに、我々が読むことのできるNDSは公表部分のみである。

NDSは、NSSで整理した3つの挑戦について「中露＞北朝鮮・イラン＞テロ」という優先順位を明確化した。中露の間では、大筋において「中＞露」という順番が示唆された。

ＮＤＳが最も重視するのは〈米軍の近代化〉である。スローガンは『昨日の兵器や装備』で『明日の紛争』を戦っても勝てない」というものだ。具体的には、①核戦力の近代化、②宇宙とサイバー空間の軍事利用促進、③指揮・統制・通信・コンピュータ・情報・監視・偵察（Ｃ４ＩＳＲ）への投資、④ミサイル防衛への投資、⑤米軍が攻撃を受けた時に「展開し、生き残り、作戦行動を行い、再生する」能力への投資（「大規模で、集中し、防御性能の低い」の基地インフラから「より小さく、分散され、強靭で、適応性のある」駐留形態への移行）、⑥「先進的な自律的システム」への投資（オートノミー、人工知能［Artificial Intelligence］、機械学習［Machine Learning］の軍事分野への適用）を挙げた。

米軍は陸軍・海軍・空軍・海兵隊・宇宙軍（＝２０１９年12月創設）の５つの軍種からなる。ＮＤＳの発表を受け、各軍種はいかにＮＤＳを具体化すべきかについて現場サイドからの検討を始めた。今年に入ったあたりから軍種ごとに様々な中間報告が出されている。今後、軍種間の調整や国防総省、議会との調整を経て、大統領の決済を得ることになると思われる。

二、近代化した中国軍の脅威

米軍による戦略の見直しを理解するためには、大前提として「米軍はなぜ、中国に対して神経質になるのか？」を理解しておく必要がある。

ストックホルム国際平和研究所の数字を使って比較すると、２０１９年の米中の軍事支出は、中国が２６６４億４９００万ドルであるのに対し、米国は７１８６億８９００万ドルである。核弾頭数も中国の２５０発に対して米国は４７６０発と遥かに凌駕している（２０１４年、OurWorldInData.org）。米国と中国が昔ながらの一大会戦に及べば、中国に勝ち目はない。だが、これは「森を見て木を見ない」議論にすぎない。

核兵器はその破壊力の大きさと放射能ゆえに「使いにくい兵器」である。特に、核保有国を相手に核兵器を使用する敷居は非常に高い。また、米中が現実に軍事衝突するとすれば、台湾を中心にした東アジア・西太平洋地域になる。米軍がこの地域で米中が衝突した場合の机上演習（war game）を繰り返したところ、「米軍は東アジアで中国軍に勝てないかもしれない。少なくとも、中国軍と戦えば大損害を被る」という結論に至った模様である。

経済の持続的高度成長を受け、中国軍は軍事の近代化に投資を続けてきた。その結果、宇宙やサイバーの分野を含め、中国軍の能力は米軍を凌駕しないまでも米軍にとって十分に脅威となる水準に到達した。わけても、射程５００～５５００㎞の中距離ミサイルについては、中国軍が米軍に対して明白な優位に立っている。

１９８７年に米ソが締結したＩＮＦ（中距離核戦力全廃）条約は、核弾頭であると通常弾頭であるとに関わらず、両国に対して射程５００～５５００㎞の地上発射型の弾道ミサイル及び巡航ミサイルの保有を禁じた。しかし、同条約に縛られない中国は、西太平洋の米軍基地を射程に収める精密誘導ミサイルの開発を着々と進め、中国大陸の拠点に多数配備したのだ。かくして、中国軍は沖縄やグアムの米軍を数千発の精密誘導ミサイルで攻撃できる一方、米軍は中国軍のミサイル基地を攻撃できる射程のミサイルを持たないという、米軍にとって非常に不利な状況が生まれた。米本土からＩＣＢＭ（非精密誘導型）で攻撃したり、航空機で中国軍の基地を叩いたりすることはできるが、中国の精密誘導ミサイルに太刀打ちするには不十分である。

このような状況を踏まえ、米軍関係者の間で「中国軍が配備する精密誘導ミサイルの射程が伸び、命中精度が向上したため、在沖米軍基地といった固定目標はもちろん、空母などの米軍艦船を破壊から守ることができない」という危機感が近年、急速に広まった。それが米軍を突き動かし、対中戦略の抜本的な見直しに駆り立てているのだ。

三、米軍の新戦略

中国の中距離精密誘導ミサイルに対する米軍の対応には、大きくいって二つある。一つは、攻撃的兵器を増強して失われた対中抑止力を回復すること。強化すべきは最新鋭戦闘機、潜水艦、無人航空機、無人艦船など多岐にわたるが、最重点は中距離精密誘導ミサイルの開発・配備だ。もう一つは、中国の精密誘導ミサイルから逃げる（=米軍が生き残る）ことである。

なお、今日の戦争はますます「システムの戦争」になっており、米軍戦略では宇宙・サイバーなどの分野で中国軍の攻撃に対する耐性を高め、逆に中国軍のシステムを攻撃する能力を改善することが重視されている。本稿では触れないが一応断っておく。

中距離ミサイルの開発

西太平洋地域において中距離精密誘導ミサイルの分野で中国がいくら優位に立っても、ＩＮＦ条約がある限り、米軍は指をくわえて見ているしかなかった。しかし、２０１９年８月にトランプ政権がＩＮＦ条約を失効させたことにより、米軍には対抗する道が開けた。米軍は今、長年〈不戦敗〉を続けてきた「射程の戦争（range war）」で巻き返しを図ろうと必死になっている。

２０１９年８月３日、ＩＮＦ条約が失効した翌日、マーク・エスパー米国防長官は中距離ミサイル（射程５００〜５５００㎞の地上配備・精密誘導型）をアジアに配備するのかと問われ、「配備したい。でも、通常弾頭であることは明確にしておこう」と答えた。

米海兵隊のデイヴィッド・バーガー司令官が２０１９年7月に公表した『指揮官の計画立案手引き書（Commandant's Planning Guidance）』には、地上配備型の長距離精密誘導攻撃（ＬＲＰＦ）ミサイル——最低でも射程６５０㎞以上——の開発・配備を急ぐべきだと書かれている。様々な射程のＬＲＰＦミサイルが日本列島（南西諸島を含む）、フィリピン、豪州、グアムなどに配備されれば、中国軍が攻撃・防御の両面で対応しなければならない目標の数は格段に増加する。その結果、第一列島線付近において米軍が制海・制空権を確保できる見通しを改善させられる、と目論んでいるのである。

米軍が中国の艦船を攻撃する能力強化で一番早く実現するものは、米海軍と米空軍が配備を始めた新型の長距離対艦ミサイルとなろう。加えて、国防総省の幹部は海兵隊に対し、地上発射型の巡航ミサイルを「極めて早期に」配備するよう命令した。海兵隊は来年から射程１６００㎞のトマホーク・ミサイル——水上・潜水艦発射型が有名だが、地上発射型もある——を48基購入し、２０２３年からの実戦配備を目標にしてテストを始める予定だと言う。

第一列島線への分散配備

中国によるミサイル攻撃からの生き残りを画策するとき、まず思い浮かぶのはミサイル防衛である。米軍の新戦略もミサイル防衛の充実は当然意識してはいる。しかし、中国は約２０００発のミサイルを地上（＝中国大陸）、艦船、航空機から発射することができるため、どんなに完璧なミサイル防衛システムであっても——そんなものは存在しないが——、防ぎようがない。しかも、米露中の３ヶ国は極超音速ミサイルや極超音速滑空体を鋭意開発中だ。ロシアが開発中の極超音速グライダー『アヴァンガード』は、マッハ27、航続距離6000㎞と言われる。高速であることはもちろん、探知されにくく、軌道を自由に変えられることから、防御はますます困難になる。

嘉手納や普天間などの大規模で固定化された基地は中国のミサイルにとって格好の標的となり、ミサイル防衛等の手立てを講じても守りきれない。基地がやられるということは、（逃がさない限りは）そこに駐機する航空機も破壊されるということ。そこで、中国のミサイルの射程内にあって生き残る確率を高めるため、鍵を握る考え方の一つが「分散」である。

比較的最近まで、分散戦略と言えば、「米軍が一時的に敵の主力ミサイルの射程外――ハワイ、豪州、米本土など――に退避し、中国本土に対する攻撃等によって海空の優勢を確立した後に、主力を現場へ投入する」という〈スタンド・アウト〉すなわち〈インド太平洋における広域分散〉という考え方が主流であった。しかし、机上演習等を繰り返した結果、米軍内では最近、スタンド・アウトに否定的な見解が大勢になっていると言う。

スタンド・アウトの最大の問題は、主力が一旦前線から遠くへ離れると、台湾や南シナ海、東シナ海へ戻るのに時間がかかることだ。高速艇で運べる兵力の数は限られている。陸軍は海軍の輸送能力の劣化に苦言を呈し、海軍は予算不足を訴えているのが現状だ。雲行きが怪しくなった時に引けば、中国軍は米軍が手薄になった西太平洋地域で緒戦段階から優位に戦える。米軍が遠方でモタモタしている間に、台湾などの要衝を制圧され、在沖・在日米軍基地なども大打撃を受けかねない。敵の圧倒的優勢が一旦〈既成事実化〉されれば、それをひっくり返すためには、よほどの戦力差がない限り、膨大な犠牲とコストを覚悟しなければならない。2014年2月末、ロシアはものの数日でクリミアの要衝を占領し、3月11日にはクリミア最高会議が独立を宣言した。西側は遠方からそれを眺めていただけであり、経済制裁でお茶を濁すしかなかった。

これに対して現在、米軍内でほぼ最終的な結論となっているのが〈スタンド・イン〉という考え方である。2020年3月に公表された海兵隊の『兵力設計2030』は〈スタンド・イン〉構想を次のように説明している。ここで言う「敵」が「中国軍」を指すことは言うまでもない。

敵の長距離精密誘導火力の兵器交戦圏（weapons engagement zone、以下WEZ）の内側で作戦活動を継続できる部隊は、生き残りのためにWEZの外側の場所に急速に移動しなければならない部隊よりも作戦上の意味が大きい。こうした〈スタンド・イン〉部隊は敵部隊を減耗させ、米統合軍による敵への接近行動を可能にする。また、敵の軍事目標選定過程を複雑にし、敵の情報収集・警戒監視・偵察活動手段を消耗させる。その結果、（敵による）既成事実化シナリオを妨害するのである。

前出の『指揮官の計画立案手引き書』によれば、海兵隊のスタンド・イン部隊は、感知されにくく、手頃な価格で、リスクにさらしてもよい発射台（艦船・無人機・部隊等）や爆薬を多数配備する形態をとる。そして、米海軍と協力しながら敵のWEZの内側で作戦を行い、迫りくる中国海軍部隊と対決することが想定されている。

では、スタンド・イン部隊と米軍基地との関係はどうなるのか？　これについては、*Foreign Affairs*（2020年7月号）に掲載されたミッシェル・フロノイ元国防次官の「アジアにおける戦争を防ぐには」という論文が参考になる。フロノイは以下のように述べている。

（中国の接近阻止・領域拒否能力によって）第一列島線の内側は中国の攻撃に対して著しく脆弱となった。その一方で、第二列島線及びその外側はそれほど脆弱ではない。米国は（米軍の）展開と兵站のため、（中国の）脅威に対抗して要塞化された基地を第二列島線の（米国から見て）向こう側に維持したいと考え続けるであろう。しかし、作戦上の全体原理は「重要なのは基地ではなく場所」という考え方に基づく。つまり、第一列島線の内側では、米軍は〈より小さく、より俊敏な〉部隊のパッケージ——中国軍の作戦を混乱させるため、簡素で臨時ごしらえの基地の間を動き回ることのできる、潜水艦、無人潜水機、航空遠征部隊、海兵隊や陸軍の高度機動部隊など——に今後ますます依存することになる。

ここで言う第一・第二列島線は中国軍の戦略概念である。第一列島線は、千島から日本、台湾、フィリピン、マレーシアのライン。第二列島線とは、小笠原諸島からマリアナ諸島、パプア・ニューギニアに至るラインだ。

大きな方向性としては、日本を含む第一列島線において米軍基地は今後も基本的には維持される。一方で、米軍部隊の方は第一列島線上で既存の基地にとどまらない広範な場所に分散展開し、移動しながら作戦行動を行う。それによって敵のミサイル攻撃で米軍が全滅する事態を避け、生き残った兵力で中国軍に大きなダメージを加える、というのが米軍の基本構想であろう。

四、米軍新戦略と日本

米軍が策定中の新戦略は、米軍人の立場から見れば、理にかなったものなのであろう。しかし、政治的にみれば、米戦略には弱点や問題点、課題があることも事実である。

米軍戦略の弱点

戦略として見た場合、米国の新しい軍事戦略には、少なくとも以下のような弱点や問題点がある。

第1に、米軍の新戦略に応じて中国がミサイルを含め、さらなる軍備増強で応えようとする可能性は決して低くない。そうなれば、新戦略によっても米軍が期待するほどには脆弱性が下がらない可能性がある。

ただし、中国がミサイル配備を進めていることは否定できない事実だ。米軍新戦略のせいで軍拡競争を招くという批判は一方的に過ぎよう。

第2に、中国側が「米戦略が実行されれば、現在享受している対米優位性が失われる」と思った場合には、中国が「今のうちに」と考えて台湾や尖閣で軍事冒険主義に出ることはないか、という懸念がある。米軍が地上発射の長距離精密誘導ミサイルの配備を開始しても、すぐに中国軍に見合うだけの数を揃えられるわけではない。

第3に、米軍の新戦略が低い優先順位しか与えていない脅威が顕在化すれば、新戦略の実行は遅れかねない。例えば、中東で大規模な戦争が起きて米軍が介入することになれば、新戦略の描く中露への対応はまたしても後回しになるだろう。

第4に、コロナ危機からの回復に手間取り、米軍が現在想定している以上に軍事予算を削減しなければならない可能性がある。その分、戦略の履行は遅れることになる。

第5に、西太平洋地域の同盟国・パートナー国が米軍による長距離精密誘導ミサイルの配備に同意しなければ、新戦略の核心である〈スタンド・イン〉は骨抜きになる。特に、日本列島への中距離ミサイル配備が実現しなければ、「絵に描いた餅」となる。中国は自国領土である中国大陸に同ミサイルを配備すればよいが、米国は第一列島線上に領土や植民地を持たない。地上配備の中距離精密誘導ミサイルについて、開発はＩＮＦ条約の破棄によって可能となったが、配備はまた別問題なのである。

米軍の中距離ミサイル配備に同意する国はどこか？

上述のとおり、米軍内には地上配備型の長距離精密誘導攻撃（ＬＲＰＦ）ミサイル――その射程は最低でも６５０㎞――をアジアへ配備する構想がある。６５０㎞と言えば、宮古島や石垣島に配備すれば、台湾を優にカバーし、福建省や浙江省の大部分にも届く。射程がさらに伸びれば、中国大陸のより奥深くまで攻撃が可能となる。ＬＲＰＦの開発状況に応じ、比較的短射程のものは第一列島線、射程３０００㎞以上のミサイルはグアムに配備すれば、米軍の戦略上は重層的な攻撃態勢が構築できて理想的かもしれない。

では、第一列島線に沿って米軍がミサイル部隊を多数配置しようとする場合、どの国が候補になるのか？　具体的に地図で見ていけば、台湾から南下してフィリピン、ベトナム、少し離れるがマレーシア、シンガポール、インドネシアなどである。ところがこれらの国々はいずれも、中国に脅威を感じている一方で「中国を刺激したくない」と考えている国ばかりだ。

近年、米国は南シナ海の領有権問題で中国と対立するベトナムへの武器輸出を全面解禁するなど、同国とのパートナーシップ関係を強めている。だが、ベトナムは中国とも政治・経済の両面で強いつながりを持ち、陸で国境を接している。ベトナム戦争で米軍と戦った歴史的経緯やイデオロギー上の問題もある。ベトナムが自国内に米軍を受け入れるとは考えにくい。

同様に南シナ海で中国と領有権問題を抱えるフィリピンも一筋縄ではいかない。２０２０年２月にドゥテルテ大統領が米軍地位協定の破棄を発表するなど、米比関係は荒れ模様だ。（４ヶ月後、フィリピンは同協定の破棄通告を保留した。）

台湾に米軍のミサイル部隊を配備したり、中距離ミサイルを売却したりすれば、台湾防衛のための純軍事的な効果は極めて大きい。しかし、それでは中国を刺激しすぎ、却って戦争の引き金を引きかねない。トランプ政権は２０２０年秋に台湾への短距離ミサイル売却を承認した。しかし常識的に考えれば、開戦前から台湾へ中距離ミサイルを持ち込むという選択はない。

なお、第一列島線へのバックアップという意味を含め、米国は第二列島線への中距離ミサイル配備にも力を入れている。２０２０年８月、エスパー国防長官は西太平洋のパラオを訪問し、レメンゲサウ大統領から米軍基地建設を要請させることに成功した。（一方で、中国はバヌアツとソロモン諸島に軍事拠点建設を提案したと言われている。）

日本へのミサイル配備

このように見てくると、第一列島線上に米軍の中距離ミサイル部隊を受け入れる国を探すのは思ったよりもむずかしいことがわかる。そこで俄然注目を集めるのが、日本、すなわち南西諸島を含む日本列島である。

日本には米軍が分散展開するための拠点となりえる米軍基地が既にいくつも存在する。有事の際には、自衛隊基地や民間の飛行場・港湾を使うオプションもある。地理的にも、南西諸島であれば、台湾や中国大陸に近い。米軍にとってこれほど魅力的な場所はないに違いない。米軍新戦略というパズルを完成させようと思えば、日本は「なくてはならないピース」なのである。

近年、日本政府と日本の世論は対中脅威論にますます傾いている。中国も最近は尖閣諸島周辺の海域に公船を連日派遣する一方、「戦狼外交」に自己陶酔して世界中で敵を作っている。政府が国内の対中警戒感を煽るには好都合だ。何よりも、日本政府は米国からの圧力に弱いことで定評がある。米軍の中距離ミサイルを配備する同盟国として米国の〈期待〉が日本に集まっても不思議ではない。

２０２０年７月の報道によれば、海兵隊のバーガー司令官は、長距離対艦・対空ミサイルを装備して有事の際には島嶼部に分散展開する「海兵沿岸連隊（ＭＬＲ）」を創設し、２０２７年までに沖縄へ配備する意向を示した。２０２０年８月29日にグアムで行われた日米防衛相会談でこの問題が話し合われた可能性も否定できない。

とは言え、日本政府にとっても、長距離ミサイルの受け入れは二つ返事で答えられるほど簡単な問題ではない。コロナ禍によって日米防衛関係者間の意思疎通も大幅に滞っている。日本政府の現状は、米軍が具体的な計画を詰めるのを様子見している、と言ったところであろう。

事前協議

米軍の中距離ミサイル受け入れは、日米安保条約との関係ではどうなっているのであろうか？　条約第6条の実施に関し、日米間には1960年に合意した岸＝ハーター交換公文というものがある。外務省の説明によれば、次の三項目に関して「我が国の領域内にある米軍が、我が国の意思に反して一方的な行動をとることがないよう、米国政府が日本政府に事前に協議することを義務づけた」ものだ。

①米軍の我が国への配置における重要な変更（陸上部隊の場合は一個師団程度、空軍の場合はこれに相当するもの、海軍の場合は、一機動部隊程度の配置をいう。）

②我が国の領域内にある米軍の装備における重要な変更（核弾頭及び中・長距離ミサイルの持込み並びにそれらの基地の建設をいう。）

③我が国から行なわれる戦闘作戦行動（第5条に基づいて行なわれるものを除く）のための基地としての日本国内の施設・区域の使用

日本政府はまだ公式に確認していないが、米軍が射程550km以上のミサイルを日本の領域内に配備する場合は、よほどのイカサマをしない限り、②のケースに該当すると考えられる。

③については、米軍によるミサイル配備に関わる話ではなく、将来米中が戦うことになった時の話である。台湾有事や南シナ海有事で米中が軍事衝突した場合、在日米軍基地から艦船、航空機が発進し、長距離ミサイルが発射されることになる。これは我が国から行われる戦闘作戦行動にほかならない。事前協議の対象と考えるのが自然である。

かつてベトナム戦争の時代、在日米軍基地から多数の爆撃機や艦艇がベトナムの戦地に向かった。当時、日本政府は「在日米軍は〈移動〉命令を受けて日本の領域を出た後、ベトナムで戦闘作戦行動に従事するよう命令されているのである」という世にも奇妙な国会答弁を繰り返し、「事前協議は不要」との立場をとった。だが、ミサイルの時代に同じような論理は通用しない。

ただし、実際に米中が戦うことになれば、後述の通り、中国は間髪を置かずに在日米軍基地や自衛隊基地をミサイル攻撃する可能性が非常に高い。となると、日本防衛（＝日米安保条約第5条に基づいて行なわれる）に該当することから、米軍の行動は事実上、岸＝ハーター交換公文による事前協議に必ずしも縛られない可能性がある。

いずれにせよ、在日米軍が長距離ミサイルを日本に配備しようとする場合、日本政府は事前協議を求め、おそらく同意・不同意の意思表示を示さなければならない。中国に対して「あれは米国が勝手にやったこと」という言い訳が通用する余地はない。

突き付けられる「踏み絵」

米中対立が激化する今日、米ソ冷戦期のように「米中のいずれかを選んで残る一方と敵対する」ことは日本にとって決して望ましい道ではない。一般には反中国と思われる安倍内閣の時代にあってさえ、仔細に見ると日本外交は米国の方に傾きながら対中関係にも配慮を見せていた。そのことは同内閣の対中政策と対韓政策を比較すれば、一目瞭然である。

しかし、在日米軍の長距離ミサイル配備を容認するか否かをめぐり、日本政府は事実上、「日本は米国を選ぶのか、中国を選ぶのか」という〈踏み絵〉を突き付けられることになる。

日本国内への米軍の中距離ミサイル配備を日本政府が認めれば、米国はもちろん安堵する。だが中国は

「日本は米国について軍事的対中包囲網づくりに加担することを選んだ」とみなすであろう。これまでのところ、日本が政府機関の5G対応などで米国に追随しても中国は対日制裁に出ていない。サプライ・チェーンをはじめ、中国も日本と経済的な相互依存関係にあることに加え、日本を完全に米陣営に走らせることは得策でないという計算があるからだろう。しかし、日本が米国の長距離ミサイルの最前線基地となることは、台湾統一という中国共産党が最重要視する国家目標に対し、一大妨害行為とみなされよう。2010年に尖閣で中国人船長を逮捕して拘留を続けた時、中国はレア・アースを事実上禁輸したり、中国在留邦人を拘束したりした。在日米軍の中距離ミサイル配備を認めれば、それ以上の反発が起きても不思議ではない。中国が軍備増強をペースアップさせることは不可避だ。尖閣を含めて挑発行動を激化させる可能性も十分ある。

日本が在日米軍による中距離ミサイルの配備を容認すれば、日本列島、特に南西諸島は米中の軍事的対決の文字通り〈最前線〉となる。有事において米軍のミサイル部隊は、在日米軍基地に限らず日本の領域の内外を縦横に移動することとなろう。将来、米中が軍事衝突するようなことがあれば、中国の攻撃によって日本が被る損害は否が応にも拡大すると思っておかなければならない。

逆に、日本が米軍の中距離ミサイル配備を拒否すれば、どうか？　中国はもちろん大喜びするに違いない。他方で米国は、まず困惑し、次に激怒するだろう。日本に中距離ミサイルを配備できなければ、中国軍に対する米軍の脆弱性を克服するという米軍新戦略は半ば無意味になると言っても過言ではない。日本以外の国々が日本の決定に追随すれば、「第一列島線に米軍がとどまる」というスタンド・イン構想は瓦解してしまう。米国は、在日米軍の縮小、「核の傘」の提供停止、尖閣防衛コミットメントの取り下げなど、様々な圧力をかけてきてもおかしくない。トランプ政権が継続していれば、日本も中国のように関税戦争を仕掛けられる可能性も否定できない。

日本が米軍の中距離ミサイル配備を拒否すれば、中距離ミサイルの分野で中国軍が米軍に対して圧倒的優位に立つ状況が続く。これは、日本列島が無防備のまま、中国の中距離精密誘導ミサイルでカバーされる状態が続くということを意味する。これはこれで、困った事態と言わざるをえない。しかも、日本が米軍に中距離ミサイルを配備させないと決めたところで、中国が尖閣周辺に侵入するのを控えるなど、日本に対して緊張を煽るような行動を改める保証はどこにもない。

五、ミサイル時代の日米同盟

米軍が長距離ミサイルを第一列島線に配備しようとする最大の目的は、米国の西太平洋――最近は「インド太平洋」という言葉がことさらに使われるようになった――における影響力、ひいてはグローバルな米国の権益を守るため、中国軍を第一列島線の内側に封じ込めることにある。試金石は、中国が台湾を武力統一するのを阻止できるか否かだ。できなければ、中国に屈したことになるばかりか、世界中に持つ同盟ネットワークが、中国やロシアばかりか米国の同盟国からも「張り子の虎」とみなされる。米国の影響力と権益が大きく損なわれることは言うまでもない。

台湾有事をめぐって米中が軍事衝突する確率は決して高くない。米中の指導者もそんな事態は全く望んでいない。しかし、中国共産党指導部はコストを度外視しても台湾独立だけは絶対に容認しない決意を固めている。最近、米中両国の外交は虚栄と国内要因に縛られて相互敵視のスパイラルに陥っている。トランプ政権の中には中国共産党を敵視し、米中対立をイデオロギー対立にしたいと考える高官も少なくない。西太平洋における米中の軍事力も接近してきた。米中の軍事衝突などまったくあり得ない、と片付けることはもはやできない。

では、米中が台湾有事の絡みで本格的に戦うことになれば、事態はどのように進むのであろうか？　ここでは中国が台湾を独立させないために台湾を海上封鎖し、米国が封鎖解除に動く結果、米中の軍隊が衝突するケースについてラフな想定を行ってみたい。

米中は緒戦段階から、宇宙空間やサイバー空間を含めた領域で相手の戦域制御ネットワークや指揮・統制・通信・コンピュータ・情報・監視・偵察（Ｃ４ＩＳＲ）を麻痺させるための攻防に凌ぎを削る。我々の目には見えないが、この部分でどちらが優位に立つかは戦いの帰趨に大きな影響を与える。

外から見える戦いに目を移そう。米国は在日米軍基地から米軍を出動させ、封鎖の突破を試みる。

一昔か二昔まえなら、戦闘は航空機や艦船で行われ、中国軍の実力は米軍よりも大幅に劣っていた。中国軍は局地戦で米軍に敗れ、在日米軍基地を攻撃しようとしても、公海上で米軍に撃退されたはずである。その場合、日本には「重要影響事態（旧周辺事態）」を認定し、戦場から離れた〈非戦闘地域〉で自衛隊に対米後方支援を行わせるほか、日本の港湾や飛行場を米軍に使わせることができた。中国側は自衛隊が米軍に後方支援を行うようになった時点で日本と交戦状態に入ったとみなすであろうが、日本はあくまでも中国軍とは武力行使に及んでいない、という立場をとることになる。

しかし、今日までに中国軍の実力は長足の進歩を遂げた。特に、中国軍は射程５００〜５５００㎞の地上発射ミサイルを約２０００発保有している。その多くは精密誘導型で米空母なども狙える。中国軍は艦船、潜水艦、航空機やミサイル部隊が米軍に攻撃を仕掛け、激しい戦闘となろう。この時点で日本政府は、前述の重要影響事態を認定するかもしれない。だが、ミサイルがいつ飛んでくるかわからない事態に非戦闘地域をどうやって決めるのか、という問題に直面することとなろう。この時点で２０１５年安保法制が規定する存立危機事態を認定し、集団的自衛権を行使するという選択肢も出てくる。

中距離精密ミサイルという有効な手段を保有している中国軍が在日米軍基地を攻撃しよう考えることは

当然であろう。戦況が中国にとって不利に傾けば、在日米軍基地に対するミサイル攻撃の誘惑は一層高まる。そうなれば――正確に言えば、日本領土である在日米軍基地に対する武力攻撃の着手が認められた時点で――、政府は「武力攻撃事態」を認定して中国に個別的自衛権を行使することになり、中国と文字通りの戦争に突入せざるをえなくなる。

実際には、米中絡みの台湾有事は始まり方も推移も様々な形態を取り得る。しかし、中国が多数の中距離精密誘導ミサイルを配備するようになった今、米中軍事衝突は、米中が開戦してからあまり時間のたたない段階で、日本の意思とは必ずしも関わりなく、日中武力衝突に発展してしまう可能性を孕むようになった。「米中の間で戦端が開かれた後、ものの数分から数時間以内に日本と中国が開戦する」というシナリオでさえ、十二分に起こり得る。中国にその能力がある以上、在日米軍が中距離ミサイルを配備してもこの状況は変わらない。

おわりに

米軍が今策定している対中戦略は、日本の外交安全保障を根本から揺さぶるほどの激震をもたらす。特に、米軍が中距離精密誘導ミサイルを日本の領域内に配備しようとしていることは、極めて深刻な影響を与えるだろう。

外交的には、米軍の要望を受け入れるか否かをめぐり、日本は「米国を取るか、中国を取るか」の選択を事実上迫られる。いずれを選んでも、日本にとって良いことよりも悪いことの方が多い選択である。

軍事的には、米軍の中距離ミサイルを受け入れれば、日本列島、わけても南西諸島は米中の軍事対立の最前線となる。仮に米中が台湾をめぐって大規模な軍事衝突を起こせば、日本の受ける被害は拡大せざるを得ない。在沖米軍基地の性格も変わり、米軍のグローバル展開プラットホームから対中前線基地としての機能を強める。米軍のミサイル部隊は公海上や日本の領域内で分散しながら作戦を行うことになる。その結果、固定化された米軍基地が増えることはなくても、我が国で米軍が活動する量と範囲は拡大する可能性が出てくる。さりとて、米中の軍事バランスが西太平洋地域で中国優位に傾いたまま、という事態も許容しがたい。

そこで注目されそうなのが、在日米軍への中距離ミサイルの配備を正当化するため、「米軍の中距離ミサイル配備をとりあえず認めて米中間のミサイル・ギャップを埋め、それを梃子にして米中露で〈第二のＩＮＦ条約〉締結をめざす」というアイデアである。

米ソ冷戦後期の１９７６年以降、ソ連は中距離弾道核ミサイルＳＳ-20の配備を進めた。これに対し、米国は核弾道ミサイル　パーシングⅡ及び巡航ミサイルを西ドイツ等に配備する一方、ソ連にミサイル軍縮を求めるという「二重決定」を行った。米ソが交渉した結果、１９８７年12月にレーガン大統領とゴルバチョフ書記長の間で締結されたのがＩＮＦ条約である。同条約に従って米ソは射程５００～５５００㎞のミサイルを破壊した。

今度はそれをアジアで再び行おう、という考えは、一見して魅力的に見える。しかし、米中がミサイル軍縮に合意できる可能性は、率直に言って極めて低い。

ＩＮＦ条約の締結にこぎつけた当時の米ソは、１９６２年のキューバ危機によって核戦争の恐怖を体験し、１９７２年に弾道弾迎撃ミサイル制限条約（ＡＢＭ条約）と第一次戦略兵器制限交渉（ＳＡＬＴⅠ）、１９７９年に第二次戦略兵器制限交渉（ＳＡＬＴⅡ）に調印するなど、軍縮交渉の実績を積み上げていた。ＳＳ-20やパーシングⅡの配備を受けて欧州の西側では平和運動のうねりが高まる一方、西ドイツのシュミット首相が中距離核ミサイルの均衡を最重視して米国政府を突き上げるなど、ミサイル配備の舞台となった国々も主体的に動いた。何よりも、ソ連経済が弱体化し、ミサイル競争に耐えられなくなっていた。

一方、米中の間には今日まで軍縮・軍備管理交渉のめぼしい実績がない。米中双方の指導者は、宥和＝弱腰と受け取られがちな軍縮交渉に興味を示す素振りを見せない。中国の国力も、最近人口がピークアウトし、コロナ前から経済成長率が目に見えて低下し始めたとは言え、１９８０年代のソ連とは状況がまったく異なる。

結局、〈第二のＩＮＦ条約〉というアイデアは米軍の中距離ミサイルを日本に配備するための方便としつにしかならない可能性が高い。だが、中国のものであれ、米国のものであれ、東アジアが中距離ミサイルで埋め尽くされる状況に異議を唱えることを簡単にあきらめてよいのか？

本稿で筆者は、米軍の中距離ミサイル配備をめぐって日本は米中双方から「踏み絵」を迫られると述べた。しかし、逆の見方もできる。日本がイエスと言えば、中国は困るし、ノーと言えば、米国が困る。そのポジションを利用して米中を揺さぶり続け、両国にミサイル軍縮を迫ることが日本の責任だ。〈従米〉でも〈事なかれ〉でもない、主体的な外交が求められている。

「新冷戦論」の落とし穴にはまるな

――「民主か独裁か」の二分思考の危険――

共同通信客員論説委員　岡田　充

コロナ・パンデミックが世界を覆った２０２０年、地球は時計の針がまるで「3倍速」になったかのように加速度的に転変している。その典型と言ってもいいのが米中間でめまぐるしく繰り広げられている戦略的対立である。メディアはそれを「米中新冷戦」というタイトルで伝える。だが米中対立を「新冷戦」と規定すると、我々を身動きできない思考の「落とし穴」に誘う。その「落とし穴」とは「米国か中国か」「民主か独裁か」の二分思考である。

一、コロナが加速させた潮流

米衰退は不可避

コロナ禍に歯止めがかからない中、鮮明に見えてきた潮流がある。第1に自国の利益のみを優先する米国のグローバル・リーダーからの退場。そして第2はグローバル化によって弱体化させられた国家の復権である。以前からあった流れだが、コロナ禍はそれを加速させた。

まず米国の衰退。米主導のグローバル・ガバナンスを支えてきたのは、①多くの国々の繁栄と安全を保障する「実利」、②国際機関や協定を通じて多国間で決め実行する「手続き」、③共通の価値観という「原則」―だった。

だが、トランプ政権の同盟・自由貿易軽視によって①への信頼は地に落ちた。地球温暖化防止のパリ協定、ユネスコと世界保健機関（ＷＨＯ）からの離脱宣言で②も失われ、コロナ禍をめぐるトランプのデマとウソに満ちた言説、黒人差別抗議デモを「法と秩序」の名の下に非難する姿勢は、米国が守護神であるかのようにみられてきた「人権」「自由」という価値観への懐疑を生んだ。

「グローバル・リーダーからの退場」とはそういう意味である。

地球は一つに

では「国家の復権」とはどういう意味か。少し歴史を振り返る。

１９８９年の冷戦終結は、「資本主義陣営」と「共産主義陣営」に分かれて対立していた地球を、経済的には一つにした。ヒト、モノ、カネ、情報が国境を越え移動する地球規模の経済システムがスタートしたのである。

世界中に複雑に張り巡らされたサプライチェーン（部品調達・供給網）を支配する多国籍企業は、本来は国家主権に属する金融・通貨政策をはじめ、雇用・賃金など一国の経済・社会政策の実権を国家から奪った。「グローバリズム」が体制を超え世界を覆うのである。

「グローバル化」と「グローバリズム」は重なる部分はあるが、ここでは区別して使いたい。グローバル化は単にヒト、モノ、カネ、情報が国境を越えて移動する動きを指す。一方、「イズム」（主義）の付くグローバリズムは、規制緩和や小さな政府を求めることによって多国籍企業の利益を極大化しようとする新自由主義イデオロギーだからである。

グローバル化は多国間の協力・統合を促した。自由貿易と経済連携が進み、欧州連合（ＥＵ）や東南アジア諸国連合（ＡＳＥＡＮ）は求心力を高めた。しかし２０２０年3月11日の世界保健機関（ＷＨＯ）によるコロナ・パンデミック宣言は、各国に国境を閉鎖させただけでなく、グローバルなサプライチェーンを破断し、生産停止と通商の停滞を地球規模でもたらした。

不況がもたらす国家復権

１９２９年の「大恐慌」で世界は10年に及ぶ深刻な不況を体験した。「震源地」だった米国をはじめ各国が採用したのが、ケインズの「有効需要論」に基づく「社会主義的」政策である。「市場至上主義」に代わって、国家が景気回復のため減税し、失業者を雇用する国家主導型の経済政策である。

世界の新型コロナ感染者のほぼ５分の１の約８００万人、死者数が22万人超（10月21日現在）の米国では、4月の失業率が14・7%と過去最悪を記録（米雇用統計）。ダウ工業株も3月12日、過去最大の下げ幅を記録し大恐慌並みの深刻な不況が進行した。

コロナ感染を過小評価し、初期段階で無策のまま放置したトランプ政権だが、経済指標の急下降で１人１０００ドル（13万円）を4月に現金支給するなど、計２兆２０００億ドル（約２３８兆円）の経済対策を行った。安倍晋三政権も6月、補正予算としては過去最大の約32兆円の第２次補正予算を成立させ、安倍は「空前絶後の規模で世界最大」と自画自賛した。

こうした国家主導型政策が意味するのは、グローバリズムで退場させられた国家の「復権」である。多国籍企業には世界経済をリードする力はあるが、疫病と失業、貧困に苦しむ人々に、救いの手を差し伸べる意思と能力は希薄である。企業倒産と失業者に支援できるのは国家だけ。いま目の前で繰り広げられているのは、こうした主役交代の風景である。コロナ禍は「グローバリズム」が生み出した格差の拡大に疲れきった世界に、国家の復権を促したのだった。

国家の復権はどんな変化をもたらすのか。第一は、国際協力より国益優先への転換である。トランプの自国第一主義もそれだ。第二に、国民からも強権国家を望む声が高まる。世界を覆うポピュリズムや極右勢力の伸長はその反映である。

具体例を見る。中国政府が「武漢封鎖」という荒療治に出たとき、「独裁国家だから可能」という見立てが溢れた。では米国、英国、イタリアなど多くの西側先進国が、私権を制限し罰則を科すロックダウン（都市封鎖）に出たことをどう説明すればいいのか。それが、緊急かつ一時的な政策だとしても。

ポピュリズム政権は、米国をはじめロシア、ハンガリー、ポーランド、チェコ、ブラジル、トルコなど数えればきりはない。「ヒンズー第一主義」のインドのモディ政権もそうだ。コロナ感染の勢いがとまらない中、中国との国境紛争で死傷者が出ると、反中ナショナリズムを煽り、中国の商品・技術の排除に乗り出した。国家主導の潮流は、民主、権威主義（独裁）という政治制度を越えて地球を覆っていると言えるだろう。

二、「新冷戦」とは何か

では、米国の一極支配からの退場と国家の復権後に訪れる世界秩序とはどのようなものになるだろう。トランプ政権は自らグローバル・リーダーの地位を下りたにもかかわらず、米国を急速に追い上げる中国を新たな標的にした「頭たたき」を開始した。病的とすら言える「チャイナ狩り」は、「敵」なくして生きられない伝統的な米国の国家・社会の精神構造（メンタリティ）を浮き彫りにする。

トランプ政権は、２０１７年12月の「国家安全保障戦略報告書」で、中国を「戦略的競争相手」と規定、貿易不均衡のみならずデジタル技術や軍事、文化などあらゆる領域で、中国を敵と見なす戦略を提起した。米国が中国に仕掛けた「新冷戦イニシアチブ」の出発点になる文書だった。

これに続き、シャナハン米前国防相代理は２０１９年６月「インド太平洋戦略報告」を発表し、「中国との衝突」に備え次の３点を挙げた。

①いかなる戦闘にも対応できるアメリカと同盟国による「合同軍」の編成

②米中衝突に備え日米同盟をはじめ同盟・友好国との重層的ネットワーク構築

③中国と対抗する上で台湾の軍事力強化とその役割を重視

「中国との衝突」を前提に、同盟再構築と台湾軍事力強化の３点を強調したのは、歴代米政権が採ってきた「中国関与政策」の否定にあたる。

これをさらに肉付けしたのが、ポンペオ国務長官が２０２０年７月23日、カリフォルニアで行った対中国政策演説[＊1]である。彼は、習近平を「破綻した全体主義のイデオロギーの真の信奉者」とみなし「共産主義に基づく覇権への野望」があると規定した。

そして歴代米政権が米中関係正常化以来採ってきた「中国関与政策」を全面否定し、「われわれが中国共産党を変えなければ、彼らがわれわれを変える」と危機意識を煽り、民主主義国家による新たな同盟構築を呼び掛けたのである。

興味深いのは、ポンペオが演説の最後で「中国共産党から我々の自由を守ることは現代の使命であり、米国は建国の理念により、それを導く十分な立場にある」と、中国共産党打倒があたかも彼らが担うべ

「インド太平洋戦略報告」

き「宗教的使命」であるかのように表現していること。演説は「神のご加護がありますように」で締められる。

演説は確かに「米中新冷戦」と呼んでもおかしくないほど、中国への敵意と憎しみに溢れている。では、米中対立を「新冷戦」と規定するのは正しいのだろうか。それを検証するには、かつての米ソ冷戦の特徴・構造を確認し、それを現在と比較する必要がある。

米ソ冷戦の特徴の第1は、それが経済力のみならず体制の優位を競い合うイデオロギー対立だった。第2に、米ソ対立構図が、日本を含め各国の内政に投影され、世界を資本主義陣営と社会主義陣営の2ブロックに分ける政治対立・抗争が繰り広げられたこと。第3は、米ソが直接軍事衝突を避けつつ、衛星国に「代理戦争」を押し付けたことである。

「チャイナ・スタンダード」はない

第1の「体制の優位を競い合うイデオロギー対立」は、米中間に存在しているだろうか。中国は「中国の社会主義」の優位性を説くことはあるが、米国が築いてきた「アメリカン・スタンダード」に代わって「チャイナ・スタンダード」に変えるよう主張しているわけではない。

中国は、今世紀半ばに「世界トップレベルの総合力と国際提携協力を持つ強国」となる「夢」は描いている（習近平、第19回共産党大会演説）。だがこうした中国の発展モデルを、普遍性を持つ「チャイナ・スタンダード」として提起してはいない。

さらに「人類運命共同体」の世界観も掲げる。しかし、そこで想定される国際秩序とは、「多極化」と「内政不干渉」である。中国は「社会主義強国」実現のために、資本主義世界で発展を続ける逆説（パラドクス）の中を生きているのだ。

第二の「世界のブロック化」はどうか？　トランプ政権による「ファーウェイ」排除などの「デカップリング（経済切り離し）」政策を見ると、サプライチェーンと情報ネットワークを部分的に破断するのは可能かもしれない。しかし複雑な国際的分業の下で形成された既成のサプライチェーンを完全に解体するのは可能だろうか。さらに米同盟・友好国による新たなサプライチェーンを再構築し、それが機能するにはかなりの時間がかかるはずである。

より困難なのは、世界経済を統合している「グローバル金融システム」の切り離しである。米国はドルによる「グローバル金融システム」を支配し、中国もそのシステムの中で発展してきた。中国の金融機関がシステムから完全排除されれば、中国経済は破綻する。

米国がシステムから中国を排除しようとすれば、中国には保有する1兆744億ドル（中国の2020年8月発表）に上る米財務省証券を市場に放出する「報復」をするかもしれない。しかしそのカードを切ればドルは紙くずと化し、中国経済のみならず世界経済を破局に導く。米ソ冷戦下で核兵器が「使えない兵器」になったように、金融システムの切り離しは、21世紀型の「使えない兵器」になっている。

第3の「代理戦争」は、米中間では全く見られない。米中対立の構造をこうして分析すれば、米ソ冷戦とは全く異なることが分かると思う。

二項対立に思考誘導

「新冷戦」は、米中対立の内容と性格を規定する単なるワーディング（用語）ではない。この構図から世界をみると、経済はもちろん政治、軍事、思想、文化に至るあらゆる領域で、「米国か中国か」の二者択一を迫る「落とし穴」に誘い込まれてしまう。だが、複雑な相互依存によって成立している国際政治の世界で、「二択」を迫ること自体が、無理な話である。

中国は2020年6月30日、香港国家安全維持法を制定した。翌7月1日付の日本経済新聞（朝刊）は、それを分析する「強権中国と世界」*2という連載記事を掲載した。「一党独裁か民主主義か」の典型的な二分法から、中国の強権政治を批判するのである。

「一党独裁」が中国を指すのは間違いない。では「民主主義」の主体は何だろうか。香港、日本、米国？　それとも先進工業国全体？　このタイトルには、「民主主義」という曖昧な概念の中に、「中国以外の国際社会」をすべて括り入れかねない乱暴な論理すら見てとれる。

もう一つ例を挙げる。筆者は米国のファーウェイ排除を批判する記事*3を書いたことがある。これを読んだある読者は「アメリカと中国のどちらが良いと聞かれたら、アメリカが良いと言うしかないね。残念だけど」とツイートした。これこそが「二項対立」によって誘導された典型的な意識である。

「独裁か民主か」の二択を迫られれば、代表制民主に慣れた人々は「独裁」を選択するだろうか。筆者も「独裁」を選ばない。しかし、独裁とほぼ同質の強権ガバナンスをもたらすポピュリズムを生み出したのも、「民主主義」そのものである。コロナ禍が生み出した国家の復権の潮流の中で、「民主の内実」がいま問われていることを自覚すべきだろう。

三、日米中の特殊性比較

問われる民主の内実

では「民主」とは何か。Wikipedia は「デモクラシー」について「日本語では主に制度を指す場合は『民主制』、主に思想・理念・運動を指す場合は『民主主義』と訳し分けられている」と定義するが、メディアはそうした区別を意識せず、すべて「民主主義」と表記することが多い。可能な限り区別したいと思うが、読む側の煩雑さを考え、ここでは「民主」と簡略に表記する。

民主の中身が問われているとするなら、「民主か独裁か」というアジェンダ設定から、ガバナンスの正当性を論じるのは不毛であろう。代表民主制、三権分立、法の支配など民主制度を備えていれば、「民主国家」と呼べるのだろうか。制度の有無は不可欠な要素だが、「民主国家」の性格に強い影響を与えるのは、国民国家を形成する伝統・文化・宗教に根差した特殊性ではないか。民主は統治の方法とプロセスであり、自己目的化すべきではない。

民主をあらゆる国家の到達目標に設定するなら、到達すべきモデルとモノサシを提示すべきだが、そんなモデルもモノサシもない。だが「民主か独裁か」の二分論では、多くの論者は「民主」を現実には存在しない「ユートピア」のように使い、独裁を「デストピア」の代名詞として使っている。

「共通の敵」作り団結する米国社会

では、「伝統・文化・宗教に根差した特殊性」とは、具体的にはどのようなものか。米国に中国、そして日本について「特殊性」の一部を描いてみたい。筆者は米国を専門的に研究したわけではないから、米国の特殊性については「印象論」の域を出ないことをお断りしておきたい。

トランプ大統領は妊娠中絶、同性愛に反対するキリスト教保守の「福音派」に属している。国務長官のポンペオもまた「福音派」。ポンペオ演説の際に触れたが、中国共産党の打倒が彼らの「宗教的使命」であるかのように表現しているのは興味深い。

米国社会では「神か悪魔か」「善か悪か」「民主主義か共産主義か」の二元論的思考が支配的のようにみえる。ジョージ・ブッシュ大統領（子）が２００２年、北朝鮮、イラン、イラクの３か国を「悪の枢軸」と呼んだのもその一例である。

ハリウッド映画の多くも、バイオレンスとセックスにカーチェーイスに加え、最後は「神か悪魔か」でクライマックスを迎える。

「アメリカ人は危険な外敵に直面していると気づいた時には団結する。そしてみよ！（外敵が）現れた。中国だ。米国と世界秩序にとって経済的、技術的、知的に中国が重大な脅威であることがますます鮮明になってきた」。

こう書くのは、ニューヨークタイムズのコラムニスト、デイビッド・ブルックス氏＊4。中国を共通の敵にすることによって、米国民が団結できたことを、そう表現するのである

米国は伝統的に「敵」がないと生きられないメンタリティを持っているようにみえる。古くは西部劇における「インディアン」（先住民）。旧ソ連初の人工衛星「スプートニク1号」成功で受けたショック後の反ソ・キャンペーン。１９８０年代の日本バッシング（叩き）に「9・11」後のイスラム過激派――。「敵」を挙げればきりはない。そして今は中国を「敵」とみなす空気が、米社会の隅々に浸透し始めた。

平均化できない帝国、中国

では中国の特殊性とはどんなものだろう。最近、中国を歩くたびに目に見える変化を実感する。かつて街を覆っていたギスギスとした空気が薄れ、余裕と落ち着きが出てきたのである。北京や上海はもちろん、内陸部や地方都市もそうだ。憎悪に満ちた衝突が繰り返された香港とは別世界である。

バスや地下鉄乗り場で、乗客が先を争って列を乱す光景は減ったし、交通マナーも格段に良くなった。入国管理官や税関職員が向こうから「ニーハオ」とあいさつし、対応は丁寧になった。「媚中派のたわごと」と思う人は、自分の目で確かめてほしい。

「豊かになり安定した中国社会」と「言論の自由がなく抑圧に苦しむ『ディストピア社会』」。いずれも

中国社会の一面であり、中国全体を表しているわけではない。多民族・多言語・多宗教に加え、先進国と途上国が同居する「帝国」――中国ほど平均化が難しく、全体像を掴むのが難しい国はない。

中国が抱える矛盾のすべてを「一党独裁」から説明しようとすると、それからこぼれ落ちた多くの問題の説明はつかなくなる。かつて孫文が中国人を、「バラバラな砂」に例えたように、中国人は日本人に比べるとはるかに自立性が高い。

統一が歴史的使命

共通言語によって形作られる地方共同体意識も強い。少数民族問題と相まって「統一」を脅かす「分裂」の契機が潜在的にある。「統一国家の形成と維持」は歴史に根差した歴代政権の「使命」であり、「一党独裁」の必要性もそこから説明できる。

伝統的な家父長制と、中央に権力を集中させるレーニン主義が結びついた共産党の統治下では、官僚システムはトップの意向に敏感で忠実である。日本と同様上部の顔色をうかがう「忖度」が横行し、その結果、情報隠蔽も起きる。

中国の特殊性を承知した上で、中国の一党独裁に注文を付けたい。権力は必ず腐敗する。それは制度の違いを超えた権力の本質である。香港抗議デモ最中の２０１９年10月に開かれた中国共産党第19期第４回中央委総会（４中総会）は、「党と国家の監督体系は党の長期執政条件下で自己浄化、自己整備、自己改革を実現する重要な制度保障」と、権力チェックの必要を強調した。

共産党内の監視機構による「自己浄化」は可能だろうか。独立した法支配体系と、メディアを含む独立した監視機能が働かないと、権力の腐敗・暴走は抑制できないのではないか。米国に並ぶ大国になろうとする中国に必要なのはこれだ。「独立した監視機能」を民主化と呼ぶ必要はない。既得権益間の利益衝突を考えれば、そう簡単に新たなガバナンスは構築できないが、これがなければガバナンスの硬直化を防ぐことはできない。

第二に中国が大国化するにつれ、時に独善的姿勢が目立つ。どの国の政府も執政党も必ず過ちを冒す。中国も大躍進政策から文化大革命、個人崇拝など、人々の生命にかかわる政策上の誤りをし「自己批判」してきた。外交であれ内政であれ、誤ればそれを謙虚に認めて正す器量を備えてこそ、大国にふさわしいと言うべきである。「無謬性」という幻想に寄りかかってはならない。

「同質一体」貫徹する日本

米中両大国の特殊性を比較してみた。では日本の統治に強い影響を与える特殊性はどんなものだろうか。

第1は、日本人（民族）は「同質一体」という架空の物語の共有である。物語の頂点に位置するのが「万世一系の天皇制」であり、日本の近代化以降、体制維持の安全弁になってきた。その「物語」は大戦をはさみ、今も切れ目なく引き継がれている。

「同質一体」の安全弁を機能させるには、「日本人」と近似しながらも「異質な存在」を差別し排除すること。特に戦時や災害時には有効に作用する。近代化初期には、「遅れたシナ人、朝鮮人」を見下し差別することで、日本人の優越意識を刷り込むことに成功し、侵略・植民地化を推進するバネにした。実態のない「民度」という言葉から、他国を見下す政治家が今も権力の頂点に座る。

「同質一体」に加え、「言葉によらないコミュニケーション」と「摩擦回避のため事実を究明しない手法」という特殊性も挙げたい。これを指摘したのは、英誌「エコノミスト」のデイビッド・マクニール東京特派員。彼は「週刊文春」（2020年4月2日号）で、森友学園の国有地売却問題に絡み、官僚の政権への「忖度」を取り上げ、この二つが政策決定に影響力を与えたとし「そうした日本社会の恩恵を最大限に受けているのが安倍首相」と喝破した。

確かに、天皇制から永田町政治、会社や組織という中間共同体、さらには家族という基層共同体に至るまで、この「日本的特殊性」が、さまざまな意思決定に影響を及ぼしているのは認めざるを得ない。組織にいたことのある人なら誰も、この特殊性によって紡ぎだされた「空気」が、同調圧力として機能し、明快な論理や言葉、説明抜きに政策や意思が決められることを経験していると思う。

四、多極化する世界

制度より重要な文化・伝統意識

多くの西側諸国は「代表民主制」を採用している。しかし「言葉によらないコミュニケーション」「摩擦を和らげるために事実を究明しない手法」が、集団的な社会意識として機能する社会と、「知、情、意」を尽くして「理」を求めることが、政策決定プロセスに決定的な役割を果たす社会とでは、同じ民主国家といっても雲泥の差がある。

前者の場合、「民主的手続き」とは名ばかり。これほど為政者にとって統治しやすい国民はない。国民の自立性が日本より格段に高い中国から見れば、強権姿勢をとらなくても「摩擦を和らげるため」決定に従順に従う日本人は、羨ましい限りであろう。「民主」という方法論とプロセスには普遍性があるとしても、その性格を決定するのは文化と伝統の特殊性によって規定された国民的意識であることを検証してきた。隣国を「独裁国だから」などと、したり顔で言うべきではない。

統治の質と効率性が新基準？

国家の復権は、「民主か独裁か」というアジェンダ設定の「有効性に疑問符をつける」と書いた。英フィナンシャル・タイムズ紙のラナ・フォルーハー氏*5は、新自由主義がコロナ危機に直面し行き詰った局面を「米国は何十年も前に新自由主義の台頭に伴い国家的産業政策は捨て去り、資本とモノと労働力は政府から制限されずに自由に行き来できるようにすべきだとの考えできた。問題は、自由市場を最優先する考え方では、危機にはうまく対応できない点だ」と分析している。

そこで、ロシアの外交・安全保障問題評論家のドミトリー・トレーニン（カーネギー・モスクワ・センター所長）の論考*6を紹介しよう。

トレーニンは「国家が世界政治における重要アクターとしての立場を取り戻した。国家にとって社会管理の最新ツールがデジタルテクノロジーである。民主主義と権威主義の対立は二次的なものになり、統治の質と効率性の違いがこれにとって変わる」と書く。

「民主か独裁か」というイデオロギー対立が二次的になるとの認識は筆者と共通するが、異なるのはその理由だ。筆者がガバナンスの性格を決めるのは「国・地域の伝統・文化によって形成される特殊性」としたのに対し、トレーニンは「統治の質と効率性」をより重要な要因に挙げた。ただしこの二つは決して矛盾・否定しあう関係にはない。

ファーウェイ排除にみる特殊性

トレーニンの指摘するデジタル技術は、米国、中国をはじめインド、韓国、台湾などが急速に発展している分野である。中国が次世代の移動通信技術「5G」の構築で米国を凌駕し、量子科学でも米国を超えていることはよく知られている。トランプ政権もそれを警戒し、華為技術（ファーウェイ）排除を同盟・友好国に求め、デカップリング（経済切り離し）を開始した。「すべては市場に委ねよ」の新自由主義では、中国に対抗できないのである。

安倍政権は２０１８年12月、ファーウェイ排除を議論なしに他国に先駆けて受け入れた。「日本的文化・伝統」の要因から分析すると、その決定は「（対米）摩擦を避けるため、事実を究明しない」姿勢から説明できる。日米同盟の維持・強化はあらゆる外交政策の前提であり、「議論の対象にはならない」のである。ソフトバンクを含め通信機器メーカーも素直に従った。

一方、ドイツや英国などの同盟国がファーウェイ排除に直ちに従わなかったのは、トランプ政権が排除の理由とする安全保障上の危険性を詳細に検討するのに時間をかけたほか、「５Ｇ」構築にあたっての技術力と経済性について政府内で十分な議論と検討を経たためであった。統治の「効率性」「経済性」を重視し、「同盟関係」というイデオロギーは二次的な要因になったと言っていい。

大統領再選が動機？

米中関係はその後も悪化の一途をたどり、２０２０年７月末には、米中双方がそれぞれの総領事館を閉鎖するまでに発展した。筆者はそれでもこれを「新冷戦」とは呼ばない。ドルによる「グローバル金融システム」が維持されているからであり。それは依然として米中共通の利益になっているからである。米国もそれをよく知っており、それに手を付けようとはしない。

もう一点指摘したいのは、「新冷戦」イニシアチブの動機は大統領再選にある。ボルトン前大統領補佐官（国家安全保障担当）が２０２０年６月23日に出版したトランプ暴露本もそれを物語っている。

それによると、トランプは習近平と２０１９年６月大阪で会った際「中国史で最も偉大な指導者」と持ち上げ、新疆のウイグル族収容施設の建設を奨励、香港のデモを擁護しないとまで述べたとされる。表面的な対中強硬策と、テーブルの下の「ディール」（取引）。どちらが本音か。

米国では、議会を中心に反中国感情が支配的なのは事実だが、誰が大統領になっても、現在の歪んだ対中政策の調整は避けられない。

「中国を敵視」する自分を見つめよ

米国際政治学者のイアン・ブレマーは、コロナ後の世界について「主導国なき（無極）時代」になると説く。「無極」とは角度を変えてみれば、米国、中国、EU、ロシア、ASEAN、インドなどそれぞれが地政学上の中心をなす「多極化時代」ともいえる。

英「フィナンシャルタイムズ」のコメンテーター、ジャナン・ガネシュ*7は「我々は無極化した（覇権国が存在しない）世界にいるということだ。この状況はしばらく続く可能性がある。〜中略〜今回の危機の結果として、米中対立が〝第二の冷戦〟につながるという陰謀論的な生煮えの議論が消え去るのを期待したい」と説く。彼もまた、米国も中国も世界秩序の主導権が取れない時代が続くと見る。

「中国敵視」一色に染まっているように見える米国だが、すべて「右へ倣え」ではない。「権力監視」と「自己再生」を政権に促す役割を維持しているメディア、識者は健在である。先に紹介したNYタイムズのブルックスは、含蓄のある提言でコラムを括っている。「もし中国がわれわれに対して『他者』だとするなら、その『われわれ』とは何者なのか？　中国がリベラルな国際秩序に対する脅威であるなら、われわれが自分たちのシステムを改善して、挑戦に立ち向かう能力はあるだろうか」

異質と思われる他者と向き合うときは、「自分たちの秩序の正当性」を問い返すべきだと言っているのだ。至極まっとうな主張である。米中対立が激しさを増し、日本メディアも多くの論者も「米国か中国か」の二択論にはまりがちだ。しかし自分の立ち位置（ポジション）を相対的に見つめるメディアと識者がきちんと発言する米社会の健全さは、見習わねばならない。

新冷戦論の「落とし穴」に気付かず、反中国世論をあおって日米同盟の強化だけに出口を求めても、日本の衰退は止まらない。日本が選ぶ道は、第1に「共通の敵」を前提に作られた古い同盟構造から抜け出すこと。第2は「米国か中国か」の二者択一の罠にはまらないこと。そして第3として、中国を敵視せず「ミドルパワー」として、多極化の中で何が利益なのかを自立的に判断し選択することである。メルケル首相のドイツが選択する道でもある（敬称一部略）。

＊1「共産中国と自由世界の将来」（２０２０年７月23日）
https://www.state.gov/communist-china-and-the-free-worlds-future/
＊2 日本経済新聞　２０２０年７月１日「強権中国と世界(上)　民主主義への挑戦状」
https://www.nikkei.com/article/DGKKZO60991480Q0A630C2MM8000/
＊3 BUSINESS INSIDER「イギリスがファーウェイ排除に反旗。経済ブロック化懸念—日本は米追随でいいのか」
https://www.businessinsider.jp/post-185811
＊4 TheNewYorkTimes Feb. 14, 2019　「How China Brings Us Together」
https://www.nytimes.com/2019/02/14/opinion/china-economy.html「
＊5「日経」「米中技術分断、中国の逆襲」（２０２０年９月11日）
https://www.nikkei.com/article/DGXMZO63681570Q0A910C2TCR000/
＊6 笹川平和財団　畔蒜泰助「ロシアが見据えるコロナ危機後の世界秩序」
https://www.spf.org/iina/articles/abiru_02.html
＊7 フィナンシャル・タイムズ　「日経」２０２０年４月10日「コロナ危機で露呈、無極化した世界」
https://www.nikkei.com/article/DGXMZO57873850Z00C20A4TCR000/

米国の中国敵視・包囲戦略に、中国の対応と戦略
――香港・台湾・日中の背後にある巨大な影――

東洋学園大学教授　朱　建榮

一、色眼鏡を外して見る「軍事大国」の素顔

「片目」で見た「中国観」の落し穴

日本で安全保障問題の話題になると、中国が「軍拡」、「拡張」、「覇権主義」だというイメージが連想される。果たしてそうなのか。自分が学生に「複合的思考が大事」と説くとき、人間はなぜ二つの目が必要かの譬えを使う。片目でもすべて見えるが、遠近の距離感が分からない。実際に遠くにあるものが近いところにあるよと誘導されれば信じてしまう可能性がある。しかし顔の左右に7～8センチ離れる両眼からものを見れば、遠近を把握でき、騙されにくくなる。

「中国」を捉えるうえでも、偏った情報によって形成される「片目」的見方になってはいないかを自問する必要がある。日本社会における「中国」イメージの形成は主に以下の三つのルートによると思われる。一つは米国の見方が鵜呑みにされること。米国は世界最大の情報操作国であることを忘れてはならない。二つ目は、日中間で抱える尖閣諸島（中国名：釣魚島）をめぐる紛争によって、中国に対してネガティブの感情論に捉われやすい。もう一つは、日本的な思考様式にもよる。日本人は大体、物事の細部をよく観

察する。これ自体はプラスになる面が多いが、こと「中国観察」になると、マスコミで騒ぐ具体的で個別的な事象に目を奪われて、その全体像、特にロングスパンのトレンドを見失ってしまう恐れがある。しかし中国はその巨大さ、複雑さによって「群盲象を評す」対象になりやすい。これらのバイアスが無意識的に多くの日本人の中国観を形作っている部分があることは否めない。

このような問題意識を持ち、本章の前半部分では、中国の実体と本音について中国側の視点を紹介したい。その上で、今日の米中対立の構造的原因と焦点、今後の行方を検証する。更に、昨今の香港、台湾情勢、南シナ海および日中係争の「島」など諸問題の背後にある「米中対立」の影を検証し、複合的な見方を提供したい。

「世界二位」になった時の日本との相似性

中国はなぜ急速に軍事力を伸ばしてきたか。まず高成長する国々のある時期の共通現象と見ることができる。

1968年、日本はドイツを抜いて世界2位の経済大国になったが、中国は2010年、日本を超えて世界2位になった。両者の産業構造はいずれも世界二位になった時点より、労働集約型から転換が始まり、日本は「重厚長大」から「軽薄短小」へと、中国も「昇級換代」すなわち産業構造の高度化が始まった。この段階で日本は高成長しながら公害闘争、労使紛争、学園紛争などが噴出したが、今の中国でも、環境・格差・人権侵害などの問題が表面化している。10年スパンで見れば、今日の中国では十億人以上の国民が次第に権利意識を共有し、その突き上げが中国を「法治」と中国流「民主化」に推し進めていく真っただ中にある。

この段階に来ると、国内の経済産業発展が頭打ちし、生産能力も設備も過剰になるため、日本企業の海外進出は１９７０年前後に本格的に始まった。中国も２０１０年頃に「走出去」とのスローガンで企業の海外進出が始まり、２０１３年、「一帯一路」構想が打ち出された。東大の李彦銘講師の論文は、中国の「一帯一路」構想の形成背景と進め方の多くは日本の70年代の海外経済進出に似ていると検証しており、参照されたい*1。

実は軍事費の伸び方も似ている。日本は１９６１年からの19年間、そのうち東京オリンピック翌年の不況を除いて防衛費はずっと二桁台で伸び続けた。一方の中国は１９８９年から２０１５年まで、２年間を除いて二ケタ台の伸びだった。当時の日本は中国を含む周辺諸国から「軍国主義復活」「再び拡張の道へ」と批判・警戒されたが、この点も今の中国は似ている。

軍事費については今日の世界における横の比較も必要だ。国連安保理五大常任理事国のうち、米、ロ、仏、英の４カ国の国防費はいずれもＧＤＰの３％を超えているが、中国は30年間、平均してずっと１・９％の線を守っている。日本のＧＤＰ１％より高いが、主要国、Ｇ５の中では一番低く、国防より経済発展が優先されていることが分かる。なお、国民一人当たりの軍事費となると、日本よりはるかに低い計算になる*2。

中国軍事力伸長の対象：台湾と米国

中国が１９７０年代末、国防費を低く抑えて「改革開放」政策をスタートさせたが、ベルリンの壁が崩壊した年から増やし続け、特に近年、ハイテク兵器の開発に力を入れ、「軍事大国」に躍進した。周辺諸国に比べその存在が突出し、「脅威」と思われることに対し、中国が丁寧に説明し、恐怖感の除去に取り組まなければならない。一方、中国が軍事力の発展に力を入れる理由に、経済大国になったパワー以外にもいくつかあることを知る必要がある。

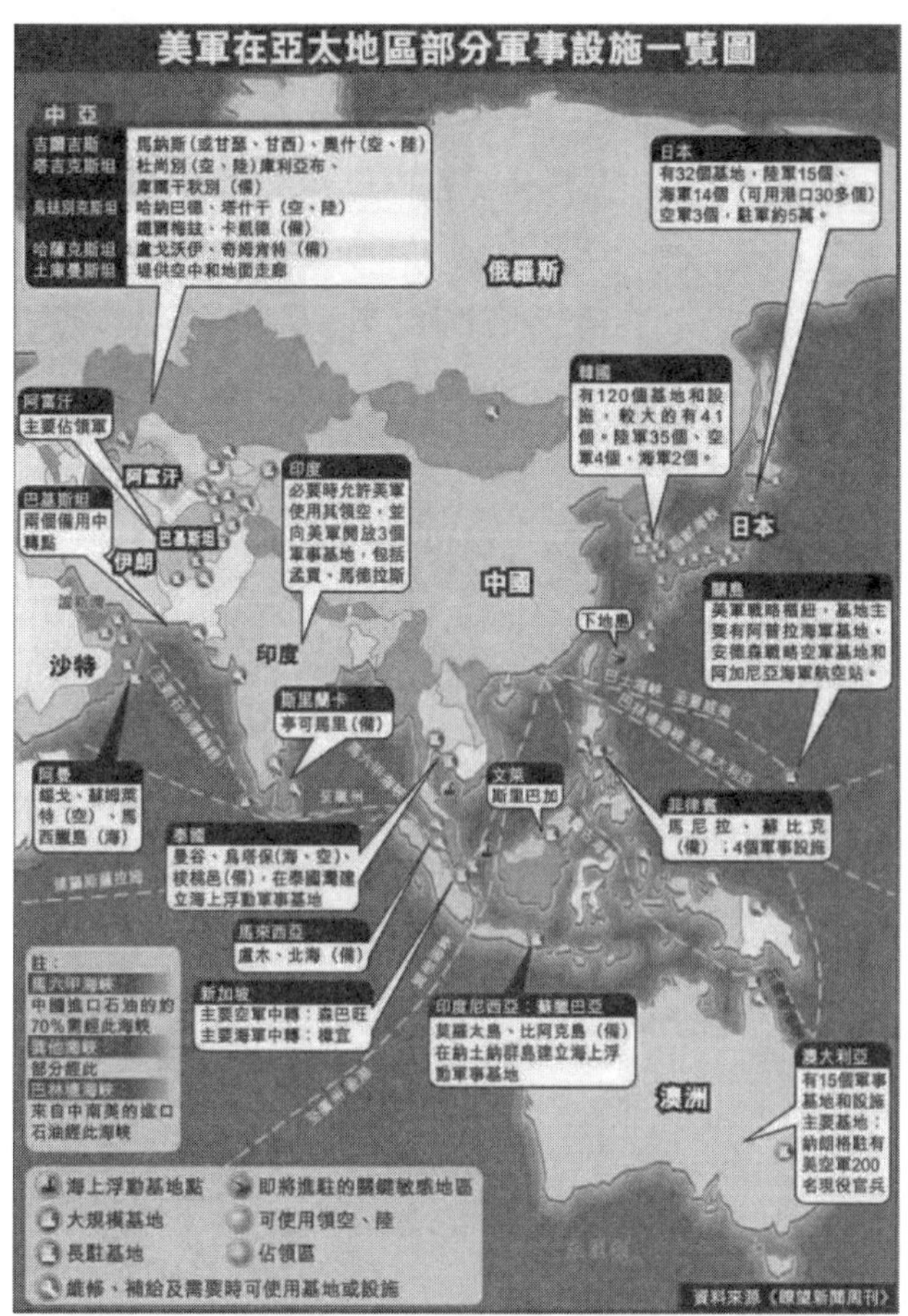

中国誌『瞭望新聞週刊』に掲載された中国周辺の米軍基地の見取り図。三面から囲まれているという強い警戒感が現れている。

　まず、台湾との統一が屈辱的な近代史に終止符を打つための悲願だからである。かつてマッカーサーが台湾を「不沈空母」と呼んだ。太平洋への玄関口である台湾との統一を米国が一段と妨害してくることを、中国は覚悟している。時間をかけて台湾と平和的統一を目指すのが基本戦略だが、台湾が外部勢力のそそのかしを受けて独立を図る危険性が増大していると見て、その阻止を喫緊の課題としている。台湾の独立

→中国の阻止→米国の軍事介入→その打破、というシナリオが、中国の軍事力整備を押す最大の原動力と目的になっている。

次に、オバマ政権の二期目とトランプ政権の二代にわたって、米国はいよいよ急速に台頭する中国を、その超大国の地位を脅かすライバルとして、様々な方面から圧力を加えている。いざという時、少なくとも米軍に「簡単に打ち負かされない」ように軍事力を強化しなければならないというのも中国の考えだ。

心底にある対米「屈辱感」

中国は近代以来、植民主義、帝国主義の侵略を受けたという歴史的な苦い記憶によって、「強くなければ叩かれる」との観念と信念が形成された。この20、30年の間、米国から何度もの圧迫を受けてこの意識が一層強化されている。

中国のＳＮＳに「中国の6大屈辱事件」と題する記事が出ている*3。１９９３年、中国貨物船「銀河号」にイラン向けの禁輸物資を乗せたとして米軍が公海で停泊を強制し立ち入り捜査を強行した（結果的に何も出ず、謝罪もなかった）。１９９４年、中国の潜水艦が近海の黄海で米空母からの戦闘機に7回もの模擬攻撃を受けた。１９９６年、台湾海峡危機の際に米軍の2個空母艦隊が接近し、更にＧＰＳを操作して中国軍の衛星誘導ミサイルの発射を失敗させた。１９９９年、ユーゴ駐在中国大使館が米軍ミサイルの「誤爆」を受け、多数の死傷者を出した。２００１年の海南島沖上空での米中軍用機衝突で解放軍パイロットが墜落死した。２００８年の四川大地震で災難救助に向かう中国の軍用ヘリがＧＰＳ信号の突然中断によって山に衝突した。これらの事件は米軍が圧倒的な軍事・技術力をもって中国に覇権主義的な態度を取った現れだと挙げられている。

ＧＰＳのような衛星測位システムは今やほとんどのハイテク兵器の運用にとって不可欠な前提になるが、

それが米国に長年牛耳られてきたことも中国は脅威感を強く持ち続けた。２０２０年6月、中国自身のＧＰＳ相当の「北斗」システムが配備完了し、運用を開始した。その直後、駐日大使館の参事官だった人がＳＮＳで12年前に中国空軍司令官の許其亮（当時）が訪米の帰途に東京中国大使館で行った内部談話を披露した。許司令官は、現在の世界は情報社会に入り、未来の戦争の勝敗を決めるのは軍事情報技術であり、中国が大幅に遅れているとの認識を示した上で、「中国が自身のＧＰＳを持たなければ、いざＭ国と戦争になれば、目が不自由な身障者vs健康の人のボクシングと同じようなもので、完全に非対称で勝ち目がない」と認めた*4。

米国の圧倒的軍事力をかわすことが目的

それゆえ、中国は自身の「北斗」衛星測位システムの運用開始を大いに喜んだが、以上の背景が分かれば、これまで中国がハイテク軍事力の開発に没頭したその背後に存在する別の真実が見えてくる。

一つは米国の圧倒的な軍事技術への強い恐怖心と警戒感があったこと。

もう一つは、今日でも米国は宇宙、サイバー、核、空母、原潜など大半のハイテク軍事分野で他の国の追随を許さない優位を占めており、米国の軍事力との巨大な格差は近い将来まで縮まりそうがないとの認識である。２０１８年に開かれた中国共産党第18回党大会で現代化強国の「夢」が提示されたが、２０５０年までに軍事面で米国と肩を並べるとしており、言い換えれば、米国に追い上げるのにあと30年かかるとの認識と長期目標である。その自然な結論として、①この間、米国の軍事的覇権に正面からの衝突をぜひ避けたい、②しかし圧迫・挑発されれば、「中国が大損するが米国も楽勝がなく、大きな代価を払う」との構図に持ち込みたいとの方針に帰着したと見ることができる。

そのため、台湾が要である第一列島線内には米軍に気ままに手を出させない軍事力の整備を急ピッチで進めている。台湾問題に米国の軍事介入を阻止するためのＡ２ＡＤ（接近阻止と領域拒否）の軍事技術と兵器も次々と開発している。

しかし軍事力で米国と対抗することは結局、共倒れの結果しかなく、中国の現代化のステップも止められかねないとの認識を、今の中国指導部は共有している。そのため、国連の役割を重視し、周辺諸国との経済連携や安保対話を強化し、外交力、経済力及びソフトパワーの構築をもって米側の軍事力の優位をかわそうとの対処方針を制定している。もちろん、中国国内の人権問題、民族問題、時々外交面で見せる拙い硬直性などがそのアキレス腱になり、中国の考えと行動が大半の国から理解を取り付けるのにまだ道のりが長い。

一方、平和的発展は中国自身にとって唯一の成長、現代化実現の道であること、圧倒的な米軍力の下で中国が拡張し覇権を求めることは物理的にあり得ないこと、農耕社会の思考様式を持つ中国にとって領土拡張、世界制覇から利益を得るとの思考様式がなじまないこと、以上の諸点は中国の指導部から民衆まで共通認識を得ているのは間違いのない事実である。それに対し、中国の「拡張」「脅威」を強調する説がまかり通っているのは、米側が中国の封じ込めを正当化するための意図的リーク、もしくは米国の国力が徐々に低下する中での被害妄想、更に日本で鵜呑みにされ増幅された結果であると、中国の専門家たちは見ている。

二、米国のバッシングに対する中国の分析と対応

米中対立の本質：「トゥキディデスの罠」

ではなぜ米中間で今、緊張が高まっているのか。これについては、三つの解釈が有力になっている。

一つは「トゥキディデスの罠（Thucydides　Trap）」説だ。紀元前5世紀、台頭するアテネと既存の大国スパルタとの間では本当は両国の指導者同士が親友で、戦争コストの大きさに対する認識を共有し、ともに戦争回避に努めていた。にもかかわらず、国内の世論と相手への疑心暗鬼に押されていき、最後は「ペロポネソス戦争」に突入した。この歴史を書いた『戦史』の作者、古代アテネの歴史家、トゥキディデスにちなんで、米国の政治学者グレアム・アリソンが名付けたものだ。追い上げるほうの国は他国からの承認や敬意を求める「新興国シンドローム」に陥りやすいこと、既存の優位国は衰退の懸念から新興国に対し恐怖や不安を抱く「覇権国シンドローム」に陥りやすいこと、このジレンマを抱えた強国同士の対立は20世紀までの２０００年余りの間に20回以上生じ、そのうちの大半、戦争に突入した。今の米中両国はこの罠にハマりかかっているとアリソン教授が警告した。

確かに、新興国中国は、自分の台頭が米国を中心とする既得権益勢力に「不当に」抑えられ、自分の「核心利益」が侵害されているとの被害意識をもっている。それに対し、既存の大国米国は自分の覇権国家の地位の凋落を恐れ、ここ数年よけい自信をなくし、敵探しに走っている。ここに、米中軍事衝突の危険性をはらむ心理的な構造要因が存在する。

「トゥキディデスの罠」説の延長に「6割説」がある。19世紀末に大英帝国を抜いて世界一の大国になった米国は、追い上げてくる新興国に対して本能的に拒否反応を示し、叩き潰そうとしてきた。前例はドイツ、旧ソ連、そして日本などだった。２０１９年、中国のＧＤＰはドルベースで米国の三分の二に達し、世銀の推計によれば、購買力平価（ＰＰＰ方式）の計算であれば、中国ＧＤＰはすでに米国の１２０％になっている。だから、追い上げる中国を突き落とすにはこれが「ラストチャンス」だとの焦りも米側にある。

三回も米国の標的になるのを避けた

冷戦終結後まもなく、アメリカ国防総省が「1994年〜1999年のための国防プラン・ガイダンス」という戦略文書を極秘に作成した。NYタイムズ紙などがスクープした同文書に、覇権を絶対手放さない米国の赤裸々な野望を示すくだりがある。

> 世界を一極構造にして、アメリカだけが世界を支配する。他の諸国が独立してリーダーシップを発揮したり、独自の勢力圏を作ろうとすることを許さない……アメリカだけがグローバルパワーとしての地位を維持し、優越した軍事力を維持する。アメリカだけが新しい国際秩序を形成し、維持する……この新しい国際秩序のもとで他の諸国がそれぞれの〝正当な利益〟を追求することを許容する。どのような利益が〝正当な利益〟であるかを定義する権限を持つのはアメリカのみである*5。

中国は早い段階で、米国の覇権執着の野望を認識していた。「出る杭が打たれる」という東洋の智慧をもって、長きにわたって「韜光養晦」の方針に徹し、米国の標的になるのを少なくとも3回かわしてきた。

1978年に、鄧小平氏が改革開放政策を始めたが、「米ソ間の覇権争いが激化する中、どちら側も中国を味方に取り入れようとし、中国を敵に回したくない」との国際情勢認識をもって、経済発展に没頭した。旧ソ連潰しに全力を上げる当時の米国から便利と支援も図ってもらった。1989年になると、ゴルバチョフソ連共産党書記長が「ペレストロイカ」政策を取ったのに対し、東ドイツ、ルーマニアのトップなどは相次いで北京を訪れ、「中国を中心とする社会主義陣営をもう一度作ろう」と持ち掛けた。それに対し、天安門事件、「ベルリンの壁」崩壊後の混乱を経て、鄧小平氏は「韜光養晦」（国際社会で目立つことをせず、経済発展に没頭する、との意味）の方針を正式に打ち出し、「（新しい社会主義陣営の）頭に絶対ならない」ことを決めた。旧ソ連に代わるイデオロギーの（米国の）標的になることをここで回避した。

続いて、1990年代後半に、コックス報告書（反中議員の中国追及）、ユーゴ中国大使館被爆に対する中国の強い反発を受けて、2000年末に当選したブッシュ大統領は中国を21世紀の「三大脅威」の一つに挙げ、２００１年前半、更に海南島沖上空の軍用機衝突が重なり、両国関係は相当緊張した。そこへ「９・11」事件が発生したため、江沢民政権はさっそく米国主導の反テロ戦争に全面的に協力すると表明し、再び、米国との正面衝突を回避した。

２０１０年になると、オバマ政権下で、中国脅威論が再度台頭し、クリントン国務長官がハノイで開かれたＡＰＥＣ会議で南シナ海問題をめぐって対中包囲網の構築を初めて呼び掛けた。クリントン氏が２０１６年の選挙に勝てば、「ＴＰＰ＋インド太平洋戦略」をもって中国の台頭に本格的に抑え込みにかかるところだったが、思わぬ敗北で、中国は三度目、ほっとした。

中国はトランプの当選を予想しなかったが、その就任後、「正面衝突」が回避可能と判断し、習近平主席が外交慣例を破ってフロリダに赴き、トランプとの首脳会談を実現した（２０１７年４月）。その場で「米中が仲良くなる１０００の理由があっても悪くなる理由は一つもない」との「名言」を残した。同年11月のトランプ訪中では26兆円の買い付けの合意が交わされた。

中国叩きの米国の戦略が本格的始動

しかし２０１７年末より、米政権内では中国の台頭をいよいよ真剣に対処する方針が定まり、中国をロシアと並べて競争相手と位置づける「国家安全保障戦略」（ＮＳＳ）の発表、続いて経済（貿易戦争）・技術（華為叩き）・香港・台湾などで中国への全方位的バッシングが始まった。米議会がイギリスの軍事情報大手会社ＩＨＳジェーンズに委託して作成した中国の軍事力に関する報告書に、「米国が軍事面で中国を抑え込むのに、あと10年の時間しか残っていない」との見通しが示された。台湾の学者も、「米国は、中国の未来は簡単に対処できない強国になると見越して、今のうちに叩かなければ10年後にはもうチャンスがほとんどないと認識した」と指摘している＊6。この種の「緊迫感」が米国の焦りを一層誘ったのであろう。

2018年春以降、米中間で貿易戦争に突入する。3度もの貿易交渉がいずれも中国側の大幅な譲歩でいったん合意したが、そのたびに、トランプ大統領は「まだ足りない」として合意を反故にした。そこで2018年6月、中国首脳部が反撃を決定し、同8月9日付人民日報「任平」署名論文は、「中国側の発言が米側を刺激したのがいけなかった」「早く米側の条件を受け入れて妥協すればよかった」との二説を否定した上で、米国の中国叩きの深層の理由を次のように国民に説明した。

「米国は世界ナンバーワンの覇権を守るために、ナンバー2の追い上げを絶対許さない行動パターンがあり、『6割法則』と呼ばれる。旧ソ連やかつての日本が米国の国力の6割に追い上げた時点でなりふり構わぬ打撃を受けて蹴り落された。中国はまさに今、そこまで差し掛かっていると見る。」

「韜光養晦」をするだけでは、ライバルを徹底的に叩き潰す米国の戦略に対応できない。2019年1月、「新冷戦」への突入を防ぎながら、経済・技術力の面で米国と肩が並ぶまで「持久戦」を戦っていくという戦略が正式に制定された。

根底には「5G技術の遅れ」への焦りか

「トゥキディデスの罠」説をハイテク面で裏付ける認識も示されている。米側が目の上の瘤としてバッシングしているファーウェイ（正式名：華為技術）の輪番会長（数人の共同経営者が交代でトップを務める体制を取るが、現在の責任者）の郭平氏が2020年8月30日に行った講演で次のような分析を行った。

米司法長官であるウィリアム・バー氏は、米国の覇権を保証するのは軍事力、米ドル、科学技術の三分野で世界をリードすることで、科学技術がその根本だが、19世紀以来、主要な科学技術分野において、未来に影響を与える5Gの分野で初めて遅れを取ってしまったと認めている。（中略）

米国が５Ｇの開発で道を間違った。目の前の遅れを埋め合わせ、追いあげるのに時間が必要だ。だから必死に中国叩きをし、中国の要素をサプライチェーンから追い出そうとしている。

米国は世界中のデータを牛耳り、サイバースペースをその管理・制御下に完全に置くことで初めて安心する、というのがその論理だ。だからライバルの会社や設備が実際に安全ではないという証拠が見つからなくても、直接政治化する。他国の企業に汚名を着せることも惜しまない*7。

トランプ大統領自身も２０１９年4月12日、ホワイトハウスで演説した中で、「５Ｇという無限に有望な産業でいかなる国とも米国を上回ることを許さない」「米国がこの競争に勝たなければならない」と語った。

５Ｇに代表されるデジタル技術の面で再び米国のリードを取り戻すため、「時間稼ぎ」の狙いもあり、「新冷戦」を中国に仕掛けようとしている。

「勝つ」ためには米国は手段を選ばない国だ。その手法の一つは汚名化することだ。

三、「中国問題」の背後にある米国の影

「汚名化」は対中戦略の一部

最近の米中関係について「米中緊張」「米中摩擦」といった表現が使われるが、実際はほとんど米国が仕掛け、攻めている。「中国が南シナ海、台湾、香港などで攻撃的」と決めつけられているが、中国から見ればいずれも米側が自分の中国締め付けを正当化するための「口実作り」に過ぎない。中国の経済と社会は「新興（途上）国」から先進国への脱皮を図る最中であり、周辺の安全と平和の環境をどの国よりも必要としている。なぜ最強の米軍を挑発し、地域の安定を破壊し、自らの発展環境を崩さなければならな

いのか。しかし米国は、中国が一段と米国の国力に接近するような「脱皮」の時間を相手に与えたくない。

２０１８年10月４日、ペンスは副大統領がハドソン研究所で演説し、中国の政治体制と経済・宗教・台湾・外交などあらゆる分野の政策に対して全面批判を行った。更に２０２０年７月23日、ポンペオ国務長官がカリフォルニア州のニクソン記念館で新しい中国政策について演説し、コロナ禍への対応、安全保障上の脅威、台湾への締め付け、香港や新疆における民主的活動の抑圧、米国内でのスパイ活動（「選挙介入」も）、サイバー攻撃、知的財産権の侵害などはすべて「中国共産党政権が陰に陽に起こした問題であり、覇権を狙っている」と批判し、これまで約50年間続いてきた対中「関与政策（中国を国際社会の一員として迎え入れ、変化を促していく政策）」からの決別を宣言した。

振り返れば、２００３年に米国がイラク戦争を起こした時も、サダム・フセイン政権が「大規模破壊兵器である化学兵器を開発している」と決めつけ「確固たる証拠を握っている」と主張した。しかしフセイン政権を倒した後にいくら探してもそれが見つからなかった。皮肉なことに、イラク侵攻を決めた時の国務長官パウエルが今回、ライバルのバイデン候補への支持を表明した直後の２０２０年６月、トランプ大統領自身がツイッターで、「イラクに大規模破壊兵器があったのはでっち上げ」とツイッターで認めた。

米国は今、世界で圧倒的に強い報道・宣伝の力を利用して中国を汚名化し、それをもって中国への攻撃を正当化している。日本も米国発の中国批判の論理と論調を受け入れる前に、その背景を知っておく必要がある。

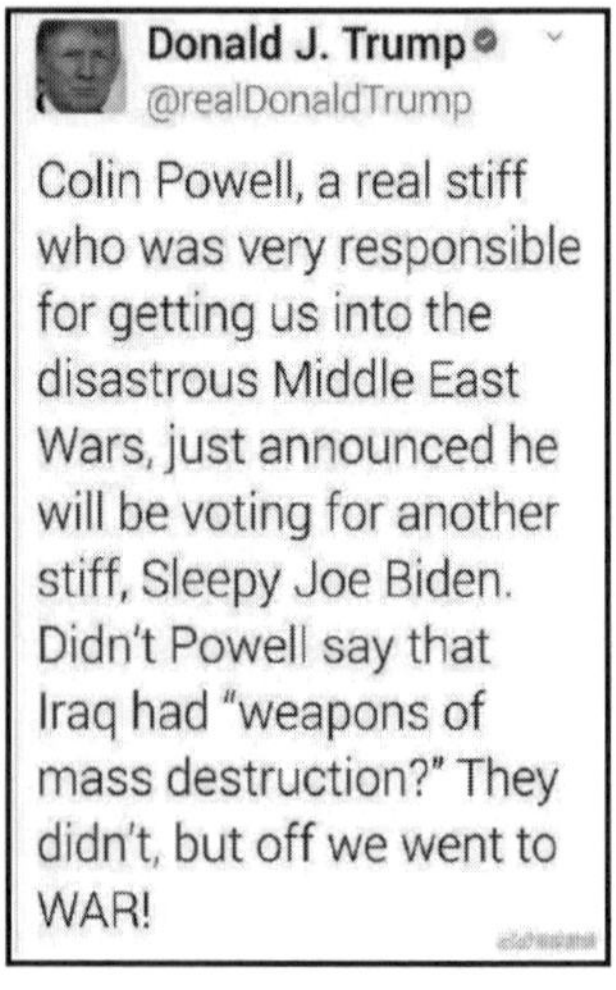

香港問題の本質は「政治のサッカーボール」

中国は今や、ロシアを超えて米国の最大のライバルと睨みつけられており、相手をバッシングするため、中国が抱える弱点に揺さぶりをかけ、相手を混乱と孤立に陥れる、という手法も使われている。

典型的な例は香港問題だ。２０２０年５月、２か月半遅れて開かれた全人代で香港国家安全維持法（以下、国安法と略称）制定に関する決議が採択され、その後わずか１か月で法律制定の手続きを終え、７月１日より実施された。これをめぐって欧米と日本のマスコミは「一国二制度が崩壊」と批判一辺倒だった。ちょうど7月初めに開かれた国連人権委で、日本など27カ国が「国安法」をめぐって中国を批判したのに対し、同じ会場で中国の香港政策への支持を相次いで表明した国は70カ国以上に上った。前者はほとんど先進国で、アジアで「懸念」を表した国はただ一つ、日本だった。インドは２０１９年夏、建国以来カシミールで実施されてきた自治法を廃止し、中央政府の直轄にし、いわば「一国二制度」を一番破壊した国だが、西側からは批判されず、香港問題では棄権した。途上国から中国支持が圧倒的に多いことに関して「北京から金をもらっているから」では到底解釈できないものがある（アラブ湾岸諸国は中国より金持ちだ）。やはり、途上国の大半は国家主権と統一、外部の干渉反対という点において最大

シンガポール『聯合早報』に掲載された米国のダブルスタンダードを風刺する漫画：トランプ政権は香港の暴動に対し「民主主義」と美化するが、米国内の抗議運動を「暴徒」と呼ぶ。

の共通点を有するからであろう。

２００3年、基本法23条に基づいて香港自身が「国安法」と同様な内容の制定に着手したときも、２０１4年の雨傘運動でも、それぞれ数十万人の抗議デモが起きたが、中国政府は「国安法」を制定しなかった。今回、リスクを覚悟でそれに踏み切った背後には、米国が仕掛ける対中新冷戦という最大の情勢変化があった。

これまで米政府と議会は香港問題についてほとんど関心がなかった。しかし２０１９年６月に香港の大規模抗議デモが発生した直後から、米議会で「香港人権と民主主義法案」が提出され、11月に採択された。その間、米国の資金、人員が香港の反体制勢力に深くかかわった。２０２０年夏、米議会で更に「香港自治法」が成立し、大統領によって批准された。中国はこれらの動きの背後に、香港問題が「変質」したと見て危機感を募らせた。

最悪の事態を回避するための「国安法」

考えてみよう。香港の反体制派は外国の煽りと支援を受けて、２０２０年春以降もコロナ禍がなければ、２０１９年後半同様の激しい抗議・破壊活動を展開していた。立法会、空港、地下鉄などが再び占拠され、経済と社会が完全にマヒし、総数数千人しかない香港警察がお手上げをした時点で、中国は秩序維持のために、解放軍か武装警察を出動せざるを得なかっただろう。もし「国家分裂、反乱扇動」などを取り締まる法的根拠がないままの出動になれば、どんな釈明が行われようと、米国を先頭に恐らく日本を含む多くの先進国から「ロシアのクリミア占領」よりもっと批判が殺到し、もっと厳しい経済制裁が課せられたことは容易に想像できる。それによって香港のみならず、中国自身も大混乱と孤立に追い込まれるのが必至で、今までのような発展の環境、勢いが完全に失われてしまう。

このような成り行きは北京からは火を見るよりも明らかだ。だから、「国安法」の制定をもってその法体系の欠落した部分を急遽補強し、先手を打って脇を固め、香港現地で制御不能な事態になるのを封じ、それが結果的に国際社会での孤立という最悪の事態を回避するという決断が行われた。

香港問題を、米国が対中揺さぶりの梃子にし、それに対し中国がその仕掛けを予防的に断ち切る、という攻防戦が問題の本質だとシンガポールの元国連大使で現国立大学教授のキショール・マブバニ（K. Mahbubani）が以下のように指摘した。

香港民衆の不満は根底には経済格差と社会問題に由来したが、外部がそれに過大な政治的意味合いを持たせ、煽った。

米国は戦後、１９８０年まで他国の選挙に公にもしくは秘密裏に介入したのは81件あった。アフリカ系男子フロイドが警察に押し殺された後、大規模な抗議運動を誘発したが、大統領含め複数の政治家が軍隊出動による制圧を公言した。なのに香港警察による動乱の阻止に対しては批判を繰り返し、明らかにダブルスタンダードだ。

米国が起こした対中国の地政学的戦略競争の中で、相手の弱みに付け込むのは超大国の常套手段だ。香港はそのための『政治的サッカーボール』になっている」*8。

予防的措置である「国安法」が施行された7月以降、香港では大規模な抗議デモが起きていない。香港の株価指数も5月の2万3０００点から上昇し続け、７月6日に2万6０００点を突破した。財閥を含め、大規模な住民と資金の流出も見られていない。

現時点で香港住民の大半は大混乱と「国安法」の二者択一が迫られ、後者を受け入れたが、自由を失うこと、「一国二制度」が形骸化することへの懸念が消えたわけではない。その意味で中国政府が香港住民の不安を払しょくし、信頼を取り戻すのにまだ道のりが長い。ただ、この問題の本質に関してはより広い視野、特に米国が香港を「政治のサッカーボール」として利用しているという背景の中で捉える必要があると強調したい。

台湾に関する本音も軍事力行使の回避

実は北京の台湾政策も、今回の香港「国安法」同様、「予防線を敷き、抑止力を持たせる」ためのものだ。長年の台湾ウォッチャー岡田充氏は、中国はそれをもって「主権という『最後の砦』にレッドラインを引き」、2005年3月に成立した台湾独立に対する「反国家分裂法」によって、「独立派を抱える民進党政権も、『現状維持』の枠の中に押し込められた」と分析した*9。

中国は「武力行使の可能性」の放棄を絶対約束しない(どの主権国家もそれを言わない)が、本音では台湾との統一を急いでいない。武力による統一(武統)に性急に取り組むことで、一方的な平和局面の打破として国際的批判、孤立を招くだけでなく、中国自身の「平和的台頭」の機運も失われかねない。福建省、浙江省など沿海部の地域の住民も自分の生活への影響を考えて「武統」に反対だと伝えられる。何よりも、今仮に台湾と統一したら、中国大陸の一党支配の体制を台湾に押し付けてこれで安定することは想像しにくい。北京の本音は、台湾が公の独立さえしなければ、時間をかけて将来の問題解決に下駄を預けることだ。

だが、台湾をめぐる緊張が最近高まっている。中国から見れば、それは米側が香港同様、台湾を中国揺さぶりの「サッカーボール」にしているためだ。政府高官の台湾歴訪、ポンペオ国務長官がわざと台湾を国呼ばわりし、更に軍用機、軍艦の接近、台湾への大規模な武器売却をしている。

もちろん、米国も公然と台湾独立を支持・助長することで中国との戦争に突入することを現時点で準備ができていない。大義名分がない上、軍事面でも中国は「空母キラー」「グアムキラー」と呼ばれる中距離ミサイルを持っており、極超音速滑空ミサイルDF-17も実験を成功させている。2019年8月、オーストラリア・シドニー大学の米国研究所がまとめた報告書は、中国軍が開発を加速させているミサイルは、周辺地域の米軍基地をわずか数時間で圧倒し得るとの見解を出した＊10。中国は国家統一と領土の完全にかかわる「核心利益」以外のことについては忍耐強いが、最後の一線を越えられると徹底的に抵抗・反撃する。米国もこの点を承知で、台湾をめぐって勝算のない戦争には簡単に踏み切れない。

当面の緊張がエスカレートする過程で、不測の事態になる危険性は確かにあり、米中双方の自制を期待する。ただ、本題との関連でいえば、北京側が台湾に対して軍事的挑発をしているわけではない。それに関する「中国脅威論」は成り立たない。

ちなみに、台湾指導者も、自分が米中対立のコマに使われていることを内心懸念している。2020年8月27日、オーストラリアのシンクタンクＡＳＰＩ主催のオンラインセミナーで蔡英文氏は講演した中で、「地域内の軍事活動が急増しており、不測事態の発生を懸念している」と発言し、「各方面が誤解と判断ミスを回避し、意思疎通のパイプを保持するよう」呼びかけた。

南シナ海に関する中国の見解

南シナ海は米中が衝突するもう一つのホットスポットになっている。中国から見れば、この海域の現状は中国が侵略者ではなく、逆に被害者の立場になって形成されたのである。

１９１１年末、中国広東政府は南海諸島を海南の崖県（現三亜市）の管轄と宣言した。日本が日中戦争初期、西沙諸島を占領した際、仏印当局から抗議を受けたが、「中国の領土として占領」と回答した。太平洋戦争中に南沙諸島を占領して新南群島として台湾の管轄下に置いた。大戦後、両群島駐在の日本軍から中国に対して武器引き渡しの儀式が行われた。１９５２年に調印された「日華条約」の第二条で、日本国が台湾、澎湖列島と並んで「新南群島及び西沙諸島」に対する「すべての権利、権限及び請求権を放棄する」と明記された。

1946年、当時の中華民国海軍は米国が提供した軍艦に乗り、南沙諸島の主要な島々を接収し、軍艦の名前を用いて「太平島」と「中業島」（Thitu Island、後に比占領）を新たに命名し、更に北子礁（Northwest Cay、後に比占領）、南子礁（Southwest Cay、後にベトナムが占領）を含めて主権表示の石碑を立てた。中国は「先占」と長期にわたる実効支配という国際法の原則により南沙諸島の主権を所得した。これに対し、ベトナムは1975年の統一まで、西沙と南沙に対する中国の主権を承認すると何度も声明しており、フィリピンは1970年以降初めて南沙の島を占領した。日本は竹島が戦後、「李承晩ライン」の設定によって奪われたとしているが、南沙諸島が他の国々に占領されたのはそれよりも日が浅い。第二次大戦直後に確立された南沙に対する主権が後に侵害されたのは、中国の国共内戦および朝鮮戦争後の20年以上にわたる米国による中国への封じ込め政策で真空が作られたためだ。

この歴史について呉士存・中国南海研究院院長著『中国と南沙諸島紛争――問題の起源、経緯と仲裁裁定後の展望』（花伝社、2017年、朱建栄訳）が詳しい検証をしており、是非一読されたい。

南シナ海問題の焦点の一つは「九段線」だ。それは中国政府が1930年代に検討し、1947年に公表した南シナ海における中国の権利範囲を示すラインである。点線としたのは国境線ではなく、周辺諸国

中業島、北子礁、南子礁の主権表示の石碑

と交渉して確定する余地を残しているためだ。実際に最初に公表されたのは11段線だったが、ベトナムとの間に１９５０年代に友好交渉を経てトンキン湾海域の管轄範囲を画定したため、そこに引かれた二本の点線が消え、九段線になった。米国は１９６０年代でも南沙海域で海難捜査をした際、台湾側の許可を求めていた。日本の全国教育図書株式会社が発行（国土地理院の承認済み）し、大平正芳外相が推薦文を書いた『NEW WORLD ATLAS：新世界地図』（１９６４年版）の地図でも九段線が引かれ、南沙諸島は「中国」所属と表示されていた。

米国が「自由航行」の名を借りて軍事作戦

１９８０年代に入って国連海洋法条約が新たに制定され、九段線のような伝統的な権利主張と齟齬を起こした点は確かにある。ただ、同様な事例は世界の各海域に多々存在し、関係諸国同士が話し合いで解決することになっている。２０１６年、米国の全面的サポートを得てフィリピンが起こした南沙諸島に関する仲裁は中国の主張に不利な結果を下したが、当事者の中国が参加していない仲裁結果は果たしてどれぐらいの拘束力を持つか。ある米学者の統計によれば、国際司法裁判所（ＩＣＪ）が１９４６年の設立後、２００４年までの60年間に出した判決の「不執行率」は44％に達し、拘束力ある案件の執行率は33％しかない。特に米国の「不執行率」が高い＊11。

ついでに言うと、２０１６年の仲裁文書が判断を示す前例として実は沖ノ鳥島は「島」ではなく、排他的経済水域の設定権限がないと挙げている。

中国は今、九段線は歴史的権利を示すものとし、関係国と見解が異なる現状の下では「相違を棚上げにして共同開発する」と主張している。１９９０年代以降、中国とベトナムやフィリピンとは南シナ海海域で共同調査などを一時実施したが、その後の国際情勢の変化で停止した。２００２年、中国とＡＳＥＡＮ

との間に「南シナ海における関係国の行動宣言（ＤＯＣ）」が合意され、現在は法律的拘束力を持つ南シナ海行動規範（ＣＯＣ）の策定交渉が進行中である。21世紀における領土、領海の紛争は関係諸国間の交渉によって平和的に解決される道しか残っていない。

２０１３年以降の一年半にわたって中国は管轄下の南沙諸島の中の５つの岩礁に対して大規模な埋め立て工事を行った。南沙の島で埋め立て拡張工事をして空港も建設したのはフィリピンやベトナムが先だった。もっとも巨大な中国は一旦着手したら、その何倍もの規模を有する人工島をあっという間に作り上げた。最近になって米側が南シナ海に関する基本姿勢を変え、中国の権利主張を完全に否定したが、中国叩きの行動の一環であることは明白だ。皮肉なことに、中国と係争中のベトナム、フィリピンなどは、米側のこれらの一辺倒の主張への支持を言っていない。中国包囲網の構築で自分が利用されていることがわかっているからだ。２０２０年8月に開かれたＡＳＥＡＮ外相会議では特に南シナ海をめぐる米中対立の激化への懸念が相次いで表明された。

アメリカは南シナ海での「自由航行作戦」を展開し、他国の参加も呼びかけている。「自由航行」という原則には中国も賛成であり、これまで南シナ海海域において自由航行が妨害された事例は一つも起きていない。問題は米国が「自由航行」の建前を借りて軍事作戦を展開していることだ。狙いはより多くの国を巻き込んで中国の孤立化を図ることだ。そうでなければ、中国も「自由航行」の原則を支持しているのだから、中国と一緒に自由航行のルールを策定し、ともにシーレーン防衛をやればいいのではないだろうか。

四、日中間の安保ジレンマが解けるか

「島」をめぐる棚上げの合意があった

中国の台頭を封じ込めるため、米国は尖閣諸島（釣魚島）の紛争への介入も強めている。日本は周りのほかの国とも島の係争を抱えており、紛争があること自体は不思議ではない。１９７２年、米国が沖縄返還をした際、「島」の施政権を日本に引き渡したが、主権に関しては関係諸国の間での解決を委ねるとの立場を表明した。１９７６年、日本大使を務め、後に副大統領にもなったモンデール氏は「これらの島に関する所有権について米国は立場を持たない。（中略）これらの島をめぐる紛争では米軍は（日米安保）条約によって介入することもない」と語っていた＊12。近年になって米国が、安保条約が「島」に適用されると公言するようになった背景に、対中包囲網に日本を巻き込む打算があるのは言うまでもない。米国の「施し」には代価が高く付く。

では中国は一体「島」のことをどう考えているか。１９７８年、日中平和友好条約の批准書交換で訪日した鄧小平氏は「我々の世代にこれを解決できなければもっと知恵がある次世代に任せればよい」と発言した。当時の日本では「棚上げ論」が広く共有され、１９７９年5月31日付読売新聞社説「尖閣問題を紛争のタネにするな」はこう書いた。「尖閣諸島の領有権問題は、一九七二年の国交正常化の時も、昨年夏の日中平和友好条約の調印の際にも問題になったが、いわゆる『触れないでおこう』方式で処理されてきた。つまり、日中双方とも領土主権を主張し、現実に論争が“存在”することを認めながら、この問題を留保し、将来の解決に待つことで日中政府間の了解がついた」。

中国にとって今や、「島」をめぐって日本と白黒をつける理由はなおさら薄れている。島周辺の海底石油資源は究明されておらず、化石エネルギーの重要性そのものも下がっている。中国海軍の太平洋進出の

ために必要との解釈があるが、中国軍がこれを「占拠」したら日本側が何もしないはずはないし、その海域の緊張を高め、日米両軍の配備をもっと集中させる「逆効果」しかないことは目に見えている。中国の公船が「島」の領海に頻繁に入ってきたのは２０１２年に民主党政権が「島」の国有化という閣議決定を行ったため、それに対する対抗措置である。

「島」への解放軍の攻撃はあり得ない

幸い、２０１４年11月、両国政府は歴史問題や「島」をめぐって4項目の合意に達した。その第3項は次の通りである。

　双方は、尖閣諸島等東シナ海の海域において近年緊張状態が生じていることについて異なる見解を有していると認識し、対話と協議を通じて、情勢の悪化を防ぐとともに、危機管理メカニズムを構築し、不測の事態の発生を回避することで意見の一致をみた*13。

この合意は「島」をめぐる双方の対応の新しい起点となるべきだ。

しかし日本国内では今なお、「中国軍はいつかこの島に攻めてくるのではないか」との懸念ないし恐怖感が根強くある。今日の世界では、係争地をめぐってどちら側も軍事力を使うことは「下の下の策」だ。中国側自身、「島」を武力で占拠してかえってまずい理由は三つあると思われる。

第一、中国軍が出た瞬間、日本だけでなく周りの国はみな中国が怖くなり、米国による対中包囲網に加わる。これで中国は孤立する。

第二、ロシア軍のクリミア占領などに見られるように、一方的な武力行使は世界主要国、特に西側諸国から経済制裁を受けるのが必至。対外依存度が高い中国経済はこれに耐えられない。

第三、この島は台湾の政治経済中心地である台北のすぐ横にある。仮に解放軍が占拠し常駐した場合、一番怖がるのは台湾だ。これで台湾との平和統一も不可能になる。

中国の論理で考えれば、軍の出動によって失われるもののほうが圧倒的に多い。にもかかわらず、どうして中国軍侵攻説がまかり通っているのか。中国側専門家は、米国が日中の接近を望まないため煽っているという理由以外に、日本の中でも「島」をめぐる中国の「脅威」を誇張して軍備拡張を正当化しようとする一部の勢力があるからだと分析している。

「敵基地攻撃能力」はパンドラの箱

近年、中国の脅威を理由に、日本が米国主導のミサイル防衛システムに加入すべきとの論調が出ており、最近は更に「敵基地攻撃能力」の保持を主張する政治家がいる。現有のミサイル防衛システムは、中国軍が実戦配備した極超音速の「DF-17」ミサイルによって信頼性が大きく損なわれている。一方、「敵基地攻撃能力」を持つことは、中国に対して従来の「盾」だけでなく、攻撃可能な「矛」を開発することを意味する。宮本雄二元中国大使がテレビ番組で語ったように、日本は自己防衛の「盾」を持つことは当然であり、そのような専守防衛の日本に対する攻撃は世界的に見て大義名分がないが、「敵基地攻撃能力」を持つことは、相手も日本を攻撃する能力の保持とそのための配備を正当化することにつながる。

中国の軍事戦略は、内外の専門家がほぼ共通して判断しているように、主として米国の軍事的圧力および台湾独立を支持・支援する内外勢力に対する抑止力を持つことだ。他の国に関して軍内部の作戦準備上シミュレーションの対象になっても、公に標的と据えないし、そのための通常の配備もしない（日本自衛隊の対中方針も同じだ）。だが中国に対する「敵基地攻撃能力」を持つことはパンドラの箱を開けるように、日中両国が本当の敵対同士の関係にずるずると、しかし巻き戻しができないようになってしまう。日本は国家戦略の面で、日本国民を一段と危険にさらすような愚の選択を避ける賢明さを持っていると信じたい。

では日中両国の間でどのようにして真の「不再戦」の恒久的体制を作れるか。防衛当局間（海保・海監同士も）の交流を密接化し、安全保障対話を増やし、米ロ・米中間で持っている多くの偶発事件防止、信頼醸成にプラスとなるメカニズムを構築するのが第一歩だ。根本的には、東洋の智慧を生かし、戦後日本が長く貫いてきて一番有効に日本の平和を守ってきた「専守防衛」を継承していくこと、更に、中長期的には、「日米同盟」ありきの思考停止を超えて、米国や中国、周辺諸国を巻き込む共同安全保障メカニズムを構築することも視野に入れるべきではないだろうか。

＊1 李彦銘「戦後日本の歩んできた道と『一帯一路』への示唆」、『米中貿易戦争と日本経済の突破口』（花伝社、２０１９年）第5章。

＊2 村田忠禧「中国の台頭、『大国化』をどう受け止めるのか」、『世界のパワーシフトとアジア』（花伝社、２０１７年）第3章。

＊3 「新中国六次恥辱事件背後」、『中華魂』サイト２０２０年6月29日。
https://www.1921.org.cn/post.html?id=5ef98aed30011478b2979c3

＊4 「中国空軍司令十二年前的願望実現了」、『今日頭條』サイト２０２０年6月23日。
https://www.toutiao.com/w/a1670294188211215/

＊5 伊藤貫『自滅するアメリカ帝国——日本よ、独立せよ』（文春新書、２０１２年）から引用。

＊6 丁一賢「美有急迫感　中国10年後更難對付」、中評社２０２０年9月4日。
http://hk.crntt.com/crn-webapp/touch/detail.jsp?coluid=92&kindid=0&docid=105869310

＊7 「華為輪值董事長郭平解釈為何被制裁：美国首次在関鍵技術領域落後」、香港『鳳凰網』サイト２０２０年9月2日。https://tech.ifeng.com/c/7zRbupep4oC

＊8　鳳凰網２０２０年6月30日　新加坡資深外交家馬凱碩「美国只是把香港当作〝政治足球〟」。
＊9　海峡両岸論 NO.115「主権防衛に『レッドライン』引く　国家安全法は『反分裂法』の香港版」２０２０年6月14日。http://www.21ccs.jp/ryougan_okada/ryougan_117.html
＊10　ＣＮＮサイト（日本語）２０２０年8月21日「中国の軍事力、数時間でアジアの米軍基地を圧倒　豪報告書」。https://www.cnn.co.jp/world/35141551.html
＊11　呉士存『中国と南沙諸島紛争——問題の起源、経緯と仲裁裁定後の展望』（花伝社、２０１７年）、３２３頁。
＊12　Nicholas D. Kristof, "Would You Fight for These Islands," *New York Times*, October20, 1996.
＊13　外務省HP。https://www.mofa.go.jp/mofaj/a_o/c_m1/cn/page4_000789.html

第三章 ❖ 熱戦の発火点

「朝鮮」「台湾」「南西諸島ミサイル要塞化・辺野古・嘉手納」

ミサイル戦争の要塞化が進む南西諸島
――遂に動き始めた米軍ミサイル部隊の南西諸島配備――

軍事ジャーナリスト　小西　誠

一、急ピッチで進む南西諸島へのミサイル配備

情報公開法で出された自衛隊の南西シフト態勢

筆者は、２０１６年初めから防衛省に情報公開法に基づく「自衛隊の南西シフトに関する全文書」の公開を請求してきた。これに対して防衛省が応じたのは、同年のわずか1点13頁の文書だけだ。ところが、奄美大島・宮古島などの基地建設工事が始まった２０１８年に入ると、防衛省は約３４０点・６０００頁の膨大な文書を提出してきた。この状況に、自衛隊の南西諸島配備に関する、国民不在の隠蔽体質が端的に現れている。

以下のリポートは、筆者が情報公開法で提出させた文書、また、同じく情報公開法による「島嶼戦争」関連の多数の自衛隊教範（教科書）の分析を通したその実態だ。もっとも、筆者は、これら自衛隊関係文書とともに、与那国島・石垣島・宮古島・奄美大島・種子島など、南西諸島の島々の基地建設の状況を現地でくまなく調査し、基地建設を阻む住民らとも意見交換を行ってきた。このリポートはその全容である。

南西諸島全域に配置されるミサイル部隊と要塞化

今、進行しているのは、九州から与那国島に至る、琉球弧—南西諸島に沿う形のミサイル部隊を中心とする、大がかりな新基地建設—配備計画だ。これらは、すでに配備完了した基地と、現在工事が始まったばかりの基地、あるいは新基地建設・配備計画がうち出された基地と、さまざまである。

この南西シフト態勢の中で、いち早く自衛隊部隊が配備されたのは、日本の最西端・与那国島だ。台湾まで約１１０ｋｍという距離にある与那国島は、台湾との間の海峡（「与那国島西水道」と仮に呼ぶ）を頻繁に中国の軍民艦船が行き来する。この与那国島の山頂に５基、異様な風景で聳（そび）えているのが、陸自（陸上自衛隊、以下陸自・海自・空自という）沿岸監視隊１６０人（２０１６年３月）の部隊であり、沿岸監視レーダーサイトである（次頁写真参照）。レーダーは、与那国西水道を通過する中国軍艦を常時監視するもので、与那国島全域から可視できる。また、与那国駐屯地東側の一段と高い場

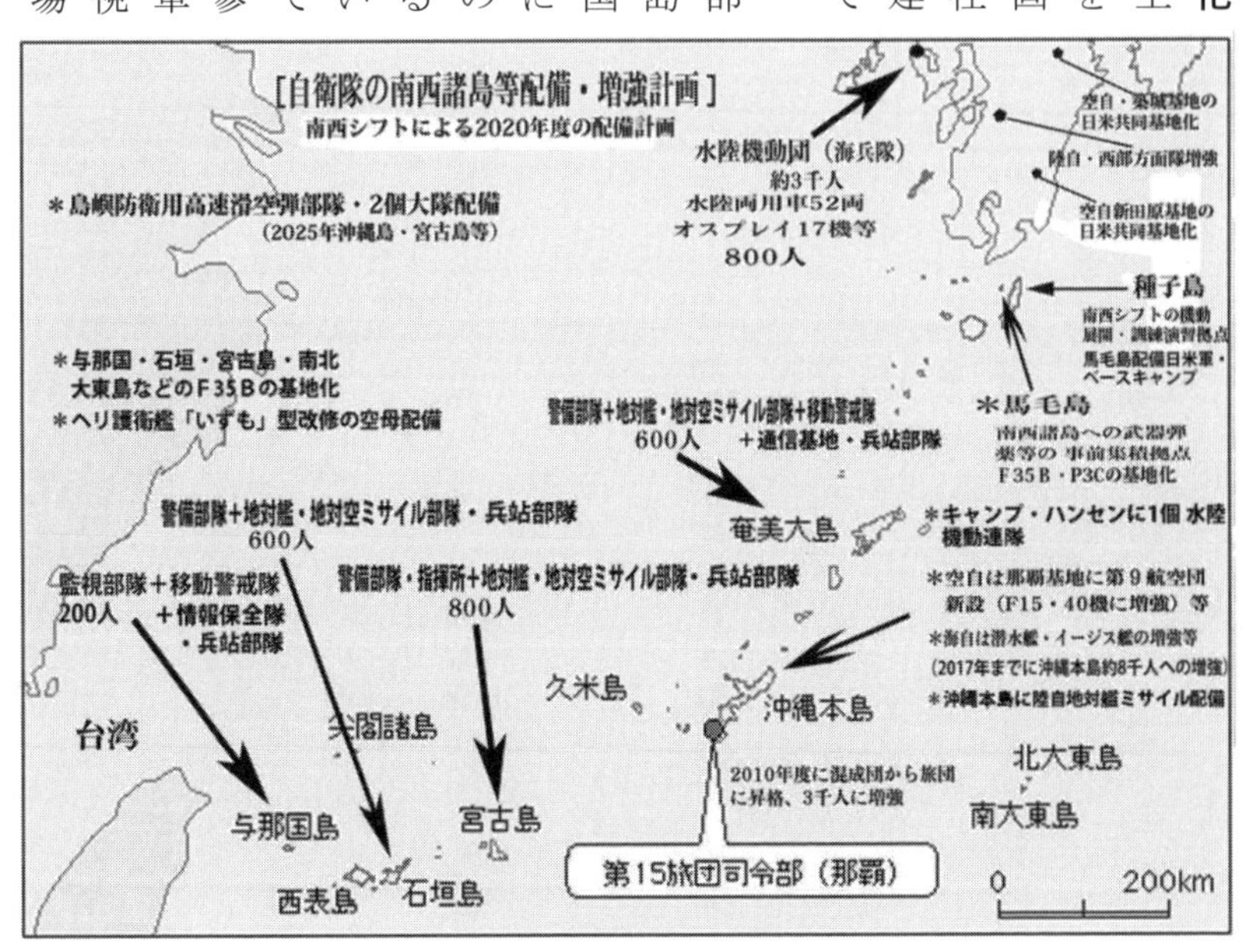

自衛隊の南西シフト態勢図

沿岸監視レーダーサイト

所には、対空レーダーも置かれている。

与那国島には、この他、沿岸監視隊という技術部隊にはふさわしくない「兵站施設」（巨大弾薬庫）が造られ、情報保全隊（旧調査隊）、警務隊の配備もなされた。さらに今後、空自・移動警戒隊も配備される予定である。

台湾の東に位置する、与那国島の戦略的意義からすると、将来は、地対艦ミサイル・地対空ミサイル部隊なども配備される可能性がある。後述する、米政府のシンクタンク・戦略予算評価センター（ＣＳＢＡ）の「海洋プレッシャー戦略」（ＭＰＳ）の南西諸島への配置図には、与那国島の地対艦ミサイル部隊が描かれている。

２０２０年本格着工が始まった石垣島ミサイル基地

自衛隊の南西シフト態勢下の配備計画では、与那国島の東隣、石垣島には、陸自の対艦・対空ミサイル部隊、警備部隊（普通科部隊）計約６００人が配備される予定だ。

石垣島では、宮古島・奄美大島よりも遥かに遅れて、２０１９年３月に基地造成工事が始まり（「幸福の科学」関連の土地ジュマール・ゴルフ場の買収）、２０２０年３月からは、基地予定地の大多数を占める市有地の買収も終わり、今年度から本格的なミサイル基地建設工事が始まっている。

しかし、石垣島では、ミサイル基地に反対する住民の激しい抵抗が起きている。反対運動は、基地建設の発表以来、基地予定地・平得大俣地区の農民らの大多数はもとより、石垣市民の中にも根強く広がっていった。この平得大俣地区は、石垣島への食糧を供給する豊かな農村地帯であり、戦後沖縄本島から移住してきた農民たちが、厳しい環境下で切り開いてきた開拓農地である。しかも、この地は、石垣島、いや沖縄においても最高峰の於茂登岳から湧き出してきた豊かな水源地帯でもある。緑豊かなこの地域は、国の特別天然記念物カンムリワシを始め、島の希少動物たちの生息地でもある。

この豊かな土地にミサイル基地を造るという防衛省・自衛隊の計画に、市内の住民・市民はもとより、島の青年たちが起ち上がった。とりわけ、平得大俣の農村青年たちを中心に、運動は基地建設の是非を問う、住民投票を求めるたたかいへと発展した。そして、住民投票署名は、わずか1ヵ月の期間に石垣市民の有権者の4割を超える1万4844筆へと結実した。

だが、石垣市議会保守派、石垣市長らは、この「市条例に基づく住民投票実施」を拒否するという横暴に出た。しかも、彼らは全国的な優れた石垣市の「自治基本条例」を廃止する行動に打って出たのだ。もちろん、この暴挙は、住民の激しい抗議にさらされ、当然にも頓挫したのである。そして、これらの動きに対し、なおも住民投票を求める青年たちは、その実施を求めて石垣市を訴え、那覇地裁に提訴した。この裁判は、ようやく2020年8月27日、判決が下された。

判決は、石垣市が住民投票を実施するかどうかは「行政処分に当たらない」とし、住民投票の実施義務の有無を問わず、訴えの内容が訴訟の対象ではないとする門前払いである。裁判所の存在意義が疑われるひどい判決だ。原告の青年らは、この反動判決にも関わらず控訴をしてたたかおうとしている。

ミサイル弾薬庫反対の住民運動が広がる宮古島

南西諸島のミサイル基地建設には、島々で激しい抵抗が続いている。石垣島とともに、今なおミサイル基地を阻む運動が続いているのが宮古島だ。

石垣島ミサイル基地建設工事（2020年4月）

工事が始まった保良ミサイル弾薬庫（2020年7月）

宮古駐屯地（2019年3月）

宮古島には、２０１９年中に約８００人の陸自の地対艦・地対空ミサイル部隊、警備部隊が配備される予定であった。そして、同年3月には配備予定部隊の中の警備部隊だけが、宮古空港の東の千代田地域に配備された。また、地対艦・地対空ミサイル部隊は、１年遅れの２０２０年３月に配備された。

この経過でも明らかだが、メディアはもとより、全国の人々が明確に認識すべきことは、宮古島のミサイル基地は、未だに完成していない、機能していないことである。

確かに、宮古島には対艦・対空ミサイル部隊が配備された。しかし、このミサイル部隊は、未だに「ミサイルなし」(弾なし) の部隊なのだ。現在、宮古駐屯地には、対艦・対空ミサイル部隊の車両多数が配備されているが、これらの「ミサイル搭載車両」は「弾なし」の、キャニスター (発射筒) だけを搭載したものである。

というのは、ミサイル部隊は配備されたが、この対艦・対空ミサイル弾体を保管する弾薬庫が未だに造られていないのだ。弾薬庫は、宮古島南西端の保良地区に置く予定だが、ここでは住民の激しい反対運動が始まっており、ようやく昨年１９年10月にミサイル弾薬庫の建設工事が始まったばかりである。

保良地区は、約３８０人の住民が暮らす農村だが (七又地区も隣接)、ミサイル弾薬庫は、なんと住民が居住する家々からわずか２００ｍの距離に造られる計画である (写真参照)。

ミサイル弾薬庫は、その破壊力からして危険極まりない。防衛省が経産省に申請した弾薬庫の申請書には、ここに造られる予定のミサイル弾薬庫――地上覆土式一級火薬庫の「爆破試験」文書が添付されている。これらはほとんどが「黒塗り文書」だが、文書で明らかになるのは、自衛隊が保良で造ろうとしている「地上覆土式」が、ミサイル弾薬庫としては初めてのケースであることだ。

本来、全国の陸自の地対艦ミサイル弾薬庫は、全てが「地中式弾薬庫」であり、住宅地から遠く離れた、山中をくり抜いた弾薬庫として造られてきた。だが、宮古島保良地区には、この危険極まりないミサイル弾薬庫を住宅地の近くに、しかも「地上覆土式」という形で造ろうとしているのだ。

開示文書には、この弾薬庫が「米軍基準」であることが、数箇所に明記されているが、有事に爆発力の凄まじいミサイル弾薬庫を「地上」に設置することは、軍事常識からしても愚かしいとしか言いようがない。レーダーサイトやミサイル弾薬庫などは、有事が始まった最初の数分間で真っ先に攻撃対象になることは、明々白々だ。つまり、保良住民には、敵のミサイルが降り注いでくるだけでなく、その攻撃において凄まじいミサイル弾薬庫の大爆発が起こるということである。

筆者が、情報公開請求で出させた陸自教範『火砲弾薬、ロケット弾及び誘導弾』（武器学校発行）には、地対艦ミサイルについて以下の記述がある。

「異常発生時、誘導弾が火災に遭遇した場合には、水をかけて冷却する。直接火災に包まれた場合には、1㎞以上の距離又は遮蔽物のかげ等に避難する（弾頭が火災に包まれてから、発火、爆発等の反応が起こるまでの時間（クックオフタイム）は約2分間）」

「クックオフタイム」とは、「昇温発火」と軍事用語ではいい、「弾薬が火災による温度上昇によって発火又は爆発する現象」（「防衛省規格改正票　弾薬用語」）である。保良・七又の住民に2分間で1キロ以上も逃げろ、というのか？　また、陸自の「火薬類の取扱いに関する達」には、消火要領等として「爆薬等が爆発している場合は600m以内には近づいてはならない」と明記する。

つまり、約700キロの地対艦ミサイル弾体、約570キロの地対空ミサイル弾体を多数保管するミサイル弾薬庫を、住民の居住地域近くに造るという防衛省の暴挙、住民無視の非道・非常識を認識すべきである。

地対艦ミサイルの問題は、さらに山ほどある。山口・秋田で急遽中止決定されたイージス・アショア。この中止の最大理由が、ミサイルのブースター落下問題だ。ところが、このブースターは、地対艦ミサイルにも装着されており、約100キロにもなるブースターが、地対艦ミサイル発射直後に住民の上に降り注ぐことになる。しかも、イージス・アショアの固定基地と異なり、地対艦ミサイルのブースターは、このミサイル部隊が「移動式・車載式」であることから、宮古島（石垣島等）の島中にそれが落下するという事態が引きおこされるのだ。

だが、山口・秋田と異なり、宮古島・石垣島・奄美大島では、ただの一度もブースター落下問題について住民説明はない。なお、ミサイル弾薬庫の危険性、ブースター落下の危険性については、石垣島でも同様で、同島でも住民への説明はまったくない。

（この校了後の8月28日、防衛省は、全国の1401箇所の弾薬庫を点検したところ41箇所に保安距離を満たさない弾薬庫があり、そのうちの19箇所が火薬取締法の法令違反であった、と発表した。今後これらの弾薬庫について是正措置を行うとしている。ここで明らかになったのは、筆者らがたびたび指摘してきたとおり、保良ミサイル弾薬庫をはじめ、自衛隊の弾薬庫管理がいかにいい加減かということだ。特に、自衛隊基地が造られて以後、全国の基地周辺には住宅地が開発されてきた。したがって、当然にも住宅地との「保安距離」は定期的に厳格に測定されるべきであったが、住民の安全について自衛隊はまったく考慮してこなかったのである。）

基地面積を住民に隠蔽した奄美大島の巨大ミサイル基地建設

２０１９年３月、宮古島と同時に開設されたのが、奄美大島のミサイル基地だ。ここでも警備部隊と地対艦・地対空ミサイル部隊が、奄美大島の３ヵ所、計５５０人規模で配備された。また、奄美には、今後、空自の移動警戒隊（奄美駐屯地内）と空自通信基地（湯湾岳）が造られる予定だ。

奄美には、同市大熊地区・瀬戸内町節子地区などへミサイル基地などが造られたが、驚くべきはこれらの基地の規模である。奄美駐屯地（大熊地区）の敷地面積は、約51ha、奄美・瀬戸内分屯地（瀬戸内町）は、約48ha（全体では石垣島基地の約2倍・宮古島基地の約２・５倍）で、瀬戸内分屯地には巨大弾薬庫（約31ha）が建設中だ。山中にトンネル５本を掘ったこのミサイル弾薬庫は、それぞれが約２５０ｍの長さの巨大な地中式弾薬庫である（図参照）。この弾薬庫は、現在１本目が完成しているが、情報公開文書によると全ての完成は２０２４年と明記されている。

奄美駐屯地（大熊地区）

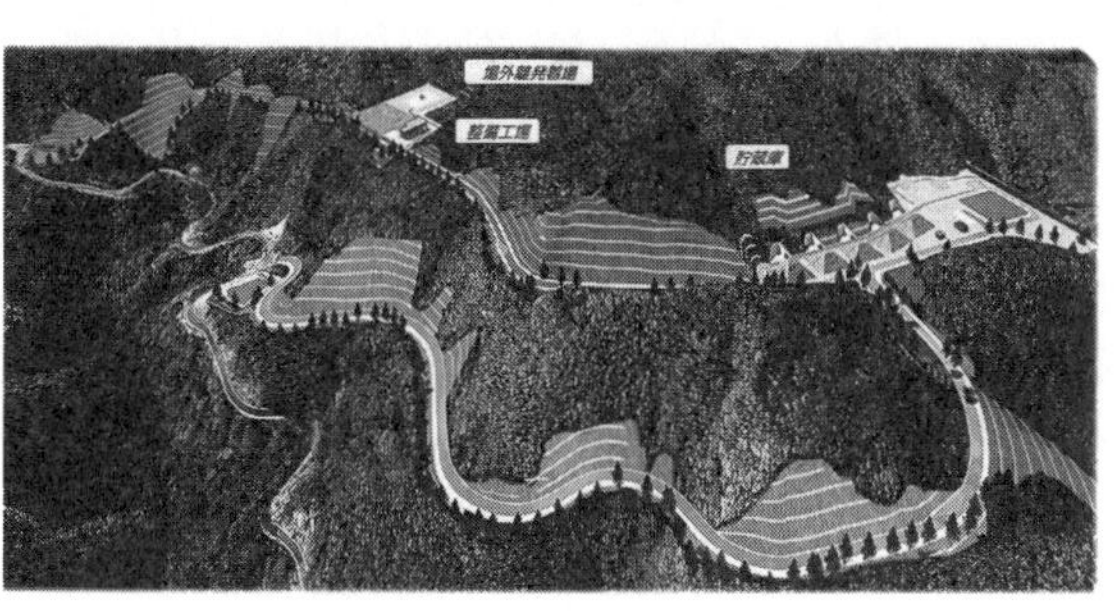

瀬戸内分屯地（貯蔵庫地区）鳥瞰図

宮古島保良ミサイル弾薬庫のところで見たように、本来、この瀬戸内町節子地区の「地中式弾薬庫」が、地対艦・地対空ミサイルの弾薬庫の一般的造りであるが、奄美大島のミサイル弾薬庫には、別の作戦運用上の意味もある。

この問題は、次項の馬毛島のところで詳述するが、奄美―馬毛島（種子島）の島々――薩南諸島は、南西シフト態勢下の、沖縄本島―先島諸島の有事への、一大兵站拠点・機動展開拠点・訓練演習拠点として位置付けられたということだ。

つまり、これらの奄美・瀬戸内弾薬庫は、南西諸島の有事への、ミサイル弾薬の補給・兵站拠点として配置されたのである。

見ての通り、奄美大島には南北の二つの巨大基地が建設されたが、この基地以外にも、空自の2箇所が予定されており、文字通り、この島は一大要塞島に変貌しようとしていることだ。

そして問題は、これら奄美大島の基地建設について、本土のメディアがまったくといっていいほど報道しないことである。この理由は明らかではないが、たぶんに防衛省・自衛隊への「忖度」といっていいかもしれない。

後述する2012年「日米の『動的防衛協力』について」（統合幕僚監部）は、自衛隊の南西シフト態勢を策定した初めての文書だが、この文書においては、与那国島・石垣島・宮古島への自衛隊配備（警備隊のみ）は明記されているが、奄美大島については、一言も触れていない。つまり、当初の自衛隊の南西シフトの策定では、奄美大島配備は「想定外」であったということである。この無計画な防衛政策を押し隠すために、メディアが報道を控えたと言っても不思議ではない。

同じことが、石垣島・宮古島へのミサイル部隊の配備についても言える。この統幕の「動的防衛協力」の策定文書では、石垣島・宮古島への配備は、「初動対処の普通科部隊」とされている。つまり、南西シフトの当初の策定では、ミサイル部隊配備が全く予定されておらず、普通科部隊だけが配備されるということだったのだ。つまり、こんないい加減な自衛隊の運用＝防衛政策を糊塗するために、南西シフトに関するメディアへの報道統制を行ってきた、と言っても過言ではない。

二、薩南諸島・沖縄本島の増強態勢

南西シフトの機動展開・兵站・訓練拠点の馬毛島―種子島

後述するが、種子島沖12キロにある馬毛島の軍事化が、自衛隊の南西シフト態勢の一環であることは、防衛省サイトでも公開され（「御説明資料」２０１１年７月防衛省、防衛省サイトとほぼ同文）、地元の西之表市サイト（「国を守る」）でも告知されている。

例えば、ここには「他の地域から南西地域への展開訓練施設、大規模災害・島嶼部攻撃等に際しては、人員・装備の集結・展開拠点として活用、島嶼部への上陸・対処訓練施設」などと明記されている。

ところが、防衛省においても、西之表市においても、これほど明確に公開され、告知されているにも関わらず、依然として、一貫して全てのメディアは（本土の平和運動でさえも！）、馬毛島の軍事化が「米軍のＦＣＬＰ（空母艦載機着陸訓練）基地」とだけ報道されている。まさに、ここにも、南西シフト態勢に関する、メディアの意図的な隠蔽が働いていると断言せざるを得ない。

メディア関係者は、日米安全保障協議委員会（２＋２）の決定文書を読んでいない、と言うのか？　例えば、２０１１年の２＋２には、以下のように記述されている。

「日本政府は、新たな自衛隊の施設のため、馬毛島が検討対象となる旨地元に説明することとしている。南西地域における防衛態勢の充実の観点から、同施設は、大規模災害を含む各種事態に対処する際の活動を支援するとともに、通常の訓練等のために使用され、併せて米軍の空母艦載機離発着訓練の恒久的な施設として使用されることになる」（２０１９年４月「２＋２」決定もほぼ同文）

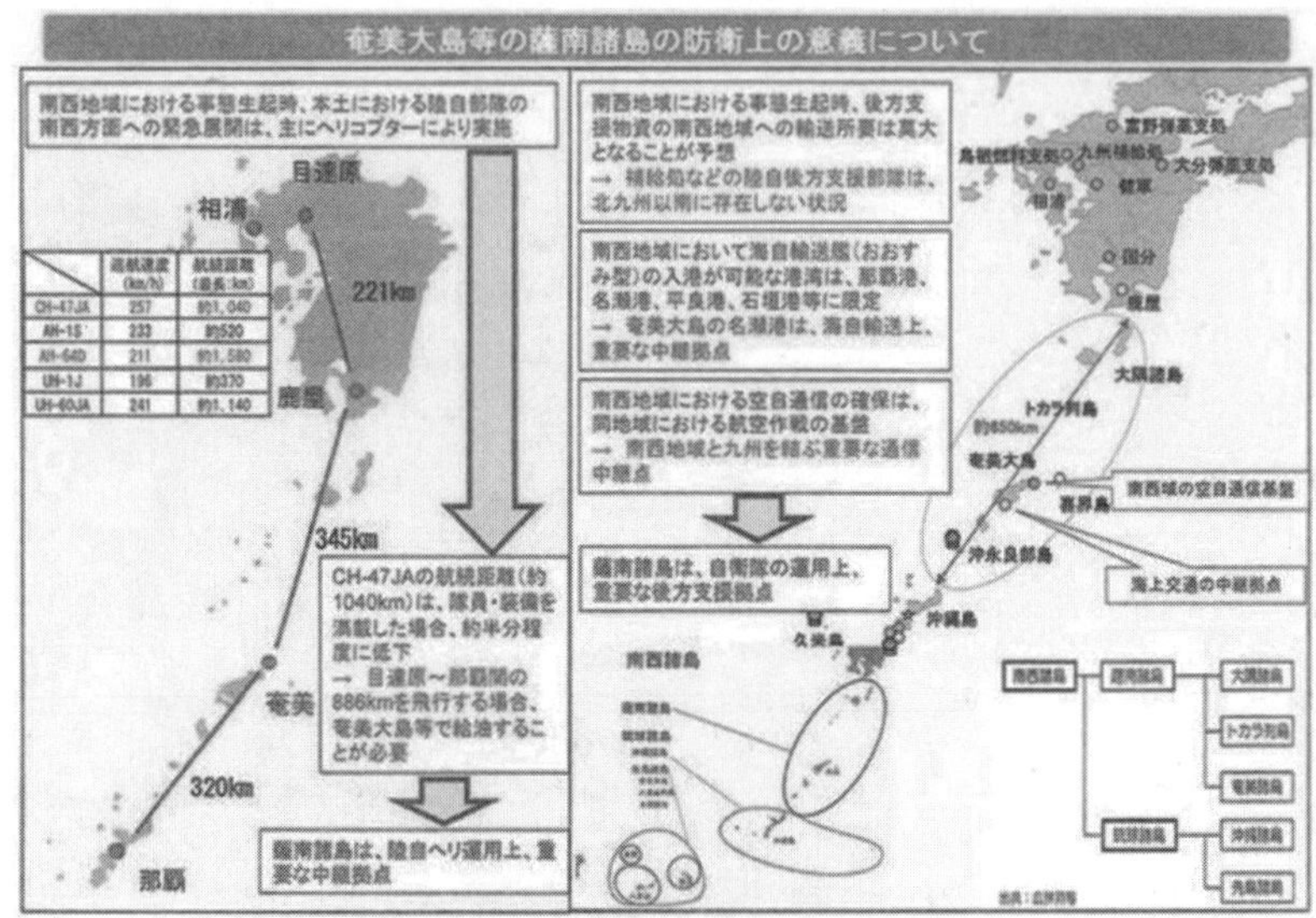

防衛省の情報公開文書（2012年）

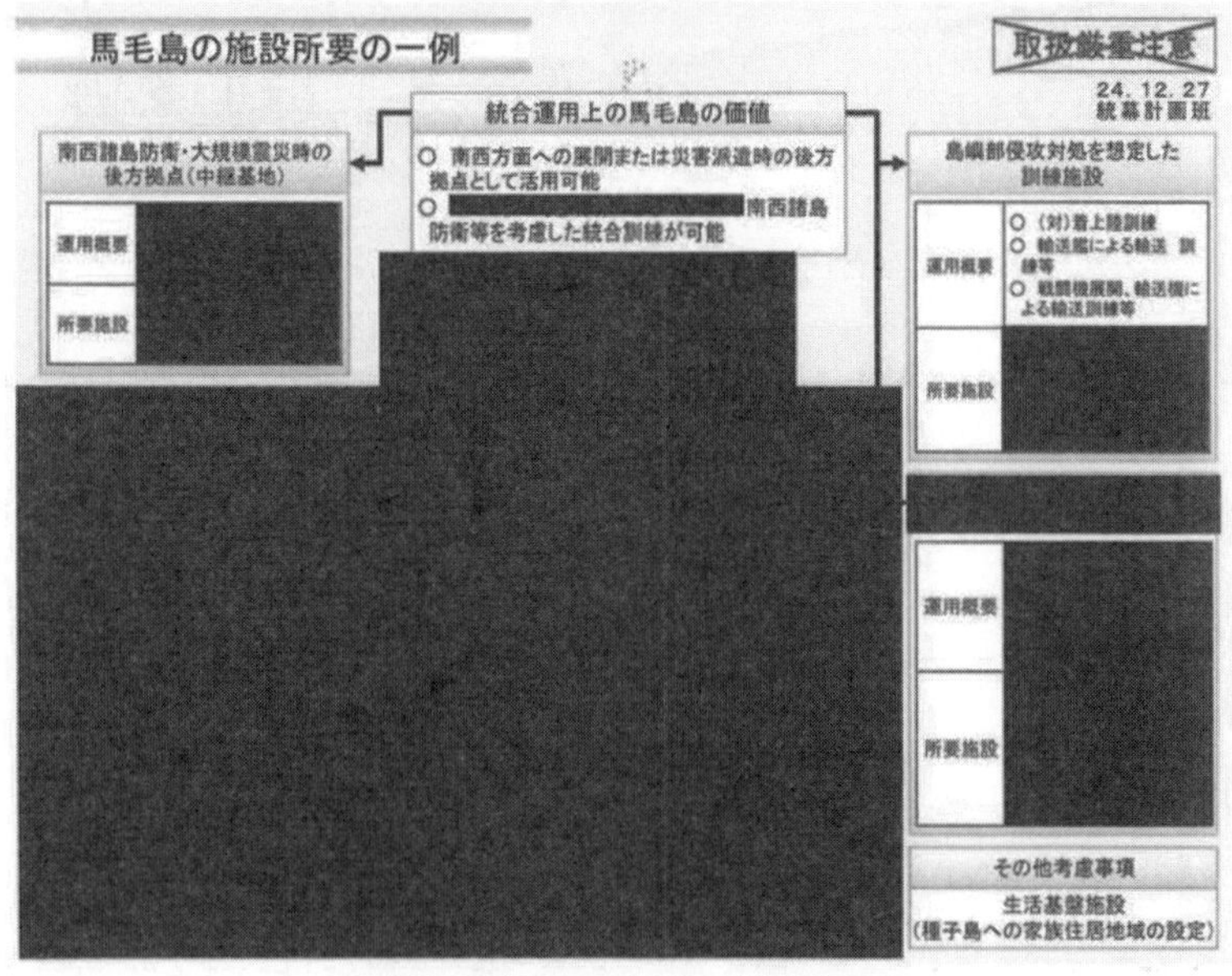

「自衛隊施設所要」2012年　統幕計画班

この２＋２の決定では、主として自衛隊基地の建設であり、併せて米軍使用ということがハッキリと明文化されている。ＦＣＬＰは、年間1ヵ月程度の使用だと言われている。

この文書に基づき、２０１９年12月、種子島を訪問した防衛副大臣は「自衛隊馬毛島基地」（陸海空の統合基地）を造ると地元に説明した（２０２０年8月、防衛副大臣の種子島訪問も同様の説明であり、基地の工期は4年と告知）。つまり、馬毛島は、自衛隊の南西シフト態勢下の兵站・機動展開・訓練拠点として位置付けられたということだ。

これについては、筆者請求の情報公開文書において、重要な内容が明記されている（前頁図参照）。

２０１２年、防衛省作成文書「奄美大島等の薩南諸島の防衛上の意義について」は、「南西地域における事態生起時、後方支援物資の南西地域への輸送所要は莫大になることが予想↓薩南諸島は自衛隊運用上の重大な後方支援拠点」、また「南西地域における事態生起時、本土における陸自部隊の緊急展開は主としてヘリで実施↓薩南諸島は、陸自ヘリ運用上、重要な中継拠点」と明記されている。

さらに、筆者請求の情報公開文書「自衛隊施設所要」（２０１２年統幕計画班）においては、「統合運用上の馬毛島の価値」として、「南西諸島防衛の後方拠点（中継基地）」であることが明記されている。

統合運用とは、陸海空三自衛隊の統合化された運用のことだ。この後方拠点の「運用概要」「所要施設」の実態は、黒塗りで隠されているが「南西シフト態勢下の「事前集積拠点」＝兵站拠点、および「機動展開拠点」（中継基地）であることは明らかだ。

また同時に、「統合運用上の馬毛島の価値」として「島嶼部侵攻対処を想定した訓練施設」であると明記される。この具体的な作戦運用概要は、「（対）着上陸訓練」「輸送艦による輸送、訓練等」「戦闘機展開、輸送機による輸送訓練等」と記載されている。「着上陸訓練」とは、水陸機動団を中心とする「島嶼奪回」などの敵地上陸訓練であり、輸送艦、輸送機によるその訓練拠点にもまた使用されるということだ。

また、わざわざ「戦闘機展開」と明記しているから、空自戦闘機Ｆ35などが訓練・演習を行うだけでなく、南西シフト態勢下の発進基地になるということである。

つまり、２つ以上の滑走路を建設予定の馬毛島は、「自衛隊史上最大の航空基地」として造られようとしており、文字通りの「要塞島」として位置付けられたということだ。

奄美大島・種子島―薩南諸島の演習場化

現在、奄美―種子島などの薩南諸島と言われる一帯の演習場化は、基地建設と併せて凄まじい形で進んでいる。５、６年前からは、陸自西部方面隊の「鎮西演習」を中心として陸海空の統合演習、日米共同演習などが、市街地において恒常的な演習として行われている。もちろん、強調するが奄美・種子島には、自衛隊の演習場も訓練場もない。その「鎮西演習」においては、種子島の海岸（南種子町の前之浜海浜公園）に対戦車壕を構築するなど、自衛隊は我が物顔に振る舞っている（写真）。

南種子町の前之浜に対戦車壕を構築（2019年10月）

「島嶼戦争」演習では、南西諸島での戦闘用に導入された装輪の機動戦闘車（１０５㎜砲搭載）や、新たに発足した水陸機動団の水陸両用車を使用した上陸演習、輸送艦「おおすみ」などから発進した上陸訓練などが頻繁に行われている。

本土では、自衛隊の演習・訓練は、もっぱら専用の演習場・訓練場で行われている。ところが、奄美大島―種子島（薩南諸島）では今や、みさかいなく市民が居住する市街地で、訓練・演習が始まっているのだ（自衛隊ではこれを生地（なまち）訓練と称する）。

第１図　SSMシステムの構成

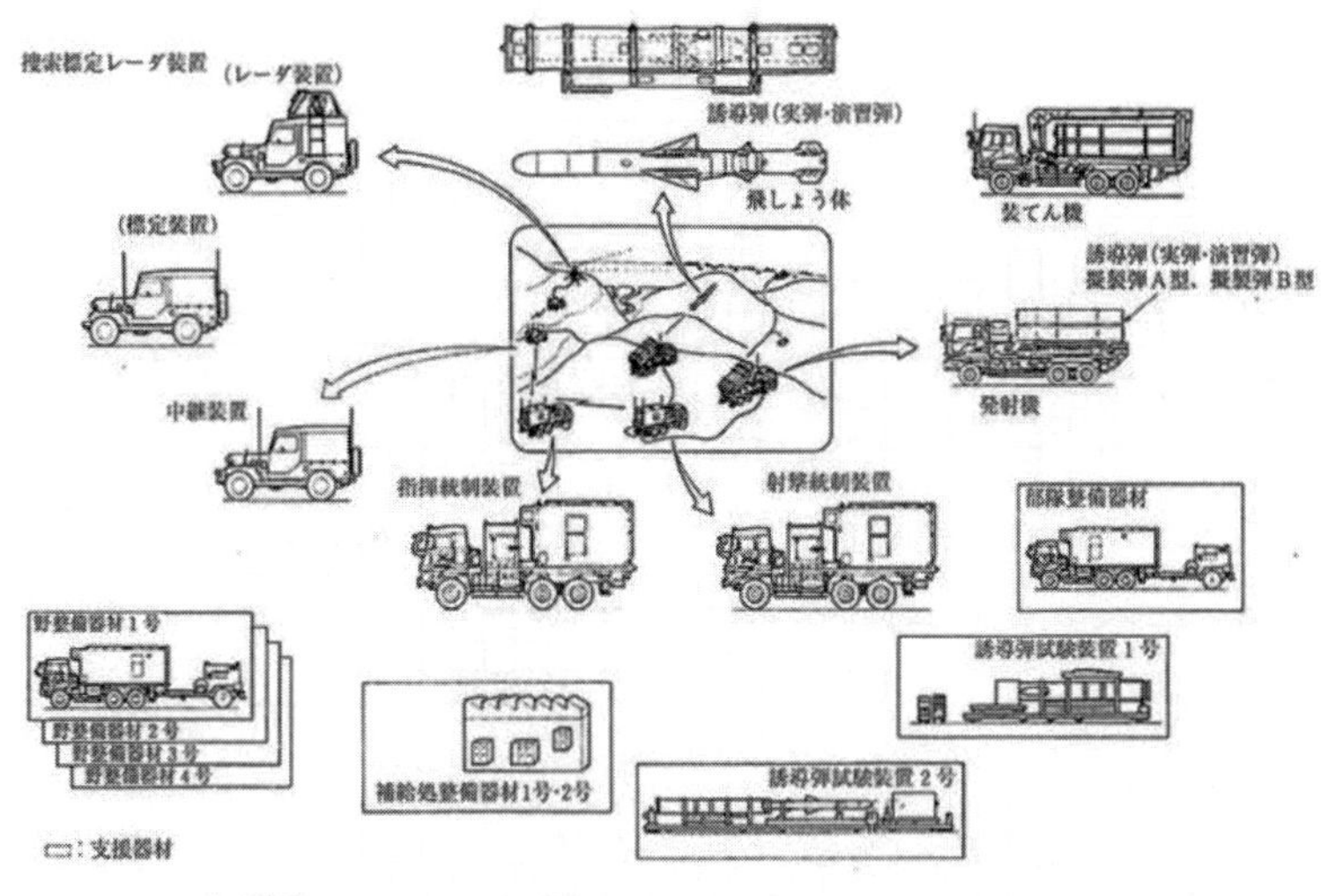

88式地対艦ミサイル・第１編

陸自教範「地対艦ミサイル連隊」

例えば、西部方面隊「鎮西28」演習（２０１６年）では、「島嶼侵攻対処」の最大の演習が、種子島―沖縄などの周辺海空域を含む全域で行われた。人員約１万８０００人、車両約４０００両、航空機約70機を配置した演習は、対着上陸戦闘、水陸両用戦闘などを軸に演練されたが、部隊は、西部方面隊を中心に北海道・本州からも動員され、連続して陸海空の統合演習へ、そして米軍との共同演習へと広がっていった。

また、「鎮西28」演習では、種子島において全国の地対艦ミサイル連隊（5個連隊）の集結が報じられている。ここには「最新の12式地対艦ミサイルを含む地対艦ミサイル連隊が集結し、参加部隊をシステムで連結させて訓練した」（西部方面隊機関紙「鎮西」）。これは、重要な記述だ。つまり、２０１６年段階での南西シフト態勢において、地対艦ミサイル部隊は、「有事の機動展開」による全国ミサイル部隊の南西動員態勢だったことだ。これが常時駐留―部隊配備に替わったということである。

そしてまた、現在、南西諸島に配備された、されようとしている宮古島などの地対艦ミサイル部隊は、各島々でそれぞれ1個中隊が配備され、4つの島を併せて1個連隊を構成することになっているが（地対艦ミサイルは連隊での運用が基本）、有事には南西諸島において、全国の地対艦ミサイル連隊が集結すること、各島々に、少なくとも1個連隊規模が配備されることが明らかだということだ。「弾無し」のミサイル基地・部隊など、何の意味もないからだ（地対艦ミサイル中隊のミサイル弾体は予備弾を含めて30発）。

沖縄本島部隊の増強

こうした先島―奄美・種子島への部隊配備と同時進行しているのが、沖縄島での自衛隊大増強だ。

早くも２０１０年、那覇の陸自第15混成団が旅団へ昇格し、空自部隊も２０１７年、南西航空方面隊（南西航空混成団から）に昇格（第9航空団を新たに編成）。那覇基地のＦ15戦闘機部隊は、２倍の40機態勢へ増強された。

こうして沖縄本島の自衛隊は、２０２０年には約９０００人に増大したが（２０１０年６３００人）、沖縄の陸自は、最大勢力の約５１００人に増強された。さらに、沖縄本島へは、地対艦ミサイル部隊の配備が計画されており、新中期防衛力整備計画（２０１８年）では、その1個中隊配備が決定している（この配備において南西諸島で地対艦ミサイル連隊が完結）。

海自は、南西シフト態勢下では、潜水艦部隊の増強（16隻→22隻態勢）、護衛艦47隻→54隻態勢・1個護衛隊の増強、イージス艦6隻→8隻態勢の増強とされているが、同時に沖縄本島には20機の対潜哨戒機（Ｐ３Ｃ）が配備される。さらに「島嶼戦争」用新型護衛艦（３９００屯級ＦＦＭ）が２０１８年度から4年間で8隻建造される。機雷戦能力を保有した千屯級新型哨戒艦もまた、「中期防」期間中に4隻、２０２７年度までに12隻導入される。

海上自衛隊、あるいは自衛隊全体と言うべきだが、南西シフト態勢下の新部隊編成としては、２０１８年新防衛大綱等で決定した「いずも」型護衛艦の空母への改修が決定的に重要だ。新中期防では、これに搭載するＦ35Ｂを20機、新防衛大綱で同42機の配備が予定されている。ついに、自衛隊が戦後初めて、２個空母部隊を編成することになったことだ。間違いなく、米空母機動部隊の編成からして将来は、３個空母機動部隊が編成されることになる（米空母機動部隊の編成では、１個部隊は常時修理・点検）。

このいずも型空母の新編成と並び重要なのが、与那国・石垣・宮古・南北大東島の民間飛行場の軍事基地化（Ｆ35Ｂ）だ。元西部方面隊総監の用田和仁は、「南西諸島の約20個の民間空港の基地化」を主張しているが、南西諸島の島々の「不沈空母化」＝軍事化も目論まれている。その焦点は、最近もまた自民党が提案し、宮古島の保守勢力からも主張されている下地島空港の軍事化だろう（滑走路３０００ｍ）。

日本型海兵隊、水陸機動団の新編成

南西シフト態勢下の「島嶼奪回」部隊として、華々しく喧伝されているのが、長崎県佐世保市で編成された水陸機動団だ。

この部隊は、早くも２００２年、西部方面隊直轄の正式名称「西部方面普通科連隊」―島嶼防衛部隊として発足しており、２００６年からは、米海兵隊との訓練・演習をアメリカ本土で繰り返し行ってきた（水陸両用作戦などの強襲上陸訓練の習熟）。

こうして、２０１８年３月、この長崎県相浦駐屯地の同部隊は、水陸機動団として再編成された（２個連隊）。水陸機動団には、今後さらに１個連隊が追加、増強されるが、その配備先が沖縄のキャンプ・ハンセンと言わ

下地島空港

れている。この部隊にオスプレイ17機、水陸両用車52両が配備される予定だが、オスプレイは、佐賀県の漁業組合の反対で佐賀空港配備の見通しがたっておらず、千葉県木更津市への5年間の暫定配備が決定され、2020年7月からこの配備が開始された。

この他、南西シフト態勢下では、南九州の空自増強と日米共同基地化が進んでおり、築城基地（福岡県）の増強とともに、新田原基地（宮崎県）の増強が同時進行している。両基地では、米軍との共同使用のために航空基地への米軍の武器・弾薬庫、駐機場の工事が始まっている。もちろん、地元では住民の反対が広がり、米軍との共同使用、日米共同基地化に抗議している。後述するが、沖縄本島の全ての米軍基地、自衛隊基地の共同使用も決定されている。

整理すれば、南西シフトに基づく新兵力配置は、先島—奄美の事前配備約2200人、沖縄本島増強約2000人、水陸機動団約4000人で、総計約8200人。これに沖縄島の既配備部隊（2016年まで）約7000人が加わり、合計約1万5000人が事前配置に就くとされている。

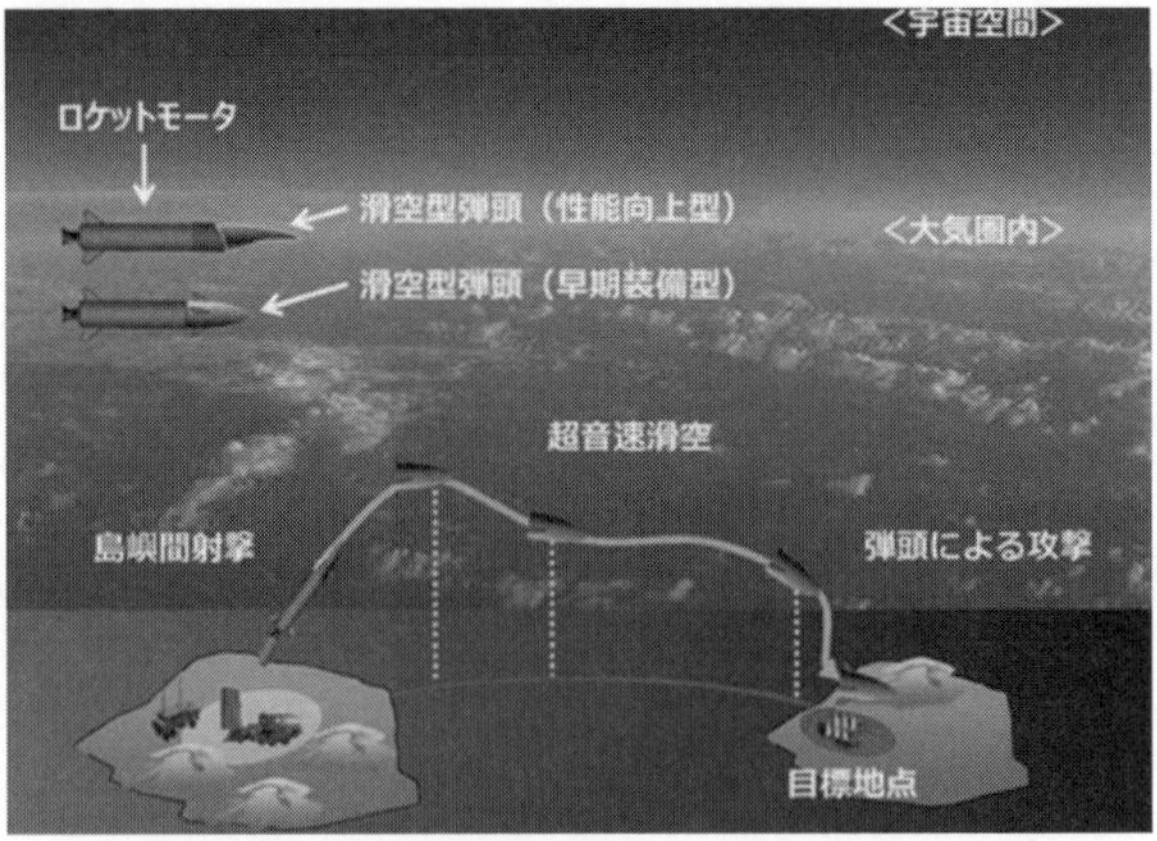

防衛省「極高速滑空弾事業」2018　年度政策評価書

ミサイル戦場と化す南西諸島

既述の2018年新防衛大綱・新中期防では、「島嶼防衛用高速滑空弾部隊・2個高速滑空弾大隊」の新設を明記する。高速滑空弾（ミサイル）とは、現在、日米中露が激しい開発競争をしている新型のミサイルであり、迎撃不可能であるとされる。これに加え、防衛省・自衛隊は、超高速滑空弾の開発を決定し、いずれも宮古島などの南西諸島へ配備される予定だ。

南西シフト態勢下では、このほか、巡航ミサイルの開発配備、スタンドオフ・ミサイルの配備決定（2017年）など、恐るべきミサイル戦争態勢づくりが進行している。

そして重大なのは、トランプ政権において中距離核戦力（INF）全廃条約の廃棄が決定されたが、これと同時に日米中露のミサイル軍拡競争が直ちに始まったということだ。数年後には、在日米軍による沖縄等への中距離弾道ミサイル配備（非核戦力）も発表されている。さらに後述する、米海兵隊、米陸軍の南西シフト態勢下の「島嶼戦争」において、地対艦ミサイル、地対空ミサイル部隊の配備計画である。つまり、南西諸島・琉球弧への日米の凄まじいミサイル配備計画が進行しており、このミサイル配備計画が、中国、米国を含むミサイル軍拡競争へと発展しつつあるということだ。

三、始まった日米共同の南西シフト

対中国の日米共同作戦の策定

自衛隊における南西シフトの策定は、早くも2000年代初頭には行われている。この2000年、陸自の最高教範の新『野外令』では「離島の防衛」「上陸作戦」という作戦運用が初めて明記された。その背景にあるのが、東西冷戦後1997年策定の新「日米ガイドライン」である。この新「日米ガイドライン」策定を経て、2010年アメリカでは、イラク戦争後の新しい戦略として「エア・シー・バトル」が打ち出され、この米軍戦略の提唱に基づき、自衛隊では、2010年新防衛大綱において初めて「島嶼防衛」が記述された（「エア・シー・バトル」とは、米軍の海空戦力を中心とし、空・海・宇宙・サイバースペースなど全ての作戦領域を通した統合戦力によって中国本土攻撃を行うという、中国封じ込め政策であり、新しい対中軍事戦略の構想)。

こうした経過を経て、「島嶼防衛」＝南西シフト態勢についての策定が初めて明記されたのが「沖縄本島における恒常的な共同使用に係わる新たな陸上部隊の配置」(2012年統合幕僚監部・防衛計画部)である。これは2015年、2017年には、琉球新報、朝日新聞で一部報道されている(右の全文書名は、2012年統幕計画班作成「日米の『動的防衛協力』について」全文19頁。筆者の情報公開請求にほとんど黒塗りで提出、国会で野党議員が全文暴露)。

ところで、2012年に統合幕僚監部で策定されたのは、すでに述べてきた南西諸島への自衛隊の新配備とともに、在沖米軍基地─嘉手納・伊江島航空基地、演習場(中部・北部訓練場他)・射爆場等を含む在沖米軍基地の、全ての自衛隊による使用(共同使用)である。同文書には、「中国へのプレゼンスを示すために在沖米軍基地の共同使用」と明記されている。

また、編成予定の水陸機動団の1個連隊のキャンプ・ハンセンへの配備も明記されており、辺野古新基地はキャンプ・ハンセン配備の水陸機動団との共同運用が予定されていることが分かる。つまり、辺野古新基地は、日米共同基地となる、ということだ。

さて、「日米の『動的防衛協力』について」という統幕計画班の文書では、自衛隊の南西シフトの策定、在沖全米軍基地の自衛隊との全面的共同使用とともに、エア・シー・バトル下の日米共同作戦の基本が図示化されている。つまり、自衛隊の南西シフト態勢が、初めから日米共同作戦態勢として決定されたということである(次頁図参照)。

この作戦で特徴的なのは、エア・シー・バトルにおける米軍戦略では、中国軍のミサイルの飽和攻撃(防御処理能力を超える大量の一斉攻撃)を逃れて、あらかじめ空母機動部隊のグアム以遠への一時的撤退

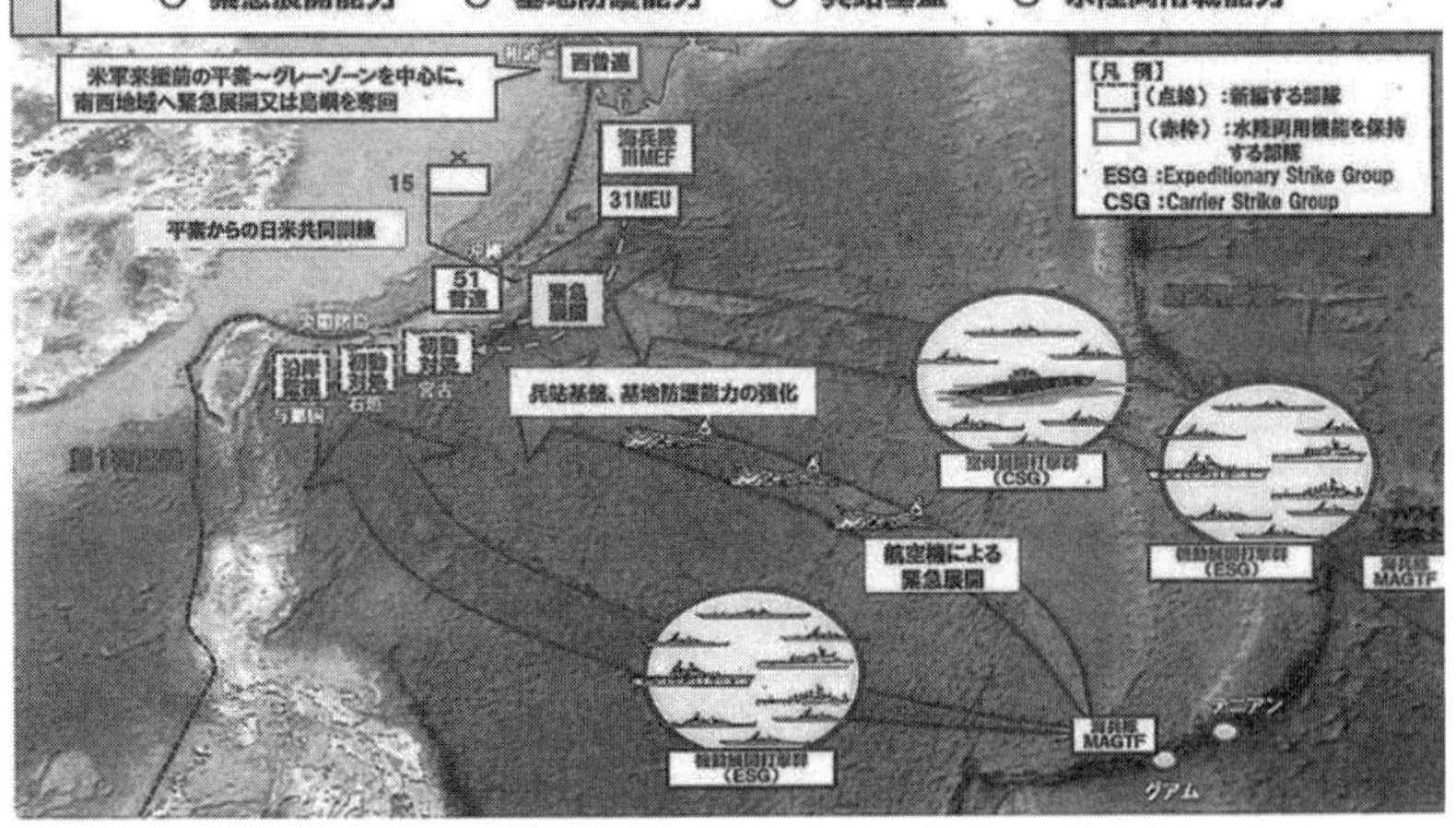

「日米の『動的防衛協力』について」2012年　統合幕僚監部

が予定されていることだ。そして、中国軍のミサイル飽和攻撃が終了した後、その空母機動部隊が、琉球弧―第１列島線に参上し参戦するとしている。

見ての通り、エア・シー・バトルにおける米軍の戦略は、対中戦略では、自衛隊の南西シフト態勢に依拠する。つまり、対中国へのＡ２／ＡＤ（接近阻止・エリア拒否）戦略においては、琉球弧―第１列島線沿いに配備された、特に自衛隊の対艦・対空ミサイル部隊が、初期の対中戦闘の主力となるということだ。もちろん、この作戦においては、東シナ海での陸海空自衛隊の、潜水艦戦・魚雷戦・海上―航空戦闘が最後の雌雄を決する。だが、この「島嶼戦争」の特徴は、南西諸島―琉球弧に配備された対艦・対空ミサイル、特に地対艦ミサイル部隊が「地域的制海権」を確保するということが決定的とされている。

米軍の初期構想では、これら琉球弧に配置されたミサイル部隊の任務について、中国軍を東シナ海に封じ込め、「琉球弧を万里の長城」「天然の要塞」にするとしている。これは、九州から琉球弧―フィリピンと繋がる第1列島線内（東シナ海）に中国の軍民艦船を閉じ込め、東シナ海封鎖態勢をつくるとともに、中国の海外貿易、石油資源ルートなど経済体制を遮断する態勢づくりとなっているのである。

「海洋プレッシャー戦略」（MPS）への転換

米軍のエア・シー・バトル下の西太平洋戦略であるA2／AD戦略は、見ての通り、一時的であれ西太平洋の制海権（シー・コントロール）を放棄するという作戦・戦略である。エア・シー・バトルでは、特に米海軍の「あらかじめの敗北」が作戦化されるという、つまり、米海軍が西太平洋の制海権を一時的に放棄するという初めての歴史的事態が生じるということだ。

この事態を全面的に修正する戦略が、最近打ち出された「海洋プレッシャー戦略」（MPS）であり、それに基づく「インサイド・アウトサイド戦略」である。

「海洋プレッシャー戦略」とは、米政府のシンクタンク・戦略予算評価センター（CSBA）が2019年5月に発表した構想である。この「海洋プレッシャー戦略」とは、端的に言うと、中国の初期ミサイル飽和攻撃に対処する「撤退戦略」を修正し、第1列島線沿いに「インサイド部隊」が確立した防衛バリアと、それをバックアップするため、第2列島線に「縦深防衛ライン」を提供するというものだ。基本戦略の核心は、従来のグアム以東への撤退戦略を修正した「対中・前方縦深防衛ライン」の構築であり、当初からの西太平洋の制海権（シー・コントロール）の確保である。

作戦の要点は、海上拒否作戦・航空拒否作戦等を主に行うが、第1列島線とその付近で中国の海上部隊を撃破し、海上封鎖することが作戦上重要とされる。とりわけ第1列島線沿いに分散配置された対艦巡航ミサイル、対艦弾道ミサイルを装備した地上部隊は、中国の水上艦艇を戦闘初期に無力化するとしている。

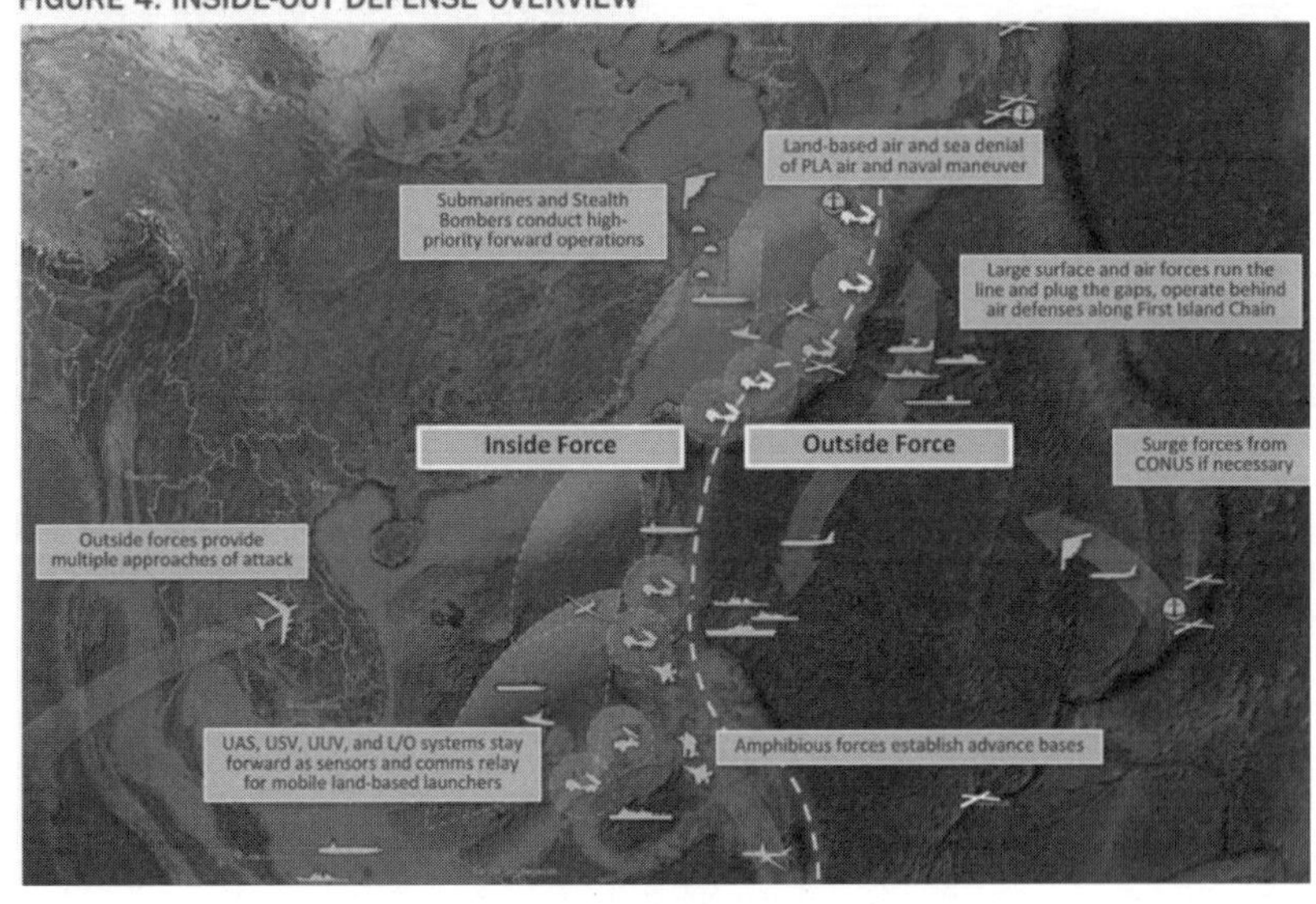

「海洋プレッシャー戦略」CSBA　2019年

つまり、自衛隊の南西シフト態勢下のＡ２／ＡＤ戦略である、琉球弧に配備された対艦・対空ミサイルと、米軍の対艦・対空ミサイル部隊との共同作戦が計画されつつあるということだ（日米のＡ２／ＡＤ戦略とは、接近阻止・領域拒否という意味で、第１列島線（琉球弧などで囲まれた東シナ海）への接近、第２列島線（日本列島ーグアムーパプアニューギニアに至る線）への領域を拒否する戦略）。

このようなＣＳＢＡの「海洋プレッシャー戦略」は、２０１６年ＣＳＢＡの「海兵隊作戦コンセプト（Marine Corps Operating Concept:MOC））」の発表後、海兵隊においても具体的な構想として策定されつつある。

この構想が「米海兵隊戦力デザイン２０３０」（Force Design 2030）である。これは具体的には、「紛争環境における沿海域作戦」（Ｌｏｃｅ）、「遠征前方基地作戦」（ＥＡＢＯ）としてすでに戦略化されている。「紛争環境における沿海域作戦」とは、南シナ海と南西諸島海域において、米海軍と米海兵隊は米陸軍の長射程の火力支援を得て、これらの沿岸作戦のコンセプト——沿岸を占拠し、制海権を確保するというものである。

具体的な作戦運用は、海兵隊は、50～100人規模の部隊で南シナ海または東シナ海の島を占領する戦術を開発し（「海兵隊作戦コンセプト」）、海兵隊は、無人機・無人艦艇と地対艦ミサイルで武装するというものだ。海兵隊に地対艦ミサイルを導入し配備する、というのが最大のポイントである。

「米海兵隊戦力デザイン2030」では、最近、米海兵隊司令官によって、2027年までに、その「島嶼戦争」を担う沿岸連隊を沖縄に配備するという方針が打ち出されている。

これら米海兵隊に先行して、第1列島線に地対艦ミサイル部隊の配備計画を打ち出しているのが米陸軍だ。米陸軍は、2017年にマルチ・ドメイン・バトル（MDB）を策定したが、それを改定したマルチ・ドメイン・オペレーション（MDO）を2018年に発表、2019年には正式に採用された。

これらの作戦構想は、2015年、CSBA所長クレピネビッチの「島嶼戦争」論—米陸軍は第1列島線防衛に貢献すべきであり、陸軍が列島線上に地対艦ミサイルを配備、魚雷戦・機雷戦に貢献すべし—というものだ。

こうして、米陸軍は、初めて「島嶼戦争」へ投入されることになり、マルチ・ドメイン・オペレーション、つまり、陸上から海洋、航空、宇宙、サイバードメインに対して戦力投射する、陸軍は沿岸防衛に復帰するとしている。この構想の下、米陸軍は「多領域任務部隊」(MDTF:Multi-Domain Task Force) を2022年までに編成するという。

ところで、記述してきたように米陸軍の「島嶼戦争」態勢は、米海兵隊よりもはるかに先行していることが明らかだ。米陸軍の「島嶼戦争」の地対艦ミサイル部隊の演習は、すでに始まっているのだ。

2018年リムパック（環太平洋合同演習）では、日米陸軍の地対艦ミサイルの実射演習をハワイ沖で実施、翌年２０１９年「オリエント・シールド１９」（２０１９／９／19）では、日米陸軍の対艦ミサイル演習が行われた。

現在のところ米軍は、独自の地対艦ミサイルを保有していないが、今急速にその開発に取り組んでいる。２０１８年リムパックでは、長距離対艦巡航ミサイル「ナーバル・ストライク・ミサイル（ＮＳＭ）」（ノルウェー製）が使用され、オリエント演習では、高機動ロケット砲システム「ハイマース」（ＨＩＭＡＲＳ）が使用された（２０１６年からキャンプ・ハンセンの第12海兵連隊に配備）。米海兵隊と陸軍の新地対艦ミサイル開発は、時間の問題だろう。

こうして、２０２０年中には、米軍の機動展開演習「太平洋の守護者」（Defender Pacific）において、第１列島線での地対艦ミサイル演習が大々的に行われるといわれる。

四、島嶼戦争の危機と西太平洋の軍縮へ

「島嶼戦争」＝海洋限定戦争論

このような、日米のＡ２／ＡＤ戦略に基づく、南西シフト態勢、南西諸島への対艦・対空ミサイル部隊配備が急ピッチに進行する中、東シナ海・南シナ海とも、軍事衝突の緊張が高まっている。米中と違い、日中にはホットラインも確立していない。この軍事衝突、日米の南西シフト態勢に関する戦略について、米軍関係者は以下のような戦略を描いている（米国防大学の研究所ハメス元海兵隊大佐、トシ・ヨシハラ元米国海軍大学教授ら）。

①第１列島線内でこの作戦の大半は、限定的航空戦・ミサイル戦・潜水艦・機雷・水中無人艇で行われる。

②この戦略は、米国は「展開兵力の種別・量を核の閾値以下に留めることが肝要」（核兵器・核戦争に至

らない兵力）。

③「戦闘行為の範囲と持続時間を充分に低くすること」。

④「中国軍に多大な出血を強要しない、海軍力により孤立化させる限定作戦」。

⑤「作戦目標は、第1列島線内に無人地帯を作り出すこと」。

つまり、この戦略目標は、中国のロシアからを含むエネルギーを遮断し、海上交通・海上貿易を遮断（中国は国内総生産の50％を輸出入に依存し、海外貿易の85％は海上経由）すること、中国軍を第1列島線・琉球列島弧—東シナ海に封じ込める、海峡封鎖作戦（通峡阻止作戦）を行うというところにある。

結論すると、以上の日米の南西シフト態勢、南西諸島への対艦・対空ミサイル部隊を中心とした配備＝「島嶼戦争」は、中国への対抗的抑止政策であり、軍事外交政策であるということだ。古い言葉で言えば、「砲艦外交」であり、軍事力をもとにして覇権を確保するということである。安倍政権の下で提唱された「インド太平洋戦略」は、まさしくアメリカの軍事外交（新冷戦）とタイアップしたものだ。

アジア太平洋の軍縮へ

現在、これら日米中のミサイル戦争—ミサイル開発・配備を軸にした軍拡競争は熾烈な段階に入りつつある。南西諸島への、日米による長射程の対艦・対空ミサイ

ル、巡航ミサイル（トマホーク）、高速滑空ミサイル、中距離弾道ミサイルの開発・配備までが進行しつつある。

この事態を放置し許容したとすれば、アジア太平洋は「キューバ危機」以上の危機に突入する。高速滑空ミサイル、中距離弾道ミサイルは、中国に10分前後で届くミサイルを突きつけるのである。そして、「航行の自由作戦」への自衛隊の参入（２０２０／7、日米豪海軍の南シナ海共同演習が行われ、8月中国はこれに対抗し、南シナ海に中距離弾道ミサイルを撃ち込む）という事態に至っている。

迫りつつあるこの危機を、逆にアジア太平洋の軍縮に転化すること、日米の南西シフト態勢を中止に追い込むこと、そして、南西諸島へのミサイル基地建設を凍結し、基地の廃止に追い込むこと――これらが今緊急に必要である。

この南西諸島へのミサイル基地建設―戦争態勢づくりの中で、南西諸島の住民らは本土から孤立しながら、基地建設に抗し、必死の激しい抵抗を繰り広げている。私たち本土民衆は、再び沖縄を最前線とするこの戦争態勢づくりに黙するのか？　今これが厳しく問われているのではないか。

沖縄周辺での日米軍事一体化について
——米軍に吸収される目下の同盟軍——

沖縄県平和委員会事務局長　大久保康裕

米軍と自衛隊は軍種を超え、宇宙・サイバー・電磁波の新領域にまで一体化を強めながら、九州、沖縄、台湾、フィリピン、ボルネオにいたる第1列島線を対中戦略の最前線として、前のめりの戦力投射を強めている。

経済成長を背景として軍事力を拡張する中国に対して接近阻止／領域拒否（Anti Access／Area Denial以下「A2／AD」）への対応を迫られていた米国は「エアシー・バトル」を原型とするJAM（ジャム）-GC（ジーシー）、オフショア・コントロール、拒否的抑止などの作戦概念を具体化し、日本もその駒となることを買って出ている。

一、海兵隊を模範とする陸自水陸両用作戦部隊

スキルの先取り

２０２０年１月下旬から２月中旬にかけて沖縄本島および周辺海域で日米合同訓練がおこなわれた。陸自水陸機動団（以下「水機団」）と第31海兵遠征部隊（以下「31MEU（ミュー）」）からなる混成部隊が特殊作戦用ゴムボートに分乗、上陸し、長距離射程の高機動ロケット砲システムHIMARS（ハイマース）をエアクッション型揚陸

艇で陸揚げ、島々を前方基地化するシナリオだ。水機団は米軍の指揮下というよりも米軍と同化していた。この作戦の訓練は２０１９年６月に米豪実動訓練「タリスマン・セイバー19」で実施されていたが、ここに至るまでに防衛省・自衛隊は物的・人的・法的基盤づくりを公然・非公然で進めてきた。沖縄では１９９０年頃に海兵隊の上陸訓練に同行する陸自隊員の姿が確認されている。そして海兵隊との「交流」「研修」「研究」等を含む機会を意識的につくり、スキルを習得してきたのである。

以下は著者の監視行動（※）を含む経過だ。

＊２００２年３月27日　相浦駐屯地に西方総監直轄の西部方面普通科連隊が新編される。

＊２００５年１月　米本国西海岸で「アイアンフィスト」が開催され、以降毎年実施されるようになる。この頃から陸自西方隊がキャンプ・シュワブの戦闘強襲大隊が運用する水陸両用強襲車の視察などに訪れる。

＊同年12月７日（※）陸自西部方面総監部とみられる２人がブルービーチ訓練場で海兵隊による秘密上陸作戦の訓練を視察する。

＊２００６年12月６日（※）陸自西方隊の実動部隊とみられる約20人が海兵隊の秘密上陸作戦の訓練を見学し、熱心にカメラを向ける。

＊２０１２年９月22日　沖縄の陸自第15旅団がグアムで海兵隊の指揮下に入り上陸訓練をおこなう。

＊２０１３年６月　米軍単独であった統合訓練「ドーンブリッツ13」に初めて陸海空自が参加、本格的な島嶼上陸作戦の訓練となる。

＊２０１４年４月28日（「屈辱の日」※）31ＭＥＵと陸自西方隊が沖

2020年1月に沖縄でおこなわれたEABOを想定した日米共同訓練（2020年2月9日／米軍ホームページより）

縄で上陸訓練をおこなう。

＊２０１５年５月22日　陸海空３自衛隊が奄美江仁屋離島で「国内初の離島奪還訓練」をおこなう

＊同年４月22日（※）31ＭＥＵの大隊上陸チームと陸自西方隊（別府・小倉・大村各駐屯地の隊員）によるブルービーチ訓練場での合同上陸訓練では陸自が先鋒からしんがりまでつとめる。敵の矢面にたつ最も危険な役どころだ。

＊同年９月17日　安倍自公政権が安保法制を成立させる。

＊２０１６年３月　玖珠駐屯地の陸自第３戦車大隊に水陸両用強襲車ＡＡＶ７が試験配備される。以後、順次配備される。

＊同年11月30日　日米共同方面隊指揮所演習「ヤマサクラ」の戦闘予行の図上演習がキャンプ・コートニーでおこなわれる。宮古島・石垣島・西表島が戦域とされる。

＊２０１８年３月27日　米海兵遠征部隊の大隊上陸チームのような戦力となる水陸機動団が発足する。

＊同年10月　米比共同訓練「カマンダグ」で水機団の水陸両用強襲車は米ドック型揚陸艦から出撃する。

前置きが長くなったが、このような積み重ねを経て、前述２０２０年１月の日米共同訓練に至ったのである。自衛隊は徐々に部隊・装備・技能を充実させ、一方米軍は自衛隊に対して共同作戦における役割を自覚させ、自らの戦力として育て上げていったのである。

宮古島・石垣島・西表島を戦域とした図上演習（2016年11月30日／米軍ホームページより）

新たな対抗策のなかの自衛隊

米国主導の国際秩序は中国やロシアの台頭により「戦略的競争」を迎えた。海兵隊はこの状況を歴史的な大転換点だとして、「対立的な環境における沿岸作戦」（Littoral Operations in Contested Environment 以下「ＬＯＣＥ」）と「遠征前方基地作戦」（Expeditionary Advanced Base Operations 以下「ＥＡＢＯ」）を中国軍のＡ２／ＡＤ能力への対抗策としている。

水陸両用作戦であるＥＡＢＯは兵員や各種装備を、空からはＭＶ-22オスプレイ、固定翼輸送機、各種ヘリ、Ｆ-35Ｂ戦闘機またはパラシュートで、海からは特殊作戦用ゴムボート、エアクッション型揚陸艇、汎用揚陸艦、水陸両用強襲車などで島嶼部へ送り込み、一時的に占拠してミサイル攻撃、航空機のプラットホーム、燃料や弾薬を再補給するための拠点等をつくりながら飛び石のように移動して敵を封じ込めていく作戦だ。沿海域作戦における迅速な機動展開を日米双方が追求している。

バーガー総司令官は7月23日、中国を念頭に沿岸や離島での戦闘能力を強化した「海兵沿岸連隊」を２０２７年までに沖縄に新設する意向を表明したが、すでに先取りが進められている。自衛隊には海兵隊と同水準の戦力となることを期待しているようだ。

２０２０年6月、陸自対馬警備隊をはじめとする「対馬戦闘団」を初編成した訓練が九州南部でおこなわれた。沖縄の宮古島警備隊も合流した。自衛隊版ＬＯＣＥ、ＥＡＢＯの態勢づくりとみられ、自衛隊も米軍の期待にこたえようとしているようだ。

今年、米海兵隊は創立２４５年を迎えた。陸自は創立66年（帝国陸軍と合わせると１４０年）だが、海兵隊がこれだけの歳月をかけて見につけた能力を、水陸両用作戦の経験の浅い自衛隊がそれより短期間で習得してしまったのは驚きだ。

県警や海上保安庁の動きも見逃せない。

県警は２００５年6月にテロ対策として警備部に特殊部隊ＳＡＴを設置し、２０２０年3月には警察庁付隊長以下約１５０人で構成する国境離島警備隊を創設した。

２０１６年に尖閣領海警備専従体制が整い、宮古島海上保安署は宮古島海上保安部に昇格。石垣を含めると巡視船艇は26隻を数える。海保、県警、自衛隊の三層構造で米国に代わり中国ににらみをきかせている。

環境整備

伊江島補助飛行場ではＭＶ-22オスプレイや各種ヘリ、Ｆ-35Ｂ戦闘機、普天間基地から岩国基地に移駐したＫＣ-１３５空中給油機などの離着陸訓練が昼夜を問わない。陸海空および海兵によるパラシュート降下訓練や地対空ミサイルの運用、航空機に必要な燃料や弾薬等を供給する一時的な補給地点づくり（前方武装給油所）、海水浄化、各種通信管制等もおこなわれている。ＭＶ-22オスプレイの着陸帯が増設され、「アメリカ」級強襲揚陸艦の甲板に見立てた着陸帯も改築された。２０２０年8月には滑走路の改修工事を終え、海兵隊は今後ＥＡＢＯの訓練をおこなっていくことを明らかにした。「最高の訓練場」だと自画自賛している。

第1列島線に沿って自衛隊が進めているのが地対空ミサイル部隊や地対艦ミサイル部隊の常駐、潜水艦・哨戒機・レーダー等による警戒監視、弾道ミサイル対処能力の確保等だ。

２０１６年3月26日の陸自与那国駐屯地に続き、２０１９年3月26日には陸自宮古島駐屯地と陸自奄美駐屯地および瀬戸内分屯が開所された。２０１９年には陸自石垣駐屯地も着工され、宮古・奄美に続き、石垣にも地対空ミサイル部隊・地対艦ミサイル部隊・警備隊が前方展開することになる。

沖縄本島には知念・勝連・白川・南与座に陸自地対空ミサイル部隊が常駐するが、本島への地対艦ミサイル部隊の新設も検討されている。自公政権は国民に対して中国の脅威を自衛隊増強の根拠としているが、自衛隊が米国の対中戦略に忠実にこたえる米軍の戦力と化していることから、著者は「自衛隊基地」と表記する。

沖縄では「自衛隊基地」の増強について地元住民や自治体のなかには米軍基地の建設には反対だけど、「自衛隊基地」なら日本防衛のためだから反対できないという声を時々耳にする。しかし、「自衛隊基地」は実態として米軍の資産となっており、自衛隊は米軍の戦力（対米従属の軍隊）でもある。そもそも在沖「自衛隊基地」の前身は復帰前の米軍基地だ。実態を直視しなければならない。

自衛官募集業務における地方協力本部と学校との連携、育鵬社の教科書継続採用など住民を対象とする思想攻撃を含む人的基盤づくりも無視できない。

二、日米一体化とそれぞれの思惑

特殊作戦能力

沖縄でも部隊・施設・装備・運用・訓練・思想などあらゆる面で一体化が進んでいる。

２００５年８月12日、うるま市沖で陸軍のＭＨ-60特殊作戦ヘリが米船舶に接触・大破し、陸軍特殊部隊、通称グリンベレーとヘリに同乗していた陸自中央即応集団の７人が重軽傷を負った。米陸軍オルディエルノ参謀総長は隊テロ訓練をおこなっていたことを明らかにした。安保法制が審議中であったことから自衛隊は「研修」であったと釈明した。

陸海空及び海兵隊の特殊作戦部隊が常駐する在沖米軍基地にしばしば県外から自衛隊が特殊作戦能力を吸収するため密かに来沖する。米軍は惜しみなくスキルを提供する。みすみす自ら血を流したくないからだ。

グリンベレーの主な任務は、①友好国・同盟国軍を養成することで親米の戦力にすること（他国内防衛）、②ゲリラ戦・諜報活動などの正規戦、③敵国内潜入・偵察などの特殊偵察、④直接行動といわれる。最も重要なのが①だ。これまで培ってきた謀略作戦の技能を自衛隊に提供することは米軍の戦力にあてるためだから何のためらいもないのであろう。

戦力の互換性

在沖米軍は朝鮮戦争、ベトナム戦争、湾岸戦争、対テロ戦争、イラク戦争等に派遣されてきた。実戦経験は後継へフィードバックされる。自衛隊もその後継と見なされている。米国の戦争に送り込むためだ。

２００６年11月14日、キャンプ・ハンセンで沖縄の陸自第１０１不発弾処理隊がイラク帰りの海兵隊員から即席爆発装置の対処要領を習得した。１０１処理隊は沖縄では沖縄戦の遺物として残る不発弾処理で知られる部隊だが、役割は海兵隊のＥＯＤ（爆発物処理）部隊と同じあり、対テロ戦では欠かせない存在になるだろう。

キャンプ・ハンセンのセントラル・トレーニング・エリア（以下「ＣＴＡ」）には都市型訓練施設が点在する。ＣＴＡとはキャンプ・ハンセンとキャンプ・シュワブが共有する訓練場のことで、ブルービーチ訓練場もレッド・ビーチ訓練場もＣＴＡの一部だ。

都市型訓練施設ではさまざまな市街戦を想定し、強襲訓練用、近接戦闘用、長距離狙撃用など構造や用途は多種多様だ。

２００６年6月1日、米軍施設の共同使用が「米軍再編」合意に盛り込まれた。早速、陸自第一混成団（当時）は宜野座村惣慶にある都市型訓練施設を使用し、使用回数は急増していった。ＣＢＲＮ（化学・生物・放射線・核兵器）訓練も海兵隊と共同で実施するようになった。繰り返すが、米軍の任地は自衛隊の派遣先にもなるということだ。

在沖自衛隊は、沖縄市にある沖縄訓練場の新設により一定程度の小銃射撃ができるようになったものの県内では実戦的な実弾射撃訓練ができなかった。しかし、米軍施設の共同使用によって環境が一変した。

今では海兵隊と交流射撃競技会で腕前をきそいあうまでになった。

CTAのダウンレンジ（射程範囲）にはさまざまな標的が設置されている。2013年7月には陸自第15ヘリコプター隊のCH-47J大型輸送ヘリがCTAのレンジ2から3にかけて鉄板溶接で造られた車両型標的をせっせと運び込んだ。いずれも砂漠色だ。米軍基地の整備のために自衛隊が駆り出されたわけだ。

車両型標的を空輸する陸自ヘリ（2013年7月24日）

2016年4月には高江・安波の米軍着陸帯建設に協力した。抗議する人々をよそに自衛隊ヘリが工事用トラックを宙吊りで現場へ運び込んだ。同じくSACO合意の一環である辺野古新基地建設では、2007年11月にボーリング調査支援のため海自掃海母艦「ぶんご」が派遣された。米軍は手を汚さずに目下の同盟軍の献身で基地を増強させている。当然、防衛省・自衛隊もその見返り（共同使用）を期待しているだろう。

その他の分野でも交流も盛んだ。幹部交流プログラムは戦術や研究成果の交換、士気の高揚、スキル向上の機会となる。大量死傷者を想定した戦時医療の技能交流や船舶臨検の訓練も増えている。

三、「沖縄の負担軽減」の利用

県道104号越え実弾射撃訓練の変質

普天間基地の県内「移設」で知られる1996年のSACO合意は「土地の返還」「訓練及び運用の方

法の調整」「騒音イニシアティヴの実施」「地位協定の運用の改善」の四本柱で構成される。「土地の返還」は移設条件付きであり、基地機能の維持・向上・効率化が本質的なねらいだ。

「訓練及び運用の方法の調整」、つまり訓練移転の一つに県道104号越え実弾射撃訓練がある。キャンプ・ハンセンでは海兵隊の地上戦闘部隊が主力兵器とする155ミリ榴弾砲等による実弾射撃訓練がおこなわれてきた。封鎖した公道の上空を砲弾が横切り、破片が民間地域にも落下するという主権国家としては考えられない訓練が沖縄ではおこなわれていた。周辺住民はこの訓練の中止を強く求めていた。SACO合意により県道104号越え実弾射撃訓練は1997年度から矢臼別・王城寺原・東富士・北富士・日出生台の各陸自演習場へ移転することになった。移転先となった自治体への殺し文句は「沖縄の負担を分かち合って欲しい」だった。2019年度までの移転訓練の特徴は次のとおりだ。

○発射弾数が飛躍的に増加した。表は移転前と移転後の比較だ。移転前と比較すると1回あたりの発射弾数は3・8倍だ。第12海兵連隊が移転訓練で送り込んだのはのべ2万2985人、車両5343両、榴弾砲588門にもなる（防衛省発表を集計）。

○沖縄では抗議で中止に追い込んだ夜間射撃訓練が移転訓練では384日、1万3137発を数えた。狭隘な沖縄ではできなかった最大射程の射撃、陣地防御のための小火器射撃が連続するようになり、「非人道的兵器」とし

	年数	回数	日数	発射弾数
復帰から移転までの26年間（注）	26年	180回	353日	4万4475発
1997年の移転から2019年度までの23年間	23年	81回	687日	7万6213発

（注）1972年の発射弾数は不明。沖縄県が調査を中断した1986～90年は金武町の調査データを代用

て知られる白リン弾の使用も恒常的となった。化学・生物・放射性物質・核に対処するための訓練も実施されている。

○負傷兵の後送などを名目に自衛隊も参加し、事実上の共同訓練となることもあった。演習場付近では自衛隊が警備にあたることもあり、小規模ながら安保法制の武器等防護の先取りともいえる。

○駐留地（キャンプ・ハンセン）から遠征先（移転訓練先）までの遠征行程をこなす実戦的な訓練になった。

○新兵器の性能の検証にも役立った。第12海兵連隊の主力兵器155ミリ榴弾砲は2007年にM198から軽量で機動性の高いM777に更新された。2016年に配備されたHIMARSの運用テストにも利用した。

○移転訓練費用は1回あたり平均2・5億円。訓練終了後に近隣繁華街で開かれる打ち上げやバスツアーも日本のおごりだ。「思いやり予算」の適用範囲を広げることとなった。

○兵員・車両・火器等は主に民間業者が陸路・空路・海路で輸送する。陸路では沖縄は米軍御用達の小禄運輸、県外では日本通運が主力となる。海路では琉球海運や日本海運が、空路では主にコンチネンタルミクロネシア機が利用されるが、全日空の定期便まで動員され、銃器を民間機の機内に持ち込むこともあった。地元自治体も広報活動のため駆り出され、官民総動員の有事体制づくりが一気に加速した。米軍との一体化は自衛隊だけではない。

○医療機関など移転周辺域の調査も事前におこなわれ、老人福祉施設や保育所、障害者施設へのおしかけボランティアもその都度おこなわれ、広報活動に利用した。親米感情の醸成をねらう思想攻撃もはびこった。

これらの特徴から、移転訓練は沖縄と「同量同質」どころか「増量異質」以外の何ものでもないと言える。発射弾数の総量や頻度が高まっただけでなく、地上戦闘部隊の主力が必要すると様々な要望を日本政府が唯々諾々と受け入れ、血税による費用負担に対して歯止めがなくなっている。

実弾射撃訓練の中止は解決が急がれていた深刻な重要三事案の一つで、移転訓練により金武町周辺住民は負担の軽減を期待していた。しかし、新たな訓練が入れ替わり「負担軽減」の実感はない。その一つに自衛隊による共同使用がある。

パラシュート降下訓練の拡散

悲惨な事故を繰り返してきたパラシュート降下訓練の中止も重要三事案の一つだ（もう一つは沖縄の玄関口となる那覇軍港の返還）。読谷補助飛行場や伊江島補助飛行場でおこなわれていたパラシュート降下訓練はＳＡＣＯ合意によって伊江島へ一本化されるはずだった。

しかし、１９９８年５月に嘉手納基地でも強行され、うるま市沖、キャンプ・シュワブ沖へと拡大され、横田基地など県外にも足を伸ばした。パラシュート降下訓練をおこなう在沖米軍部隊は、陸軍第１特殊作戦群第１大隊（通称グリンベレー）、空軍第18航空団第31・33救難中隊と第３５３特殊作戦群第３２０特殊戦術中隊、海兵隊第３偵察大隊（ＭＡＲＳＯＣ）、海軍特殊部隊ＳＥＡＬチーム５分遣隊などだ。兵員を運ぶのは嘉手納基地に常駐する第３５３特殊作戦群第１特殊作戦中隊が運用するＭＣ-１３０特殊作戦輸送機だったが、普天間基地のＭＶ-22オスプレイ、横田基地のＣＶ-22オスプレイの配備によってパラシュート降下訓練はオプションを広げた。ＥＡＢＯには欠かせないスキルでもあるだけに頻度は確実に増加している。

嘉手納基地の特殊部隊と沖縄近海でパラシュート降下訓練をおこなう在沖自衛隊（2016年11月10日／米軍ホームページより）

ＳＡＣＯ合意違反の沖縄におけるパラシュート降下訓練には自衛隊も参加するようになった。

２０１６年11月10日、日米共同統合演習「キーンソード17」で空自那覇基地の那覇救難隊が米空軍特殊部隊と共に沖縄近海でパラシュート降下訓練をおこなった。救難というと人道的な活動をイメージされがちだが、激しい戦闘が続く前線や敵勢力圏内に不時着した航空機の乗員等を探し出し、救出する捜索救難は極めて危険な任務となる。医療資格だけでなく高い戦闘能力をもつ空挺隊員がおこなう訓練だ。米軍とともに自衛隊をいつでも、どこでも、どんなところにも派遣させるつもりなのだろう。

航空機訓練の拡大

ＳＡＣＯ合意から10年を経た２００６年５月１日、日米安全保障協議委員会で「再編実施のための日米のロードマップ」が合意された。辺野古新基地のＶ字型滑走路はここで決定された。

嘉手納基地やキャンプ・ハンセンの共同使用などとともに「当分の間、嘉手納飛行場、三沢飛行場及び岩国飛行場の３つの米軍施設からの航空機が、千歳、三沢、百里、小松、築城及び新田原の自衛隊施設から行われる移転訓練に参加する。双方は、将来の共同訓練・演習のための自衛隊施設の使用拡大に向けて取り組む」ことが合意された。

共同訓練には１回につき１～５機の航空機が１～７日間実施する「タイプ１」と６～12機の航空機が８～14日間実施する「タイプ２」があり、訓練移転のための自衛隊基地のインフラ改善、「共同訓練の費用を適切に分担する」ことなども盛り込まれた。

沖縄でも「負担軽減」策として大々的に宣伝された。以下が２０１９年度までの特徴だ。

○２００６年度途中から始まった航空機移転訓練は約13年間に国内で４０２日、国外で９３１日、合計１３３３日おこなわれた。回数は国内が56回、国外が49回の合計１０５回だ。国外49回のうち「タイプ

1」19回、「タイプ2」37回だが、当初は「タイプ1」が中心でウオーミングアップがはかられ、次第に規模が大きい「タイプ2」へと移行した。移転先での反発等を考慮したためであろう。

○参加した米軍機はのべ1262機、要員は2万8645人、自衛隊機はのべ429機だ。嘉手納基地からはF-15戦闘機416機、KC-135空中給油機36機、E-3早期警戒管制機26機、合計のべ478機が参加した。1年あたり37機程度が一時移転したことになるが、これを上回る外来機が県外・本国から飛来する。流出と流入を相殺すると「負担軽減」からは程遠い。

○SACO合意とおなじく拡大解釈がまかりとおった。「当分の間」という曖昧な表現がそれを物語る。2011年度にはグアムのアンダーセン空軍基地をプラットホームとする遠征訓練も「米軍再編」合意事項とされるようになった。費用の日本負担が増大した。移転訓練全体のなかでは日数では69・8%、回数では46・7%も占める。

○さらに、普天間基地は移転訓練の対象ではなかったはずなのにMV-22オスプレイの配備直後からその対象となった。2016年度からはMV-22オスプレイ単独の移転訓練までも「米軍再編」合意の対象としてしまった。機種を特定した「米軍再編」合意も前例がない。狭い沖縄では物足りないのであろうが、最初からな移転先を限定せず拡大解釈の余地を残していたようだ。グアムを皮切りに北海道大演習場、関山・相馬原・矢臼別・上富良野・王城寺原・藍庭場野・国分台・日出生台・大矢野原・霧島各演習場で実績をつくっていった。第1海兵航空団としての参加ではなく、地上戦闘部隊も従えた31MEUとしての移転訓練もあった。岩国基地に厚木基地のF/A-18戦闘攻撃機が移転したことで2018年度には海軍第5空母打撃群所属機も、海兵隊のA/V-8B戦闘攻撃機の後継機であるF-35B戦闘機もその対象にした。

○自衛隊もこのどさくさに紛れた。92回目の移転訓練では空自那覇基地第9航空団のF-15戦闘機が参加した。新田原基地を移転先として嘉手納基地のF-15戦闘機との共同訓練をおこなった。

四、核戦力と弾道ミサイル防衛

グアムのアンダーセン空軍基地から離陸する米空軍爆撃機を自衛隊機が目的地付近まで護衛する日米共同訓練が２０１７年には14回おこなわれた。防衛省・自衛隊は「編隊航法訓練」「要撃戦闘訓練」だと発表した。沖縄の空自那覇基地に配備された第９航空団が運用するF-15戦闘機は朝鮮半島に向かうB-１B爆撃機の護衛を４回おこなった。12月12日の日米共同訓練では、B-１B爆撃機２機を護衛するため第９航空団のF-15戦闘機４機、E-２C早期警戒機１機と米軍嘉手納基地のKC-１３５空中給油機１機と米軍戦闘機８機が参加。この年では最大規模だった。

南北首脳会談や米朝首脳会談の後はしばらく沈静化していたが、２０１９年９月には第９航空団のF-15戦闘機が核爆撃認証機とされていたB52-H戦略爆撃機の護衛に加わった。米軍がB-１BやB-52Hを朝鮮半島方面に向かって出撃させることは北朝鮮に対していつでも核爆撃の準備があることを示す挑発行為だ。これは北朝鮮に弾道ミサイル発射の口実を与えるものでもある。実際２０１７年は北朝鮮のミサイル発射実験と日米による編隊航法訓練との応酬が繰り返されていた。中国も穏やかではいられない。

この共同訓練は２０２０年10月末までに30回実施され、沖縄の第９航空団の参加は14回となった。安保法の武器等防護の共同訓練でもあり、同時に核攻撃を想定した共同訓練にもなる。日本は米国の「核の傘」にあるといわれて久しいが、いまや米国の核の盾、さらには核の槍にもなりつつある。

２０１９年におこなわれた安保法制に基づく武器等防護にかかる警護は14件だった。その中には米艦艇を警護対象とする弾道ミサイルの警戒を含む情報収集・警戒監視活動があった。

弾道ミサイル防衛（以下「ＢＭＤ」）の体制も飛躍的に整備されている。警戒監視では空自のレーダー網が全国を覆い、米軍とデータリンクされる。本島与座岳・久米島・宮古島・沖永良部島におかれた空自の警戒群４個等もその任にあたり、警戒管制レーダーが空自与座岳分屯基地ではＦＰＳ-５／Ｊ、空自宮古島分屯基地と沖永良部島分屯基地は最新のＦＰＳ-７／Ｊに更新された。

２０１２年３月30日に北朝鮮の弾道ミサイルに対する破壊措置命令が発令され、県外からＰＡＣ-３部隊が那覇・宮古に到着するのに５日、石垣は７日を要した。部隊が配置につくまでにこれだけの時間がかかったことや弾道ミサイルの恐怖をアピールした自衛隊は翌年４月、第17高射隊（那覇）と18高射隊（知念）に前倒しでＰＡＣ-３を配備した。自衛隊は好期を逃さなかったのである。

沖縄では迎撃ミサイルＰＡＣ-３が嘉手納基地、空自那覇基地および知念分屯基地に配備されていた。その配置は三角形をなす。その３箇所から防空範囲の同心円を描くと、３つの同心円が交差する一画がある。最も手厚い防空範囲だ。そこには在沖米国総領事館、在沖米軍トップがいる米四軍調整官事務所、本国と沖縄をつなぐ情報通信の拠点・フォートバックナー、そして在外米軍基地で最も資産価値の高い嘉手納基地がある。

さらに２０２０年８月までに恩納分屯基地にもＰＡＣ-３が配備され、従来のＰＡＣ-３は防護範囲を２倍以上とするＰＡＣ-３ＭＳＥに更新された。辺野古新基地も防空圏内に収まることになった。ＢＭＤの限界は先制攻撃を自制させる。逆にＢＭＤの強化は先制攻撃の敷居を下げ、敵基地攻撃能力保有を促すことにもなる。

米国防総省のミサイル防衛局はミサイル防衛の優先順を策定している。優先順位の一位は米本国、二位は海外の米政治中枢および米軍基地、三位は同盟国の政治中枢、四位は友好国の政治中枢だ。迎撃態勢は整備されたが、沖縄県民、日本国民は最初からＢＭＤの対象外だ。

中距離核戦力削減条約の失効により沖縄をはじめ全国に中距離核ミサイルの再配備が計画されていると報じられた。これは再び沖縄が核攻撃の目標とされることも意味する。国体護持の捨て石にされた沖縄は今度は日米同盟の捨て石にされようとしている。

五、新領域や情報部門

アメリカ国家安全保障局（NSA）は沖縄を諜報活動の「最前線」とも位置づけている。戦域を宇宙・サイバー・電磁波へと拡大させた領域横断（クロスドメイン）の追究によって新たな動きが強まっていくだろう。

防衛省は宇宙作戦隊の新編に続いて、２０２１年に電子戦の専門部隊を健軍駐屯地に発足させる。２０２１年度には本部機能を朝霞駐屯地に、実行部隊・電子作戦隊を留萌・相浦・奄美・那覇・知念に置き、宮古島・石垣島への配備も狙う。第１列島線に手厚いのがうかがえる。強力な妨害電波で敵の通信機器やレーダーを妨害したり、自衛隊の通信を防護することを任務とし、島嶼作戦でも水機団などの実戦部隊との連携を強める意向だ。

陸自第６師団と第８師団に続いて陸自那覇駐屯地の第15旅団には２０２０年3月26日に固定翼無人偵察機スキャンイーグルを運用する第15情報隊が新編された。同型機は在沖海兵隊も運用する。

インテリジェンスや特に住民運動を敵視する行動も見落とせない。自衛隊の情報保全隊が２００３年にイラク特措法制定に反対する国民運動を監視・調査していたことが２００７年になって判明した。沖縄でも集会や街頭宣伝等を監視・記録していた。反国民的軍隊としての自衛隊の一面だ。自衛隊情報保全隊の配備は沖縄本島だけでなく与那国島でも明らかになった。

辺野古新基地建設に反対する運動に対しては基地警備隊、沖縄防衛局、委託業者らが運動を監視・記録し、日米双方で情報を共有している。米軍の諜報部門との連携がこうした現場の事象によって徐々にわかってきた。領域横断の分野はなかなか可視化されない。ただ、言えることは私たち国民を敵と同様に、情報監視・偵察活動の対象とし、脅威とみなした場合には必要とする措置を講じてくるだろう。

さいごに

2020年1月、沖縄の海自第5航空群のP-3哨戒機が「日本関係船舶の安全確保に必要な情報収集活動」の先陣として派遣された。安倍自公政権は法的根拠が防衛省設置法第4条の「調査・研究」だと詭弁を弄したが、トランプ大統領の呼びかけに事実上応じたものだ。

自衛隊はこれまでに中東諸国やアフリカ地域など米国と中国との利害関係がせめぎ合う地域にも派遣されている。在沖自衛隊は中国に直接的に対峙するだけでなく、地球規模で中国を包囲するためのお使いにもされているのだ。

米軍には至れりつくせりの防衛省・自衛隊ではあるが、当然見返りを虎視眈々と狙っているだろう。辺野古新基地の共同使用をはじめとする米軍資産の共有だ。

著者は以前、辺野古新基地建設のための環境影響評価の方法書や準備書に対して自衛隊の共同使用に関する意見書を提出した。沖縄防衛局は、方法書では「代替施設で現時点において、自衛隊の運用や外国の軍隊が共同使用を行う予定があることについて、説明を受けていません」と回答した。準備書では「現時点では、代替施設で自衛隊機を運用する計画はありませんが、仮に将来的に自衛隊が共同使用する場合においても、飛行場を使用する等の環境に大きな負荷を与える形で共同使用することは念頭に置いておりません」と共同使用を否定しなかった。

辺野古新基地建設についてV字型滑走路二本の構造が合意された２００６年の日米合意文書では米軍基地の共同使用も合意された。辺野古新基地もその対象となる。

後に水機団に編入されることとなる陸自部隊のキャンプ・シュワブへの移転構想が２０１０年３月に検討された。２０１２年７月に作成された防衛省内部文書「沖縄本島における恒常的な共同使用に係わる新たな陸上部隊の配置」で、南西諸島での自衛隊増強と在沖米軍基地の共同基地化が提示されていたことが２０１５年３月に発覚した。国民世論を敵にまわし、莫大な時間も金もかけて建設する対中戦略のジャンブ台＝辺野古新基地をいつまでも指を咥えてみている防衛省・自衛隊ではないのだろう。

陸自は２０１２年９月６日、幹部交換プログラムで海兵隊旗のセレモニーに参加し、星条旗への忠誠をしめした。その一方で毎年６月23日の「慰霊の日」には、在沖自衛隊幹部が沖縄戦の将兵を顕彰する黎明之塔で慰霊祭をおこなう。軍民共生共死の一体化を県民に強要し、非業の死に追い込んだ将兵を沖縄を守るために戦ったなどと事実を歪め、顕彰する。沖縄戦の史実を改ざんし、アジア太平洋侵略戦争を美化するものだ。自衛隊法にも憲法にも違反する行為であるが、一方で別の性格も内包する。それは、対米従属の軍隊というういかがわしい本性を隠すため、靖国思想をかつぎだし、自らを旧軍の末裔だと暗示をかけることでアイデンティティを取り繕いたいという虚勢だ。

憲法との矛盾をいっそう強め、文民統制を振り切りろうとしている自衛隊だが、自我を確立しつつあるどころか、対米従属ぶりをいっそう強め、さらに自我を喪失していくのではないだろうか。

※本稿は、『月刊平和運動』10月号（２０２０年、日本平和委員会発行）掲載の「南西シフトの日米軍事一体化対中戦略の最前線として」を加筆修正したものです。

米中の軍事衝突はあるか
――台湾海峡有事の可能性――

共同通信客員論説委員　岡田　充

台湾海峡で「第4次海峡危機」とでも呼ぶべき軍事的緊張が走っている。中国の軍事能力の大幅な向上と、トランプ米政権が台湾という中国の「核心利益」に浸食したのが「発火」の背景である。台湾海峡と南シナ海では、米中双方が大規模な軍事演習を展開、中国は「米軍の挑発行動」に対し、南シナ海に向けて中距離ミサイルの発射実験で「報復」した。「挑発」と「報復」の応酬はエスカレートし、台湾海峡での米中軍事衝突への懸念が高まる。ここでは、主としてトランプ政権発足後の台湾海峡をめぐる米中対立を振り返りながら、米中双方の台湾基本戦略を抑え、現段階の台湾海峡情勢を評価したい。

一、中国の台湾問題認識

中国機の中間線越境

台湾国防部（国防省）は2020年9月18日、中国軍の戦闘機「殲16」など8機が台湾海峡の中間線（1950年代に米軍が設定した〝停戦ライン〟）を越境したと発表した。翌19日も少なくとも5機が越境し、2日間計で13機が越境したことになる。中国空軍機の越境は2020年に入り増え、2月と8月に続き4

台湾をめぐる最近の動き（2020 年）

1月11日	台湾の蔡英文総統が再選、米傾斜鮮明に
2月10日	中国空軍爆撃機H－6がバシー海峡から西太平洋に入る演習中、台湾中間線を越境
5月4～5日	米空軍B-1B 爆撃機2機が台湾空域飛行
5月14日～	中国軍が渤海湾で2か月半にわたり大演習
5月20日	蔡英文総統が2期目の就任式
6月9日	米軍C—40A 輸送機が台湾領空を通過
6月9日から数日	中国空軍機が、台湾南西部の防空識別圏内を飛行
7月1日	中国軍が南シナ海、東シナ海、黄海の3海域で軍事演習
7月初め	米空母「ニミッツ」「ロナルド・レーガン」が南シナ海で演習
7月23日	ポンペオ米国務長官が、米国での演説で新たな対中包囲呼びかけ
8月9～12日	アザー米厚生長官が台湾訪問
8月10日	中国空軍戦闘機「殲10」と「殲11」が中間線を越境。
8月11日から	中国軍東部戦区が台湾の南北端で「実戦的演習」
8月17～31日	米海軍がハワイで「環太平洋合同演習（リムパック)」
8月26日	米国防当局が、中国軍が青海省と浙江省から、「グアムキラー」「空母キラー」と呼ばれる中距離弾道ミサイル4発を海南島近くに発射と発表
8月30～9月4日	チェコ上院代表団が台湾訪問
9月2日	中国軍が黄海で実弾射撃演習
9月17～19日	クラック米国務次官が訪台
9月18～19日	中国軍戦闘機「殲16」など計13機が中間線越境

波目の異例の多さだった。

一方、中国国防省は同じ18日、中国軍東部戦区が台湾海峡付近で軍事演習を同日から始めたと明らかにした。クラック米国務次官（経済成長・エネルギー・環境担当）が李登輝・台湾総統の葬儀（19日）に参列のため、17日から訪台したことに抗議する意思を軍事演習に込めたのだ。

米高官の台湾訪問に向け、中国軍が台湾海峡で軍事演習するのはこれが初めてではない。アザー米厚生長官が8月9～12日まで訪台した際は、8月10日に「殲10」と「殲11」が中間線を越境した。その3日後の8月13日には、中国軍の東部戦区報道官が、台湾海峡の南北端とその周辺で「実戦的演習」を行ったと発表した。

米閣僚の訪台は、オバマ政権時代以来6年ぶり。だがトランプ米政権はアザー訪台を、1979年の米中国交正常化以来「最高位の高官訪台」と誇張した。それはトランプ政権が、米台高官の相互訪問を促す「台湾旅行法」（2018年3月成立）後では、初の高官訪問になったことを強調する狙いもあった。

中間線越境について中国外務省の報道官は9月21日の定例記者会見で「台湾は中国領土の不可分の一部。いわゆる〝海峡中間線〟は存在しない」と否定した。米国が線引きしたものは認めないという「公的立場」の表明。しかし中国軍機は「中間線」を越えないよう慎重に行動し続けている。

高官訪台、米台の思惑は？

こうした動きをみれば「中国はいかに好戦的か」という印象を抱くかもしれない。中国はなぜこの時期にこうした軍事行動に出たのだろう。中国外務省の趙立堅副報道局長は8月10日の記者会見で、アザー訪台について「中国は一貫して米台の公的な往来に断固反対している」と述べ、米側に抗議したことを明らかにした。

さらに人民日報系の環球時報（電子版）も10日、「米国は新型コロナを利用し、『台湾カード』を使って中国に対抗しようとしている」と批判し「米中関係は国交樹立以来、最も深刻な時期に直面している」という厳しい現状認識を示した。「環球時報」は社説（8月14日付）で、「実戦的演習」について「米台の挑発を中国は決して座視しない」と書き、演習が米台の「挑発」に対する「報復」と強調した。

アザーに続きクラック国務次官の連続訪台をみれば、新たな対中包囲網形成を呼びかけたポンペオ国務長官演説（7月23日）を受けて、トランプ政権が米台関係のレベルを引き上げたことを印象付けた。コロナ感染拡大が止まらないトランプ政権には感染拡大の責任を中国に転嫁したい思惑が、そして台湾側には米中対立を米台関係強化につなげようとの狙いがある。

総統府上空をミサイルが飛ぶ

「挑発」と「報復」の応酬は、メディアを使った「心理戦」「宣伝戦」のようにも見えるが、果たしてそれで済むだろうか。「これは警告ではない。台湾攻撃の実戦的演習だ」。先の「環球時報」は9月19日付の社説で「これでも遠慮しているのだ」とし、もし米国の国務長官や国防長官が訪台すれば、「今度は解放軍戦闘機が台湾島の上空で直接演習し、台湾本島を横断する我々の弾道ミサイルは総統府上空を通過することになるだろう」と警告した。

社説のリアルな警告を、台湾側はどう受け取ったか。台湾メディアの報道によると、台湾軍の戦備体制は3段階のうち「平時」の状態を保っており、直ちに「有事」に備える態勢はとっていない。ただ蔡英文総統も出席した9月20日の総統府国家安全会議*1は通常戦備時期の行動規則にある「第1撃」という規定を「自衛反撃権の行使」に改訂した。「敵対行為があってから反撃する」ことを明確にすることによって「不測の事態」に備える措置と言える。

一方、「環球時報」は8月の実戦的演習の記事で、今後の具体的戦術として、①中国軍用機の台湾上空飛行②台湾上空を通過するミサイルの試射③台湾東部海域での演習―を挙げた。そして、米台協力がさらに増強されれば「台湾を戦争の縁へと押しやる」とも警告した。

統一は建国理念の柱

中国は「西側諸国」が台湾問題に「関与」すると、なぜ「内政干渉」と、頑な反応を示すのか。先に台湾問題は「中国の核心利益」と書いたが、それを理解するには、中国の台湾に対する基本認識と、「統一」戦略を理解しなければならない。

少し歴史を振り返る。日清戦争に勝利した日本は１８９５年の下関条約で台湾を割譲し、１９４５年の敗戦まで台湾を50年間植民地支配した。この50年間、沖縄、特に先島諸島は台湾と同一経済圏にあったことは認識していい。１９４９年、国民党との内戦に勝利した共産党は中華人民共和国の成立を宣言。敗退した蒋介石の国民党軍は台湾に逃れた。「台湾問題」の始まりであり、海峡両岸では70年以上にわたり分断統治が続いている。

中国にとって台湾との統一は、帝国主義列強によって分断・侵略された国土を統一し「偉大な中華民族の復興」を実現する建国理念の重要な柱である。歴史的経緯と国際法上、その主張に理はある。では、70年以上分断統治下に置かれた二つの政治実体が「統一」するのは可能なのか。軍事的な統一はイメージし易いが、軍事統一ほどコストパフォーマンスの悪い選択はない。大半の台湾住民が統一を望まない統一に、いったいどんな意味があるだろう。

現状は「分裂していない」

台湾の現状と将来は（1）台湾独立に反対し統一を求める中国、（2）台湾の民意、（3）台湾軍事支援を通じ現状維持を図ろうとする米国―の三者の力の相互作用によって決定される。まず台湾の民意。馬英九前政権は「統一も独立もしない」現状維持路線を掲げ、民進党の蔡も「現状維持」を公約にして総統に当選した。それは台湾住民の大多数（民意）が、「独立」でも「統一」でもない「現状維持」を望んでいるからである。

では中国は「現状維持」についてどんな認識をしているのか。北京は「現状維持」を公式に容認しているわけではないが、事実上「現状維持」はやむを得ないと考えている。その理由は、北京側に内在している。

胡錦涛前党総書記は２００８年末に発表した台湾政策（通称「胡6点」）で「大陸と台湾は統一していないといえども、中国の領土と主権は分裂していない」とする現状認識を示した。

「統一していないが、主権と領土は分裂していない」とは、論理矛盾じゃないかと受け止める人がいると思う。しかし北京がもし現状を「分裂している」と定義すれば、その途端、武力行使しても統一を実現しなければならない。なぜなら共産党は、統一という「神聖な任務」を放棄したことになるからである。統一は国家目標なのだから、「分裂した主権と領土」を回復しなければならないのだ。

だが、それは共産党指導部に測り知れないストレスを与える。まず米国との衝突・対決を覚悟しなければならない。習近平はオバマ前政権とトランプ政権に対し、「衝突せず、対抗せず」の対米政策を挙げている。現段階で世界最強の軍事力を持つ米国と衝突しても勝ち目はない。軍事力で米国と肩を並べられるのは建国１００年を迎える「今世紀半ば（２０４９年）」なのだ。

しかし現状を追認し続ければ、統一など夢物語に過ぎなくなる。70年以上も分断統治下で暮らしていれば、台湾側に「台湾人意識（アイデンティティ）」が強まり、統一への障害になるだろう。現に蔡政権は台湾の「非中国化」を進め、「一国二制度」による平和統一に反対する「台湾ナショナリズム」を煽っている。

中国で2005年に成立した「反国家分裂法」は、「現状は分裂していない」という認識を踏まえつつも、第8条で「(台湾への)非平和的方式(武力行使)」の条件として「台湾独立」に関する三条件を挙げた。中国は米国と国交正常化した1979年、台湾戦略を「武力統一」から「平和統一」へと転換した。当時の最高実力者、鄧小平の「改革・開放」路線と足並みを揃えた政策でもあったが、台湾独立を綱領にうたった民進党政権の誕生(2000年)で、「統一」という長期目標の前に、「独立」阻止を喫緊の政治課題にせざるを得なくなったのだ。

同法は「武力行使」の条件として、「台独」分裂勢力が、①台湾を中国から切り離す事実をつくり、②台湾の中国からの分離をもたらしかねない重大な事変が発生、③平和統一の可能性が完全に失われたとき—の3つを挙げた。逆に言えば現状を維持するなら、武力行使はしないという解釈が成立する。

法律制定の当時、世界中のメディアは、「武力容認の法律」とみなした。誤りではないが「現状維持法」の側面を無視すべきではなかろう。

「冷たい対抗」から「熱い対立」へ

話を「実戦的演習」に戻す。演習の「政治的意味」について国営新華社通信*2は8月19日「台独に反対する強い決意」という識者の分析を伝えた。「中国の核心利益」である台湾問題に対する北京の厳しい姿勢が鮮明に表れている。要点を引用する。

記事の中で、中央政府の台湾政策に影響を与えてきた厦門(アモイ)大学台湾研究院の李鵬・院長は次のように分析する。

①演習のキーワードは「多軍種」、「多方面」、「体系的」、「実戦化」。演習が発したメッセージの対象は、台湾問題で中国が容認できないレッドラインに挑戦し、中国の主権と領土保全を害する外部勢力
②外国勢力をバックに「新型コロナに乗じて独立を企み」、外部の反中勢力のパフォーマンスに呼応する民進党当局および「台湾独立」分離勢力への警告

記事はさらに、中国現代国際関係研究院台湾問題研究センターの謝郁・主任の話として、民進党当局が「文化の台湾独立」、「法理の台湾独立」、「憲法制定の住民投票」を一歩一歩推し進めていると批判。そして、両岸関係の現状が「冷たい対抗」から「熱い対立」へとエスカレートしたとみるのである。

「衝突」寸前の段階？

台湾政治に目を移す。台湾初の住民投票による総統選挙が行われた1996年以来、李登輝、陳水扁の二代の総統が「二国論」や「一辺一国論」＊3など、「台湾独立」と見做される政策を打ち出すと、北京は「文攻武嚇」(言論による攻撃と武力威嚇)を繰り返した。国民党の馬英九時代に両岸関係は大幅に改善し、両岸を結ぶ直行便が開放され、閣僚レベルの政治対話枠組みがスタート、2015年11月にはシンガポールで習と馬による「両岸トップ会談」が実現した。

しかし蔡英文政権の登場以来、公的な対話・交流は中断し「冷たい平和」時代に入った。そして、2020年の蔡再選によって「冷たい平和」は「冷たい対抗」＊4に移行した。「冷たい対抗」とは、人民解放軍出身で国務院台湾事務弁公室副主任を務めた王在希氏の命名だが、彼は「対抗」について「全面衝突には至らない」との見立てをしている。

謝郁はそれを一歩進めて、現段階の両岸関係に「熱い対立」という新カテゴリーを充てた。ただその具体的内容を展開しているわけではない。蔡政権下の両岸関係について「観察、圧力、対抗、衝突」の四段

階を設定した中国人民大学の金燦栄教授の枠組みに沿えば、「衝突」寸前の段階にまで進んだ、と言ってもいいだろう。

「衝突」が、意図的な武力行使を意味するのか、それとも偶発的な軍事的衝突なのかはあいまいだが、中国指導部が「平和統一」戦略に転換してから約40年に及ぶ両岸関係では、「熱戦」が初めて起きる可能性を意味する。

「武力統一論」が急増

一方、中国のSNSでは、2020年の総統選挙で再選を果たした蔡の圧勝について「もう平和統一の可能性は失われた。武力統一を」という強硬論の書き込みが急増した。先に詳述した反国家分裂法が台湾への「武力行使」を容認する三条件のうち「平和統一の可能性が完全に失われた」に当たるという認識からであろう。

中国共産党中央のインナーサークル情報に強い「環球時報」の胡錫進編集長は1月12日、中国のSNS「微信（ウイチャット）」に、「両岸の軍事的力量から判断すれば武力統一に全く問題ない」と書く一方、（武力行使は）米国と全面的な武力衝突を覚悟しなければならず「直面するリスクと挑戦に冷静に対処すべき」と、武力統一論を戒める文章を寄せた。

胡は武力統一が可能な条件として、①中国軍が第1列島線周辺で圧倒的優勢に立ち、米軍が容認できないほどの代償を払うまでの実力を有すること、②中国の市場規模と経済競争力が米国を越え、米国や西側の経済制裁を無力化する実力を備える—の二条件を挙げたのは興味深い。

中国民意も一枚岩ではない。両岸関係の悪化を懸念する上海東亜研究所の章念馳所長は7月14日付の台湾紙「中国時報」*5に、大陸で「武力統一」のポピュリズムが高まっていることを懸念し、両岸は「対抗をやめ、敵視を停止し、汚名を着せるのをやめて全面的な往来を回復し、両岸が受け入れられる一つの中国の新概念を創造しよう」と、武力統一論を批判する文章を発表した。

これに対し米国在住の中国の社会学者、李毅氏は「微信（ウイチャット）」で、「台湾朝野と台湾社会に誤ったシグナルを与え、統一を妨害する作用しか与えない」と、章論文を厳しく批判した。さらに李毅の主張に対し、厦門大台湾研究院の陳孔立教授*6が「李毅氏は台湾の歴史や、台湾同胞と大陸同胞の意識が異なるのを理解していない」などと批判、「平和統一」と「武力統一」をめぐる論争は続いている。

二、米国の台湾戦略とその変化

台湾関係法が政策の基礎

続いて、米国の台湾戦略とその変化を検証する。トランプ政権は、台湾カードを次々と切っているが、それは従来の米台湾政策の延長戦上にあるのか、それとも「一つの中国」政策見直しを含む、大転換を意味するのかがポイントである。

歴代米政権の台湾政策の柱は、「台湾関係法」*7と「6つの保証」*8にある。台湾関係法の目的は、台湾への武器輸出を通じ台湾を守る軍事力を維持することにある。

米中両国は1982年8月17日、台湾への武器売却問題に関し「共同声明」（「8・17コミュニケ」）を発表し、米国側は「台湾に対する武器売却を次第に減らし一定期間のうちに最終的解決に導く」と表明した。一方、「6つの保証」は、中国への妥協とも受け取れるこのコミュニケの内容について、当時のレーガン政権が「武器供与の終了期日を定めない」と台湾側に約束する「秘密文書」である。

米歴代政権は、この二つに基づき、中国を刺激しないよう慎重に台湾政策を運用してきた。ところがトランプ政権は、多くの戦略文書に台湾を明確に書き込むようになった。米台断交40年の歴史の中でも突出している。2018年の「台湾旅行法」成立に伴い、双方の政権高官の往来も増加している。

トランプは政権発足直前の2016年12月2日、蔡英文と電話会談し「一つの中国」政策の範囲の限度を試すような揺さぶりを北京にかけた。だが米国の「一つの中国」政策の枠組みは維持されており、台湾政策の本質的変化ではなかった。トランプ自身は大統領再選という最優先課題を実現するために、対中冷戦イニシアチブを仕掛けその一環として台湾カードを切っているふしがある。同時に従来の政権が採ってきた慎重な対中政策を転換し、「一つの中国」政策を踏み外しかねない際どい台湾政策に出ているのも事実である。

「中国との衝突」前提にする新戦略

台湾政策の「際どさ」は、シャナハン米前国防相代理が2019年6月に発表した「インド太平洋戦略報告」*9 に表れている。報告は「中国との衝突」に備え次の三点を挙げた。

1、いかなる戦闘にも対応できるアメリカと同盟国による「合同軍」の編成

2、米中衝突に備え日米同盟をはじめ同盟・友好国との重層的ネットワーク構築

3、中国と対抗する上で台湾の軍事力強化とその役割を重視

「中国との衝突」を前提に、同盟再構築と台湾軍事力強化を強調したのは、歴代米政権が採ってきた「中国関与政策」の否定にあたる。ポンペオ国務長官が2020年7月23日に行った対中国政策演説*10で、対中関与政策を全面否定し、中国共産党体制の転換を呼びかけた主張と通底している。

さらに、米国の台湾支援強化の法的裏付けである「2020会計年度国防権限法」は、米国の台湾軍事支援の内容に具体的に踏みこんでいる。同法は「米国と同盟国およびパートナーが、国際ルールの認める

いかなる場所でも飛行、航行できる約束を守る姿勢を示す」とし、「米軍艦が引き続き定期的に台湾海峡を通過するべき」と提言した。

その意図は、日本、台湾、豪州を含む「同盟国」「友好国」とともに、海洋進出を強化する中国への抑止効果にある。日本の役割については別稿*11をお読みいただきたい。

日本メディアは「米中覇権争い」と、あたかも中国が米覇権に取って代わろうとしているかのように伝える。北京が軍事・経済力の増強を背景に、台湾への圧力を強めているのは事実だとしても、物事には順序がある。トランプ政権登場以降の台湾戦略の変化こそ、台湾海峡の緊張激化の主因である。

揺らぐ米同盟の維持が目的

では戦略変化を促したものは何か？　アジアの安全保障を専門にする米研究者の分析から探ろう。保守系の米ランド研究所のマイケル・チェイス*12は、米国の台湾関与について「ワシントンが、中国の圧力戦術に対処する台湾を助けなければ、あるいは中国の強硬策を阻止できなければ、同盟国とパートナー、特に日韓両国は米国が決意と能力を欠いているとみなすだろう」と指摘した。

米国を中心とする同盟構造が中国の政治・経済・軍事的台頭によって揺らいでいること。台湾を支援しなければ、東アジアの米同盟の柱である日本と韓国から足下を見られてしまう。強固な同盟関係を維持するためにも、台湾防衛の強い意思を示さねばならないと説くのである。

チェイスは今後について「10年前と比べ、中国が一方的な行動をとるリスクは高まっている。中国の強制力に対する台湾の対応能力を高める多面的なアプローチが必要」と指摘する。具体的には「抑止力を強化する一方、安定維持のために柔軟性を維持すべき」として

①「一つの中国政策」の枠組み維持

②一方的な現状変更に反対の意思表明
③台湾の世界保健機関（ＷＨＯ）など国際機関への加盟支援
④オーストラリア・日本を含むパートナーとの台湾の戦略対話交流強化を側面支援
⑤環太平洋経済連携協定（ＴＰＰ11）への台湾加盟支持―などを挙げた。

「戦略的曖昧」放棄せず

チェイスもまた台湾政策の第一に、「一つの中国政策」の枠組み維持を挙げる。台湾戦略を大きく変化させたトランプ政権だが、台湾を「国家承認」するような「一つの中国政策」は逸脱すべきではないという意味である。その上で、トランプの今後の台湾政策を予測すれば、チェイスが挙げた②～⑤になるだろう。「一方的な現状変更に反対」は抽象的過ぎるが、米側の対中挑発の大半は、それを理由にしている。

台湾問題は、中国の核心利益にかかわるだけに、中国も簡単に「取引」や「妥協」に応じられない。米中「駆け引き」が台湾海峡に引き寄せられると、米中衝突の危険性は当然増していく。ワシントンも北京も台北も「台湾有事」を望んでいない。米中衝突は常に「核戦争」の危機をはらんでいるからだ。

その一方、「米軍が台湾に部隊を駐留させ中国が武力で台湾統一を図るのを抑止すべき」と提案する米海兵隊大尉の論文が２０２０年９月末、米陸軍大学の雑誌*13に掲載され、「環球時報」*14は「（駐留）は一つの中国政策の完全な終わりを意味するだけでなく、戦争を意味する」と応じた。

米外交専門誌「フォーリン・アフェアーズ」は９月、米国は台湾防衛に関する「戦略的曖昧」を放棄し、台湾防衛の意図を鮮明にするべきと主張するリチャード・ハース元国防省政策企画局長の論文を掲載した。

しかし、ポンペオ国務長官は10月21日の記者会見で、「我々の台湾政策は変わっていない」と述べ、「戦略的曖昧」を維持している姿勢を示した。

「戦略的曖昧」の維持は、北京に対しては「一つの中国」政策を維持する安心感を与え、一方台北に対しては「武力で台湾を守る」ことを否定しないことによって、北京の武力行使を抑止する二重の効果があるとされてきた。

米国が台湾海峡での衝突を避けたい理由についてある安全保障の米専門家*15は「(米国が初戦で勝利しても)『勝利』は高価な代償を強いる。台湾の永久的な防衛維持のために数千億米ドルを支出せざるを得ず、国防予算激増は米国を疲弊させる」と説いている。グローバル・リーダーから退場しつつある米国に、もはやそんな力はないはずだ。

同時に中国にとっても、2400万台湾人の大半が中国との統一を望まない現状で、仮に軍事的に勝利したとしても、その後の「台湾統治」のリスクは果てしなく大きく、統一の果実などない。今、武力統一する客観的条件は全くないと言っていいだろう。

ただ緊張の舞台が台湾海峡からシフトしても、米中衝突の危険が去るわけではない。思い出すのは、2001年4月1日、沖縄・嘉手納基地を飛び立った米軍電子偵察機EP3が海南島上空で、中国戦闘機と接触し海南島に緊急着陸した事件。

この時は米政権が中国に「お詫び」を表明したのを受け、24人の乗員を引き渡して全面衝突は避けられた。2001年と比べれば、中国軍の能力ははるかに向上しており、偶発的衝突の危険も増していると言っていいだろう。

米軍機の台湾領空飛行も中国戦闘機の中間線越境も、いずれも「挑発」への報復と、相手側の出方をうかがう行動である。ただ中国側は「実戦的訓練」との表現で「実戦」に一歩近づいた印象を与えている。台湾有事における米中の優劣シナリオを安全保障の専門家が描くのは当然であろう。しかし軍事的優劣からのみ台湾情勢を語り予測するのも、危険な方法論だと思う。

三、「第4次危機」と言えるか？

冒頭では「第4次台湾海峡危機」という表現を使ったが、それは実相を反映しているだろうか。台湾海峡では、1950年代から1990年代にかけ計三回にわたって「危機」と呼ばれる軍事緊張が起きた。まずそれらと比較する。

第1次危機は1954〜1955年。朝鮮戦争休戦協定の調印によって台湾統一に目を向ける余裕が生まれた中国側は、浙江省の島嶼部で攻勢をかけ、国民党軍は支配していた江山島、大陳島を放棄した。

第2次は1958年の金門島砲撃戦。当時のアイゼンハワー米政権が、米国の台湾防衛の範囲を台湾本島に限定し、「大陸側島嶼部での攻防には米軍は関与しない」との方針を、中国側が「試した」という見方もある。1次、2次とも北京が「武力解放」を戦略方針にしている時期だった。

第3次危機（1995〜1996年）は、当時の李登輝総統による初の総統民選に向けて、中国が台湾にミサイル発射演習を実施。これに対し米国は台湾海峡に「ニミッツ」、「インディペンデンス」の二空母機動部隊を急派し、中国側をけん制した。中国が「平和統一」戦略に転換（1979年）してから、初の軍事的緊張だった。

第1と第2次危機が国共両軍による限定的「熱戦」だったのに対し、第3次は熱戦を伴わない米中間の睨み合いという違いがある。しかも李登輝政権下で両岸の経済相互依存関係が強まる時期でもあったから、軍事的緊張は、米中がお互いの出方を試す「虚構」的な印象も拭えなかった。

今回は、中国軍機が中間線を越境、台湾海峡南北端で実戦的演習を行うなど、「第3次危機」に匹敵する軍事緊張が既に起きている。「環球時報」が今後の中国軍の展開として挙げた、①軍用機の台湾上空飛行、②台湾上空を通過するミサイルの試射、③台湾東部海域での演習―が実際に行なわれれば、米側も確実に報復に出る。「一触即発」の危機が訪れ、「第４次海峡危機」と言ってもいい状況が生まれるはずだ。

英紙フィナンシャル・タイムズのキャスリン・ヒル記者は10月1日付けの記事の中で、米太平洋艦隊司令官を務めたデニス・ブレア退役海軍大将の「中国は（侵攻のような）特定の事態を準備しているわけではない。軍事力で政治意思を表明する軍事外交を行いつつ、台湾の戦闘機を消耗させることを狙っている」とのコメントを引用。ブレアは、その具体的根拠として、中国が台湾を標的とした陸海軍共同演習を１０００人前後より大きな規模で実施したことはなく、「実際に台湾を侵攻するつもりなら、８万人の兵士を動員する必要があるはず」と述べた、と書いている。

中国軍の能力向上

「第４次」危機の特徴を挙げる。まず国際政治の文脈で押えたいのは、トランプ政権が経済・貿易からハイテク技術、経済発展方式、軍事、イデオロギーまであらゆる領域で、中国の台頭を抑え込もうとする「新冷戦イニシアチブ」の中から生まれたこと。米中戦略対立の長期化が避けられない以上、台湾海峡での軍事的緊張も「エンドレス」になるかもしれない。

それに加えて幾つかの新たな特徴がある。

第１は中国軍の能力の飛躍的向上。第３次危機から25年が経ち、中国は空母を保有し、第１列島線を突破する能力を備えるまでになった。同時に「多軍種」、「多方面」、「体系的」、「実戦化」に向けて、中国軍の「統合作戦能力」も格段に向上した。

第２は、軍事的緊張の舞台が台湾海峡にとどまらず、南シナ海からインド洋へと拡大したこと。南シナ海の領有権紛争に加え、米日豪が中国の海洋進出をけん制する舞台を南シナ海、インド洋まで拡大したためであり、緊張の舞台が広域化し、「当事者」も米中台の三者から、日本や豪州へと増えるかもしれない。

中国軍の能力向上をすこし具体的にみておこう。

「遼寧」は蔡政権が発足した２０１６年末から２０１７年初めにかけ、台湾を初めて周回する演習を行った。さらに２０１９年６月にも、「遼寧」など６隻の空母艦隊が宮古島を通過。米領グアムに接近した後、南シナ海を経て台湾海峡を通過した。

「遼寧」の台湾周回は、台湾進攻に備えた演習ではない。実戦能力を誇示し「勢力範囲」の拡大を示すのが狙いであろう。「遼寧」は２０２０年４月11日、やはり宮古島を南下し台湾付近を通過。４月12、22日には台湾南部のバシー海峡を通過し、22～28日まで太平洋で演習を行った。台湾筋は「(中国が) 感染症対応で米台が接近していることを警戒し、軍事的圧力をかけている」と分析した。

この演習については「グアムで検疫期間中だった米空母『セオドア・ルーズベルト』が欠けた状況の米軍の反応を見る狙い」という分析*16もある。

際どい米爆撃機の飛行

中国空軍の活動も活発化している。中国軍の戦闘機は２０１７年に続き２０１９年3月末にも、台湾海峡の「中間線」を越境した。２０２０年に入ってからは2月10日、大型爆撃機「轟炸六型」(H-6) が越境、前述の9月18日～19日の越境につながる。

越境の狙いはまず「威嚇効果」。さらに全天候型で長時間にわたる密集訓練だったことから「実戦を模した訓練にシフトしている」という見方が軍事専門家の間では出ている。

台湾国防部は9月10日、中国軍が台湾南西部の南シナ海で、大規模な海空軍による合同軍事演習を行い、台湾まで90カイリ (約１６６キロメートル) の地点でも訓練したと発表した。９日の演習には、中国軍戦闘機約30機と艦艇7隻が参加、台湾の防空識別圏（ＡＤＩＺ）に進入した戦闘機は10日と合わせて約40機に上ったという。

この演習の狙いは、チェコのビストルチル上院議長ら89人が8月30～9月4日まで台湾を訪問したことへの「報復」であろう。

一方、米軍の台湾海峡周辺での飛行も頻繁化している。２０２０年5月4、6日、米空軍の新鋭Ｂ-1Ｂ爆撃機2機が、台湾北東空域を飛行した。中国軍が5月14日から2か月半にわたって渤海湾で行うと発表した大型演習への牽制であろう。

Ｂ-1Ｂ爆撃機2機はさらに8月16日、グアム・アンダーセン空軍基地を飛び立った後、台湾東空域から東シナ海上の中国防空識別圏内を飛行し、その後日本海経由で米本土の空軍基地に戻った。中国が台湾を攻撃するなら米軍もいつでも対応できるというサインであろう。かなり際どい飛行である。

米軍の「挑発行動」はほかにもある。台湾国防部は6月9日、沖縄の嘉手納基地を飛び立った米軍Ｃ-40Ａ輸送機「クリッパー」が、台湾北部と西部の台湾領空を通過したと発表した。米軍機が台湾領空を通過するのは極めてまれである。

中国が主権を主張する台湾領空を通過することで、中国が主張する「一つの中国」〝原則〟に挑戦する試みとも言え、露骨な「挑発」である。これに対し中国空軍機は同日から数日にわたり、台湾南西部から広がる台湾防空識別圏（ＡＤＩＺ）*17内を飛行する「報復」で応じた。

参考までに言えば台湾のＡＤＩＺは、１９５０年代に米軍が引いたもの。ＡＤＩＺは12カイリの領空とは異なり、空域に入ったからといって国際法違反ではなく、関係国が自由に引くことができる。日本と台湾のＡＤＩＺ錯綜については別稿*18を参照されたい。

南シナ海・インド洋へ広域化

「第4次危機」の第2の特徴は、軍事的緊張の舞台が台湾海峡にとどまらず、南シナ海からインド洋へと拡大していること。中国軍は２０２０年7月1日から、南シナ海の西沙（英語名パラセル）諸島海域と東シナ海、黄海の三海域でほぼ同時に軍事演習を行った。西沙はベトナムも領有権を主張している。中国は4月に南沙（英語名スプラトリー）諸島などを管轄する「南沙区」と「西沙区」の新設を明らかにし、南シナ海の実効支配を強めている。

これに対し米軍は同じく7月初め、空母ニミッツとロナルド・レーガンを南シナ海に派遣し大規模な軍事演習を行い、中国に対抗する姿勢を一段と高めた。米国防総省は7月2日の声明で、中国の軍事演習について「中国が南シナ海の軍事拠点化や近隣諸国に対する威圧を改めると期待しつつ状況を注視する」と発表した。

これに対し、中国側は、南シナ海や台湾に近い広東省の沖合などで8月24～29日の日程で軍事演習をすると発表した。一方、米海軍は8月17～31日にハワイで、多国間海上演習「環太平洋合同演習（リムパック）」を行っており、南シナ海での中国軍の演習はこれに対抗する狙いを指摘した中国メディアもある。

中距離ミサイル発射の意味

こうした中、米国防当局者は8月26日、中国軍が内陸部の青海省と、東部の浙江省から南シナ海に向けて中距離弾道ミサイル4発を発射したと明らかにした。ミサイルは南シナ海のパラセル（中国名・西沙）諸島と海南島の間の海域に着弾。香港の「サウスチャイナ・モーニング・ポスト」によると、発射されたミサイルは、グアムの米軍基地を射程に収める「グアムキラー」（ＤＦ26・射程約４０００キロ）と、「空母キラー」と呼ばれる対艦弾道ミサイル「ＤＦ21Ｄ」（同１５００キロ以上）。

米国はミサイル発射の26日、南シナ海での軍事拠点建設に関わったとして、中国国有の中国交通建設の傘下企業など24社を、安全保障上の問題がある企業のリストである「エンティティー・リスト」に27日付で追加すると発表した。米中双方の応酬はエスカレートする一方である。

中国軍の中距離ミサイル発射演習の意図について朱建栄・東洋学園大教授*[19]は次の三点から説明する。

①台湾独立の試みに関わる内外の挑発に対し、あらゆる軍事手段を含め必ず反撃する。戦略的兵器であるミサイルの発射も、台湾をめぐる動きへの対応が目的。

②南シナ海を含め、ほかの地域や領域では米側からの挑発と仕掛けをかわすことに重点を置き、不測事態の発生回避に努力。

③米側の国内政治に由来する思惑にハマらないよう忍耐しているが、中国の我慢の限界を越えないよう警告。

台湾海峡通過の日常化

台湾海峡と南シナ海での軍事的緊張を「切れ目なく」つなげる役割を果たしているのが、米軍艦艇の台湾海峡通過である。米軍艦が国際海峡である台湾海峡を通過するのは、国際法上何の問題もない。

しかし第3次海峡危機の際、米空母が台湾海峡を通過して以来、米軍艦の海峡通過は政治性を帯び、台湾防衛に向けた米側のデモンストレーションと言っていいだろう。米軍艦艇による台湾海峡通過は、２０１７年は1回だけだった。だが２０１８年は3回、２０１９年から２０２０年になると毎月１回の頻度と増えている。ミサイル駆逐艦２隻艦隊で航行した事例や、米海軍駆逐艦と沿岸警備艇による艦隊編制もあった。ドック型輸送揚陸艦がＰ８哨戒機２機とともに台湾海峡を航行したケースもある。

防衛研究所のリポート*[20]は、米空軍航空機は２０２０年初めから5月10日までに、「南シナ海・東シナ海・黄海・台湾海峡で39回飛行」しており、「２０１９年の同時期と比較して３倍以上の飛行回数」と指摘している。

米国の台湾への武器供与の内容については、末尾註*21をご覧いただきたい。

四、米国傾斜強める蔡政権

軍事力強化で中国に対抗

「第４次台湾海峡危機」とすら言える緊張が漂う中、台湾側はどのような対応をしているのか。

蔡英文・台湾総統は２０２０年１月11日投開票の台湾総統選挙で、過去最多の８１７万票（得票率57・1％）を獲得して圧勝・再選された。勝利直後の記者会見で、蔡は今後の両岸関係については「平和、対等、民主、対話」の８字からなる四原則で臨み、北京が善意で応えるよう希望すると述べた。

一見、低姿勢で中国との対話再開を求めたように映る。しかし蔡は英ＢＢＣ放送とのインタビュー*22（１月14日）で、「（中国との）戦争の可能性は常に排除できない。その準備を十分にし、防衛能力を高めれば、台湾侵略は高い代償を支払うことになる」と、軍事力強化によって、中国に対抗する姿勢を見せた。米中対立激化の中、米国依存と米国傾斜を強める路線でもあった。

繰り返すが、台湾の現状と将来は、（１）台湾独立に反対し統一を求める中国、（２）台湾の民意、（３）台湾軍事支援を通じ現状維持を図ろうとする米国―の三者の力の相互作用によって決定される。しかし蔡英文は高い支持率（台湾の民意）を背景に「聯美抗陸」（米国と連携し大陸に抗戦する）というアンバランスな路線を選択した。

蔡政権は第１期には、公務員の年金改革など内政改革に傾注、支持率は一時20％台に低迷した。２０１

8年11月に行われた統一地方選では惨敗*23し、一時は再選すら危ぶまれた。蔡は「台湾独立路線」をむき出しにした陳水扁政権と異なり、第1期には「現状維持」路線を強調して当選した。有権者からみれば、「現状維持」の枠に縛られた台湾社会・経済の在りようは馬英九政権も蔡英文政権でも大した違いはない。

しかし「現状維持」では、台湾の未来や理想は描けない。特に、独立志向の強い民進党支持者の蔡離れは顕著だった。「現状」に閉じ込められれば「閉塞感」しかなくなる。そんな中、2019年夏に始まる香港抗議デモは蔡にとって「天祐」になった。蔡は「今日の香港は明日の台湾」と、「一国二制度」による統一攻勢を強める中国を批判し、対中警戒と反発を煽る戦術が奏功し再選を果たしたのだった。

「他力本願」の勝利であり、積極的支持を得たわけではないが、「聯美抗陸」路線が高支持率を維持できることに味を占めたのだろう。二期目の蔡は、まるで人が変わったかのように「学者総統」から「反中闘士」へのイメージ・チェンジを図った。

安保協力と米台FTAを最優先

中国を敵視すれば支持率は上がるが、敵視だけでは台湾の将来と生存の保証にはならない。台湾にとって中国は輸出の4割を占める相手であり、大陸は台湾の経済的命脈を握っている。李登輝政権とそれ以降の民進党政権は、中国への過度な経済依存は安全保障上のマイナスとして、投資・貿易先を東南アジアなどに分散する「南向政策」をうたってきたが、ことごとく失敗してきた。

大陸との文化的・距離的近さに加え、台湾が得意とするIT分野では、大陸との間で複雑に入り組んだサプライチェーン（部品供給網）があり、これを断ち切るのは簡単ではない。もちろん人口2400万人の島にとって14億市場を失うわけにはいかない。

蔡は2020年8月12日、米保守派シンクタンク「ハドソン研究所」のテレビ演説で、第2期政権の最優先課題として、「米台安保協力の推進」と並び、米国との自由貿易協定（ＦＴＡ）交渉推進の二つを挙げた。

中国とのデカップリング（切り離し）を進める米国は、スティルウェル米国務次官補（東アジア・太平洋担当）が８月、台湾との新たな経済対話を創設する考えを明らかにした。これに応え蔡は８月末、米とのＦＴＡ締結に向け米国産牛肉と豚肉の輸入規制を撤廃すると発表する。

トランプ政権はアザー訪台に続き、９月17日にはクラック米国務次官（経済成長・エネルギー・環境担当）を訪台させ、李登輝元総統の葬儀（19日）に参列させた。米台経済協力で注目されるのは、米国が日本、台湾など「信頼できるパートナー」との間でサプライチェーン（供給網）の再構築を急いでいること。米国在台協会（ＡＩＴ）は９月４日、チェコ上院議長の訪台に合わせ、台北で欧州連合（ＥＵ）、日本の代表機関と共同で、新たな経済連携を目指すフォーラムを開催した。

蔡も９月18日、クラック米国務次官を招いた歓迎夕食会に、半導体世界大手の台湾積体電路製造（ＴＳＭＣ）創業者の張忠謀氏を同席させた。トランプ政権は、米国技術を使い生産した半導体のファーウェイへの売却を禁止しており、ＴＳＭＣは米国に半導体工場を作る方針を明らかにしている。

最大の問題は対中依存であろう。蔡は経済の脱・中国依存を主張し、大陸の台湾企業の回帰を促し一定の成果は挙げている。しかし２０１９年の対中輸出依存度は約４割と依然として高い。２０２０年第１・四半期に、台湾当局が認可した対大陸投資額は、前年同期比63・８％増の20・１億米ドルと依然高い水準にある。

コロナ禍で台湾経済への悪影響が広がる一方、中国の経済的重要度を見直せば、蔡政権の求心力が揺らぐ可能性もある。蔡は、米国とのＦＴＡ推進のため米国産牛肉と豚肉の輸入規制を撤廃する方針を発表したが、賛成はわずか17・９％に過ぎず、73・７％が「賛成しない」と答えた（美麗島民調：２０２０年８月国政民調＊24）。

米軍は台湾を防衛しないと馬英九

問題の第二は、トランプ政権との過度な連携は、台湾の長期的利益になるかどうかである。トランプ政権が次々に切る台湾カードは、台湾を「取引の道具」とみなし、その一貫性や本気度には疑念が残る。

蔡もそのことを十分意識しているようだ。台湾メディアによると、蔡は２０２０年８月５日、主席を務める与党・民主進歩党（民進党）の党内会議で、米中関係の激しい変化が両岸情勢に与える影響について「我々は今の状況をよく見極め落ち着いて対応すべきだ。（米国から）支持を得ても、突き進むことがないようにする必要がある」と冷静な対応を求めたという。

トランプ政権の台湾防衛に向けた本気度については台湾でも常に議論の的になってきた。馬英九前総統は２０２０年８月10日の講演で、中国による台湾攻撃は「初戦すなわち終戦」であり、「もし戦争が始まれば、それは非常に短時間で終わり、台湾に米軍の支援を待つ機会を与えないだろう。その上、現在、米軍が来るのは不可能だ」と述べた。

馬の見立てが正しいかどうかはともかく、註15で紹介した米軍事専門家のダニエル・デービスも、台湾防衛には巨額の財政支出を米国に強いるため、コスト・パフォーマンスが悪いという経済的側面からの否定論を展開していることを指摘したい。

南西諸島が戦場に？

日本の自衛隊関係者からも、米軍の東アジア防衛姿勢について同様の見解が示されたことがある。

海上自衛隊の幕僚長を２０１６年７月まで務めた岩田清文氏は、日米安保協力について興味深い発言をしている。２０１７年9月16日付の共同通信電によると、岩田氏はワシントンのシンポジウムで「米国が南シナ海や東シナ海で中国と軍事衝突した場合、米軍が米領グアムまで一時移動し、沖縄から台湾、フィリピンを結ぶ軍事戦略上の海上ライン『第１列島線』の防衛を、同盟国の日本などに委ねる案が検討されている」と明らかにした。

岩田はさらに「米軍が一時的に第1列島線から下がることになれば、日本は沖縄から台湾に続く南西諸島防衛を強化する必要がある」と訴えた。かみ砕いて言えば、米中有事の際は、安保関連法に基づき、日台が協力して中国軍に対峙することがシナリオの一つに挙げられていることを意味する。

これは「台湾有事」の場合も同様であろう。南西シフトした自衛隊が、台湾とともに中国軍と正面衝突することを想定するシナリオでもある。その場合、先島諸島と沖縄本島、奄美にある米軍と自衛隊基地が、中国の標的になり「戦場」と化す可能性は高い。

これは「中国が攻めてきたらどうする」という問題設定から、日本も相応の軍事力強化によって抑止力を持つべきという回答を引き出すような課題ではない。「中国との関係改善こそ日本がとりうる唯一の選択肢。軍事力を強化して対抗していくことは賢明な策とは言えない」（国際政治学者　イアン・ブレマー＊25）。台湾有事や米中衝突を避けるために、日本がどうのように外交努力すべきかという課題が突き付けられている（敬称一部略）。

＊1 台湾「聯合新聞網」9月21日「衝突回避に向け国軍が自衛反撃権に改訂」
https://udn.com/news/story/10930/4875930?from=udn-catelistnews_ch2

＊2 新华社：专家称东部战区演练彰显反对〝台独〞分裂和外部势力干涉坚强决心
https://gifts.xmu.edu.cn/2020/0821/c14278a411990/page.htm

＊３「二国論」
李登輝総統は１９９９年７月にドイツのラジオ局「ドイチェウェレ」とのインタビューで中台関係を「特殊な国と国の関係」と規定、「１９９１年の憲法修正後、両岸関係は特殊な国と国の関係となった」「現在は一つの中国は存在しない。将来、民主的に統一されて初めて『一つの中国』が可能になる」などと述べた。

「一辺一国論」

陳水扁総統は２００２年８月、世界台湾同郷聯合会第29回東京年会での談話で、「台湾と対岸の中国は一辺一国と明確に分かれている」と述べた。

＊４ 王在希预测未来４年：两岸关系冷对抗但不会摊牌
http://www.huaxia.com/jjtw/dnzq/2020/01/6340162.html

＊５「中国時報」《两岸重开机系列一：章念驰》找出两岸关系新出路
https://www.chinatimes.com/cn/opinion/20200713003473-262104?chdtv

＊６ 中国評論新聞２０２０年７月21日 「陈孔立：章念驰何罪之有?」
http://bj.crntt.com/doc/1058/2/9/1/105829149.html?coluid=1&kindid=0&docid=105829149&mdate=0721110004)

＊７「台湾関係法」
カーター米政権による１９７９年１月１日の米中国交正常化と台湾断交を受け、米議会が１９７９年４月、台湾に防衛兵器の供与継続などを約束し、米国の台湾問題に対する影響力を維持する目的で制定。同法は（１）北京との外交関係樹立は台湾の将来が平和的手段で決定されるとの期待に基づく、（２）台湾の将来を非平和的手段により決定しようとする試みは西太平洋地域に対する脅威とみなす、（３）台湾に防衛的性格の武器を供給する、（４）アメリカは台湾の人々の安全や経済体制を危険にさらすいかなる武力行使または他の形による強制にも抵抗する能力を維持する、（５）台湾のすべての人々の人権の保護および増進は、これによりアメリカの目的として再確認されること—などの規定が盛込まれた（出典　ブリタニカ国際大百科事典　小項目事典）。

＊8「6つの保証」
レーガン米政権が1982年8月17日、シュルツ米国務長官が在台協会台北事務所長に送った台湾政策の方針。米国在台湾協会（ＡＩＴ）は２０２０年8月31日、同ウェブサイト上に、米政府による「６つの保証」に関する国務省の機密文書の全容を掲載した。

①台湾への武器供与の終了期日を定めない。
②台湾への武器売却に関し、中国と事前協議を行なわない。
③中国と台湾の仲介を行わない。
④台湾関係法の改正に同意しない。
⑤台湾の主権に関する立場を変えない。
⑥中国との対話を行うよう台湾に圧力をかけない。

＊9「INDO-PACIFIC-STRATEGY-REPORT」
https://media.defense.gov/2019/Jul/01/2002152311/-1/-1/1/DEPARTMENT-OF-DEFENSE-INDO-PACIFIC-STRATEGY-REPORT-2019.PDF)

＊10「Can America Successfully Repel a Chinese Invasion of Taiwan?」by Daniel L. Davis
https://nationalinterest.org/blog/skeptics/can-america-successfully-repel-chinese-invasion-taiwan-166350

＊11「空母化する「いずも」の訓練実態」
https://www.businessinsider.jp/post-199059

＊12「Averting a Cross-Strait Crisis」
https://www.cfr.org/report/averting-cross-strait-crisis

＊13 September-October 2020 issue of the Military Review "Deterring the Dragon: Returning US Forces to Taiwan"
https://www.armyupress.army.mil/Portals/7/military-review/Archives/English/SO-20/Mills-Deterring-

Dragon-1.pdf)

＊14「環球時報」９月24日「米軍が台湾に再駐留?・それは戦争を意味する」
https://opinion.huanqiu.com/article/400zVQfNA2Y

＊15 Daniel L. Davis［Can America Successfully Repel a Chinese Invasion of Taiwan?］
「The National Interest」 August 6, 2020
https://nationalinterest.org/blog/skeptics/can-america-successfully-repel-chinese-invasion-taiwan-166350

＊16「緊迫化する台湾本島周辺情勢【２】―高まるバシー海峡・東沙島の地政学的重要性―」（防衛研究所　２０２０年６月16日）
http://www.nids.mod.go.jp/publication/commentary/pdf/commentary124.pdf

＊17 海峡両岸論　第42号「海と空の共同管理が狙い　中国の防空識別区設定」
http://21ccs.jp/ryougan_okada/ryougan_44.html

＊18 海峡両岸論第13号「メディアに蠢くナショナリズム　普天間決着に利用された中国艦隊」
http://21ccs.jp/ryougan_okada/ryougan_13.html

＊19 朱建栄「異なる視点論点⑬（２０２０年９月２日）」「制御可能な衝突」を仕掛けるトランプに、中国が「戦略周旋」新戦略」

＊20「緊迫化する台湾本島周辺情勢【２】―高まるバシー海峡・東沙島の地政学的重要性―」
http://www.nids.mod.go.jp/publication/commentary/pdf/commentary124.pdf

＊21 米国の台湾武器供与
香港発のＣＮＮは２０２０年８月18日、台湾が米国製のＦ16Ｖ戦闘機66機を調達することが確実になったと報じた。ロイター通信は19年８月16日、トランプ政権が台湾にＦ16Ｖ戦闘機66機を約80億ドル（約８５００億円）で売却する方針を固めたと報じており、これが実現することになる。米台間の武器売買では最大規模。戦闘機売却はブッシュ（父）政権時代の１９９２年以来、約28年ぶり。Ｆ16Ｖは航続距離が長く中国側基地への攻撃も可能

で、台湾の軍事力を大きく高めるとされる。トランプ政権は19年７月８日にも、Ｍ１Ａ２エイブラムス戦車１０８両など22億ドルの武器供与を発表しており、台湾への武器供与を加速している。さらに米政府は20年10月21日台湾に空対地ミサイルなど18億ドルの武器売却を承認した。トランプ政権になってからの武器売却はこれまで①17年６月、対レーダーミサイルなど約14億ドル②18年９月　軍用機部品など約３億ドル③19年４月、台湾の戦闘機パイロットへの訓練など約５億ドルで提供―などだった。

＊22 蔡総統、「中国は台湾を尊重すべき」　ＢＢＣ会見
https://www.bbc.com/japanese/51115825

＊23 海峡両岸論第97号「無党派・ミレニアルが将来を左右　台湾地方選から民意動向を読む」
(http://21ccs.jp/ryougan_okada/ryougan_99.html)

＊24 美麗島民調：２０２０年８月國政民調
(http://www.my-formosa.com/DOC_160950.htm

＊25「朝日」２０１８年８月24日

新冷戦と朝鮮有事
――戦争回避につながる終戦宣言――

東京新聞論説委員　五味　洋治

米国が貿易、軍事を含む幅広い範囲で中国に圧力をかけている。新冷戦と呼ばれるこの事態は今後、「台湾有事」と「朝鮮半島有事」の2つが大きな焦点になる。双方とも中国と決定的な対立を呼び起こし、場合によっては軍事的な摩擦を生む危険性をはらんでいる。

こういった米中の対立のどさくさにまぎれ、与党自民党のミサイル防衛検討チームが、「相手領域内でも弾道ミサイルなどを阻止する能力」の保有を検討するよう求める提言をまとめ、政府に提出した。拒否反応を起こしやすい「敵基地攻撃能力」などの名称こそ使っていないが、専守防衛という建前を維持した上、北朝鮮や中国のミサイルの脅威を意識し、対抗することを狙ったものだ。

特に北朝鮮はここ数年ミサイルの発射実験を繰り返し、ミサイルの能力を飛躍的に向上させている。このため、自民党の中には、「やられる前に叩くべきだ」として、北朝鮮の基地を先制攻撃してミサイルを破壊することを堂々と主張する人たちが出てきている。

北朝鮮のミサイルといえば、日本政府は山口と秋田に地上配備型迎撃システム「イージス・アショア」で対応する予定だったが、ずさんな事前説明のため、地元からの強硬な反対に遭い、導入を断念した。

このため、この機会に一気に対応を飛躍させようという狙いだ。２０２０年の8月、自身の健康問題から突如、首相辞任を表明した安倍晋三氏は、辞任直前に異例の談話を出し、「敵基地攻撃」の必要性を強調した。

日本政府としての防衛努力を否定はしないが、北朝鮮の弾道ミサイルを抑制するのは簡単ではない。また、専守防衛を定めた日本の憲法や、米国との日米安全保障条約との関係でも大きな問題をはらんでいる。むしろ国民を危険にさらす可能性さえある。

本稿では、北朝鮮のミサイルの現状と韓国・米国の対応を検討する。そして、むしろ発想を180度変え、朝鮮半島の平和と安定を実現するため、日本が積極的に動く方が遙かに現実的であることを述べたい。

一、相互破滅を招くだけの「敵基地攻撃」

基本的なことから確認しておきたい。数々のハイテク兵器を開発、保有する世界一の軍事大国の米国であっても、現在の技術では、ミサイルを完全に迎撃することはできないということだ。

特に北朝鮮の場合、ミサイルの種類が多いうえ、連射や同時発射する技術も獲得している。また、迎撃されないように不規則な軌道を描いて飛ぶ弾道ミサイルも開発されている。ミサイルの多くは、人口1000万人が集中するソウルに向けられており、うかつに手が出せない。発射場所を選ばない「移動式発射台」（TEL）や、水中からの発射も可能となっており、発射地点を見極めるのは容易ではない。

たとえミサイルの発射地点が確認できたとして、通常の発射訓練なのか、韓国や日本、米国への攻撃なのかを区別するのも困難だ。こういった状況の中で、北朝鮮のミサイル基地を短時間に、しかも正確に攻撃するのは至難の業だ。また、有事の際に日本から攻撃されると考えれば、北朝鮮は自滅覚悟で先制攻撃に踏み切るかも知れない。

「敵基地攻撃」といえば、いかにも国防力を発揮しているようで、威勢良く聞こえるが、相手が中国であれ北朝鮮であれ「相互破滅」の結果しか招かない。あり得ない選択なのだ。このことは、日本の防衛当局者がもっともよく認識している。

それにも関わらず、政府与党が「敵基地攻撃論」に前のめりなのは、危機を煽って、陸上イージス導入失敗の批判を避けるためだろう。

全ては把握できない北朝鮮のミサイル基地

北朝鮮のミサイル基地はどこにあるのだろうか。米中央情報局（ＣＩＡ）は早くから基地の場所を探っていた。１９７０年に作成された資料では、地対空ミサイル（ＳＡＭ）基地が26ヵ所、レーダー基地が８ヵ所などとしていたという（米国の声＝ＶＯＡ放送、２０１９年2月21日）。これらの基地は北朝鮮全土に散らばって配置されている。相当数の秘密基地もあるとされる。地下や山中にも隠されており、十分には判明していない。

北朝鮮のミサイルに関連して、米韓軍当局や米国のシンクタンクの国際戦略問題研究所（ＣＳＩＳ）が詳細な報告書を作成している。

それによれば北朝鮮は弾道ミサイルを最大約９００発、スカッド・ミサイルを最大約４４０発保有している。さらに北朝鮮は移動式発射台（ＴＥＬ）を１０８基保有している。秘密基地も少なくとも13あるという。北朝鮮は２０２０年10月の軍事パレードで、新型とみられるＩＣＢＭ（大陸間弾頭弾）を公開した。

攻撃を避けるため、ミサイルは3つの基地ベルトに幅広く配置

北朝鮮のミサイルは全土に散らばって配置されているが、米韓の軍当局は、北朝鮮のミサイルが、概ね

3つの「基地ベルト」に配置されているとみている（朝鮮日報、2018年11月14日など）という。

第1のベルトは韓国との間にある非武装地帯（DMZ）周辺。DMZから50～90km離れた地域に位置しており、スカッド・ミサイルが配置されている。

スカッドは、約400基で射程が300～700kmと短く、韓国全域を射程に収めている。移動式発射台（TEL）も40台ほど配置されており、基地以外からも機動的に発射される。有事の際には、まずは人口が密集するソウルに向けて、一斉に火を噴くことになる。

第2ベルトは、第1ベルトの後方に位置する。DMZから北方90～150kmに構築されている。射程1200kmのノドンミサイルが300基上配置されているとされる。単純に射程だけみれば、在日米軍まで打撃することが可能だ。ノドンミサイルの移動式発射台も、30台内外あると推定されている。

第3ベルトはさらに後方の地域だ。平安北道、咸鏡南道、慈江道に位置している。DMZからは175km前後離れている。30～50基ほどの射程の長いムスダンミサイルが配置されている。30台内外の移動式発射台も配備されており、グアムの米軍基地を射程に収めている。

この3つ目のゾーンに、近い将来、ICBM級のKN08と呼ばれる大型ミサイルが配置される見通しだ。そうなれば、ハワイをこえて、米国本土まで攻撃できる。

北朝鮮は近年、潜水艦から発射する弾道ミサイル（SLBM）の試験も行っている。エンジン音の静かな原子力潜水艦はまだ持っていないようだ。陸上の基地だけでも把握は難しいが、海中発射にも警戒が必要になっているのが現実だ。

実験を通じて飛躍的に向上したミサイル性能

ここまでミサイル基地の現状を概観したが、今度は性能に目を向けてみる。北朝鮮はここ数年ミサイルを相次いで発射している。防衛省のまとめによれば、故・金正日総書記は、自分の在任中、弾道ミサイルを16発発射した。一方、その権力を引き継いだ金正恩・朝鮮労働党委員長は、２０２０年までに計88発も実験しており、種類も急激に増えていることがうかがえる。

米朝首脳会談が相次いで行われた２０１８年から２０１９年にかけてはミサイルの発射実験を控えたものの、２０１９年２月のハノイでの米朝首脳会談が決裂した後、５月から発射を再開。２０２０年３月は日本海への短距離弾道ミサイル発射をほぼ週１回のペースで繰り返し、緊張が高まった。

北朝鮮が「超大型放射砲」と呼ぶ連射型ミサイルも脅威の１つだ。発射間隔が短くなっており、技術の進展がうかがえる。２０１９年８月には約20分間隔だったが、２０２０年３月は１分未満に短縮している。

２０２０年３月21日に北朝鮮が発射した短距離弾道ミサイルと推定される飛翔体は、軌道が、ただ単に放物線を描く従来のものとは異なっていた。落下途中で水平軌道に戻り、その後再度落下を始めた。このため軌道が予測しにくく事実上迎撃ができない。ロシアの「イスカンデル」ミサイルをモデルにしたとみられている。

核弾頭の小型化にも成功した可能性

最近になって深刻な問題が浮上してきた。国連が、北朝鮮が核開発を継続し、「核弾頭小型化」にも成功した可能性があると初めて認めたのだ。

国連安全保障理事会北朝鮮制裁委員会の下で制裁違反について調べている「専門家パネル」は、定期的に報告書をまとめている。２０２０年８月３日に提出された報告書には、北朝鮮が核開発を続け、弾道ミサイルに搭載可能な核兵器の小型化について「恐らく実現した」とする複数の加盟国の見方が盛り込まれていた。情報源は不明だが、各国のインテリジェンス機関が集めた情報だろう。

この報告書は、北朝鮮が「高濃縮ウランの製造や実験用軽水炉の建設を含め、核開発を続けている」とも指摘していた。

ちょうど正恩氏は2020年7月18日、党中央軍事委員会の非公開会議を指導し、「戦争抑止力の強化」を議論している。同27日の演説では、「自衛的核抑止力によって、国家の安全と未来は永遠に守られる」と述べ、核保有の意思を強調している。核を放棄する考えは当面なさそうだ。

二、日本は核ミサイルの射程内と防衛白書

2020年度の日本の防衛白書は「北朝鮮は核兵器の小型化・弾頭化を実現し、これを弾道ミサイルに搭載してわが国（日本）を攻撃できる能力を既に保有しているとみられる」と記した。「北朝鮮の日本攻撃能力保有」という文言が入ったのは、初めてだった。北朝鮮が発射した弾道ミサイルが、日本列島上空を通過した事例はすでに5回もある。ただ、一般的なミサイルなのか、核弾頭を搭載できるものなのか、実際に核弾頭を搭載しているのかは、事前には区別しにくい。

この問題は、米国も悩ましている。米政府の安保政策にも影響を与えるとされるワシントンの民間団体カーネギー国際平和財団は2020年4月、「これが核兵器なのか　発射以前の曖昧性と意図しない紛争拡大」と題する報告書を公表した。相手が使用する兵器に対する正確な情報がない場合、核戦争といった予期せぬリスクを生むと警告する内容だった。

北朝鮮が所有するミサイルが核弾頭を搭載しているかは、重要な要素だ。万が一核ミサイルの場合、攻撃を受ければ、甚大な被害をもたらす。先制攻撃も選択肢に入ってくるためだ。

しかしそもそも北朝鮮が明確な攻撃の意思を持っているのなら、核を搭載したミサイルだと事前に明ら

かにする可能性はゼロだろう。

カーネギー国際平和財団の報告書は、北朝鮮との間ではミサイルをめぐり思わぬ危機を招き、紛争が拡大する危険性があると問題提起をしているのだ。

報告書はまた、北朝鮮が所有する核物質は量が限られているため、ミサイルに核弾頭が搭載されたとしても、ごく少数に限られるとの見解を示している。それでも、「核ミサイルなのか、一般のミサイルなのかをあいまいにすることで相手国からの攻撃をかわそうとする」（報告書より）ことが最大の問題なのだ。

北朝鮮は日本のどこを狙うのか

北朝鮮は、韓国や米国に対しては、攻撃を匂わす。例えば１９９４年３月、南北実務接触で北朝鮮のパク・ヨンス代表が「ソウルは火の海になる」と威嚇し、韓国で波紋を呼んだ。その後も、たびたび「火の海」に言及している。

韓国は、北朝鮮にとって体制の安全を確保する上での、「人質」のような存在だ。

米国に対しても、北朝鮮メディアは同じような報道を行っている。２０１７年７月、正恩氏を排除しようとする動

日本の領土を超えたミサイル

日　時	種　類	通過と落下場所（推定含む）
1998年8月31日	テポドン1号	北海道上空、 三陸沖の太平洋に落下
2009年4月5日	「テポドン2号」の改良型	秋田県と岩手県の上空
2012年12月12日	3段式の長距離弾道ミサイル	沖縄・先島諸島付近の上空
2016年2月7日	「人工衛星」と称する弾道ミサイル	沖縄県上空通過、日本の南約2000キロの太平洋上に落下
2017年8月29日	中距離弾道ミサイル	北海道上空550キロを通過 三陸沖太平洋に落下

日本政府の発表から作成

きに反発、北朝鮮外務省報道官が、「米国が我々の最高指導者を排除しようとする素振りをかすかにでも見せれば、時間をかけて増強してきた我々の強大な核のハンマーで、米国の心臓部を容赦なく攻撃する」と述べている。朝鮮中央通信（ＫＣＮＡ）が報じた。

このように北朝鮮が直接対峙しているのは、韓国や米国だ。

ただ、少ないが過去に日本への攻撃を示唆したことがある。２０１７年５月、北朝鮮外務省は、日本の対北朝鮮政策を非難し、「今までは日本にある米国の侵略的軍事対象（米軍基地）だけがわが軍の照準に入っていたが、日本が米国に追従して敵対的に対応するなら、我々の標的は変わるしかない」とする談話を発表した。

「日本の米軍基地を攻撃対象」と考えているだけでなく、場合によっては他の場所も狙う可能性に触れていることに注目すべきだろう。

無防備な日本の原子力発電所

米軍基地以外に、どこが狙われるのか？　その候補の１つは原子力発電所かもしれない。北朝鮮が狙うと言ったことはないが、原発は、地震や津波対策は取っていても軍事攻撃は想定していない。ひとたび攻撃されれば、放射能物質が漏れ出すなど、周囲に壊滅的な被害をもたらす。格好の攻撃目標なのだ。

実際、中東では原子炉が再三攻撃されている。イラクのサダム・フセイン政権は、バクダッド郊外の核施設に、フランスから輸入した原子炉を設置し、プルトニウムの濃縮を行おうとしていた。１９８１年６月、イスラエルは空軍機を使って、この原子炉を破壊した。将来の核兵器生産を恐れてのことだった。幸いなことにこの原子炉には核燃料は入っていなかったが、強固に建造されているはずの原子炉も、爆撃されると簡単に壊れてしまうことが証明された。

その後もイラクが、イランで建設中の原発を攻撃。２００７年9月には、シリアで建設中の原子炉とみられる施設をイスラエル空軍機が爆撃・破壊する事件が起こった。

日本には33基の商業用原子力発電所があり、一部が運転中だが、もちろん攻撃への備えなどはないし、想定もされていない。まったく無防備ということだ。北朝鮮の弾道ミサイルは命中精度が低いとはいえ、これで「敵基地攻撃」などを言い出すのは、自殺行為というしかない。

もちろん、国際社会の反対を押し切って核開発を進め、ミサイルの実験を重ねる北朝鮮の行動が問題だ。ただ、生き残りのため、懸命になっている北朝鮮の状況を軽視してはならない。

日本独自で動けない朝鮮有事への対応

北朝鮮のミサイルへの対応は日に日に難しくなっている。今の日米韓の防衛協力の体制では、日本が否応なく有事に巻き込まれる構造になっている。どういうことか説明しよう。朝鮮半島をめぐる同盟関係は、70年前に起きた朝鮮戦争の時、基本的に形成された。

朝鮮戦争は、よく知られている通り、北朝鮮の南進から始まった。これを受けて、ソ連（現ロシア）が欠席した国連安全保障理事会で、朝鮮国連軍の結成が決議された。朝鮮国連軍は米軍が中心となって組織され、韓国軍を全面的に支援した。

韓国軍は、軍を統率する権限である「指揮権」を米軍に渡し、傘下に入った。そして１９７８年には、米国と韓国の軍が「米韓連合司令部」を組織し、一体化した。現在、在韓米軍司令官は、朝鮮国連軍司令官、米韓連合司令部司令官を兼任している。

他方、日本は国連軍と地位協定を結び、日本国内にある7つの基地を国連軍の後方基地として使うことを認めている。

このため朝鮮有事となれば、在日米軍や太平洋軍が日本国内にある米軍基地などを経由して朝鮮半島に投入されることになる。日本政府は２０１４年、憲法解釈の変更を閣議決定し、それまで禁じられていた集団的自衛権の行使を容認した。これで、日本が攻撃されていなくても国民に明白な危険があるときなどは、自衛隊が他国と一緒に反撃できるようになる。このため、自衛隊は「朝鮮有事」のさい、後方支援だけでなく、戦闘に加わることにも想定されるようになった。「朝鮮有事」は対岸の火事どころか、「自分の家の火事」に変わっている。

こういった日米韓の協力体制の中で、日本だけが独自の判断で、敵国の基地にミサイル攻撃することは不可能だ。北朝鮮と隣接する韓国や、米国も危険にさらすことになる。このため韓国は、日本の「敵基地攻撃論」には不快感を示している。

河野防衛相は、日本の敵基地攻撃論について２０２０年8月、定例の記者会見で「韓国や中国などの周辺国の理解を得られる状況ではないのではないか」と質問された。これに対し、「わが国の領土を防衛するのになぜ韓国の了解が必要なのか」と反論した。

河野氏のこの発言について、韓国の国防省は、「コメントする価値がない」としたうえで、「朝鮮半島の有事の際の対応は、韓米同盟が中心になって行われるべきだというのが、韓国政府の一貫した立場だ」と述べた。

三、米国は敵国だった国とも国交を結んでいる

それでは、米国は北朝鮮に徹底的に圧迫を加え、非核化を求めていくのだろうか。もちろん当面は圧力を加えるだろう。実際、２０１７年に米国は、北朝鮮の政権交代を念頭に置いた「作戦計画５０２７」に

ついて検討していたことが分かっている。この計画には核兵器80発を使用することも検討されていた。

２０１７年７月、北朝鮮は大陸間弾道ミサイル（ＩＣＢＭ）の発射実験を行った。米国本土も射程に入るこのミサイルの発射に対して、警告を発するため米国は、正恩氏が視察していた発射場に届く距離を計算し、この距離と同じだけ離れた場所に戦略ミサイルを着弾させた。これは、米国の著名な記者、ボブ・ウッドワード氏がトランプ大統領にインタビューした内容に基づいて執筆した「ＲＡＧＥ（怒り）」に記述され、明らかになった。

ただ米国は、緊張関係ある国と思い切った外交によって、外交関係を結ぶこともある。どこかのタイミングで突然舵を切り、北朝鮮との関係改善に乗り出すとも限らない。

たとえば泥沼の戦争をしたベトナム、ミサイル基地をめぐり核戦争の瀬戸際まで行ったキューバともアメリカは国交を結び良好な関係を結んでいる。

キューバは特に象徴的だ。２０１５年７月20日、双方の大使館を再開し、１９６１年の国交断絶以来54年ぶりに国交を回復した。オバマ大統領の決断だった。ワシントンとハバナにある両国の利益代表部をそれぞれ大使館に格上げし、臨時代理大使を任命した。２０１５年４月にオバマ米大統領とキューバのラウル・カストロ国家評議会議長が中米パナマで59年ぶりの首脳会談を実現し、同５月に米はキューバのテロ支援国家指定を解除した。

キューバでは、長年、民主化や人権問題が取り沙汰されてきたが、オバマ大統領は、アメリカがかけてきた制裁を徐々に解除し、「関与」によって問題改善を働きかける方針を明らかにした。

トランプでさえ北朝鮮と意思疎通をした

トランプ大統領は、自国最優先政策であり、他の国にはほとんど関心を示さなかった。

彼に関して最も印象に残っているのは、２０１８年の国連総会の演説だ。国際協調を無視し、自分の政権のこれまでの業績を自慢した。そしてこんな発言をした。

「この部屋にいる全ての国が、自分の風習や信条や伝統を追求する権利を、私は尊重する」

「米国は皆さんにどのように暮らして働いて信仰すべきだなどと言ったりしない。ただその代わり、われわれの主権を尊重するようお願いするだけだ」

米国は、世界の警察官の役割を続ける気はない、勝手にやらせてもらうという宣言だった。あまりに率直な物言いに、会場からは失笑も漏れたという。

それでもトランプ氏は、北朝鮮に関しては一定の実績を残している。就任当初は「ロケットマン」などと正恩氏を呼び、北朝鮮に攻撃的な姿勢だったが、２０１８年６月と２０１９年２月に正恩氏と首脳会談を行った。

非核化での進展はなかったものの、この間、２０１８年８月に予定されていた恒例の米韓合同軍事演習を中止した。２０１８年６月中旬の米朝首脳会談後、北朝鮮との対話中は演習を行わないとトランプ氏が明言、即実行した。こういう対話の努力が効果を挙げ、北朝鮮は２０１７年以降、核実験を控えている。

韓国は統制権の返還を進めた

韓国も、ミサイルの能力向上を進めている。これまで米国は、北朝鮮に対する韓国の軍事的暴走を恐れて、ミサイルや核開発にブレーキを掛けてきたが、徐々に緩めている。

米軍は２０１７年、北朝鮮のミサイルを抑止するためとして韓国内に高高度迎撃ミサイルシステム（ＴＨＡＡＤ＝サード）を配置した。

ところが、サードは中国を意識したものだとして中国側が強く反発、経済面で報復された。米国は、今後韓国内に射程の長い中距離戦略ミサイルの配置も計画していると報道されている。このため、韓国は米国ペースのミサイル防衛に巻き込まれないように米国と交渉し、ミサイルの射程延長や、新型ミサイルの開発など独自の努力を続けている。

その一方で、南北の平和共存に向けて、朝鮮戦争体制の清算を進めている。日本からみても参考になる点だ。成果は大きく2つある。

まずは朝鮮有事の場合、韓国軍を在韓米軍が指揮する「戦時作戦統制権」の返還問題だ。朝鮮戦争後、韓国軍は人員や装備を整備し、実力を付けてきた。そのため、「軍の主権を取り戻すべきだ」という声が高まった。盧泰愚大統領は指揮権返還を公約として掲げた。これが韓国側からの初めての政治的な動きとなった。

その後も歴代の大統領が交渉を重ね、金泳三大統領時代には平時の作戦統制権が返還された。戦時を除けば、米韓軍は別々の組織として動けることになった。戦時にどちらが指揮を取るかという「戦時作戦統制権」についても、盧武鉉大統領時代に、２００９年返還で合意している。

盧政権の流れを受け継ぐ文在寅政権になってから、鄭景斗国防相と米国のマティス国防長官が、戦時における作戦統制権を米国から韓国に移管するため、合同で検証作業を開始することで合意した。

この合意によって、文大統領の任期が終わる２０２２年5月までに統制権の移管が実現する可能性が出てきた。統制権が韓国に渡されても在韓米軍はそのまま韓国に残ることになっている。これが実現すれば韓国軍は、有事の際、米軍と別個で動くことができる。北朝鮮側の警戒感を解き、将来の南北統一もにらんでの措置だ。

南北間で「終戦宣言」を約束

２つ目の成果は、朝鮮戦争に「終戦宣言」を出すことだ。通常戦争は、関係国が平和協定を結んで、相手を攻撃しないことを法的に約束しあうことで終わる。

朝鮮戦争は、まだ休戦状態が続いているが、相互に攻撃しないと宣言する平和協定を結ぶことができれば、ようやく戦争状態が終わる。ただあまりにも休戦期間が長かったために、正式な平和協定の前に「もう戦争はしません」と、政治的に内外に宣言する必要がある。それが「終戦宣言」と呼ばれるものだ。

２００７年10月に南北間で結ばれた合意の中では、終戦宣言を実現するため、「３者または４者による首脳会談を推進する」とうたわれた。「３者もしくは４者」という不思議な表現になったのは、休戦協定締結の当事者である中国が、当時この宣言に積極的でなかったため、南北＋アメリカで進める可能性を考えてのことだった。

しかし、問題はこの合意が盧大統領の任期最後の年にようやく実現したことだった。この宣言は韓国の国会で批准されないまま放置され、拘束力のある正式な文書にすることができなかった。

２０１８年４月、文大統領と正恩氏は、南北の軍事境界線をまたぐ板門店で11年ぶりの首脳会談を行った。そこで朝鮮半島の「完全な非核化」実現を目標に掲げた「朝鮮半島の平和と繁栄、統一に向けた板門店宣言」に署名した。この中で朝鮮戦争の終戦を年内に表明することを確認した。

具体的には、朝鮮戦争の「休戦協定」を「平和協定」に転換するため、韓国、北朝鮮、米国の３者、または中国を加えた４者の会談開催を積極的に進めていくとした。さらに軍事的緊張を緩和するためＤＭＺを、「実質的な平和地帯」に変えることも掲げた。

その年の10月には、南北がさらに幅広い軍事合意を交わしている。ＤＭＺにある双方の監視所の撤収のほか、板門店の共同警備区域（ＪＳＡ）の自由往来など、南北の平和体制構築に向けた包括的な内容。大規模軍事演習についても南北で協議するとした。米国は、米韓同盟や韓国軍の弱体化を懸念したが、韓国側の判断で踏み切った。終戦宣言が実現すれば朝鮮有事を防ぐ有力な手だてになる。

在韓米軍の削減が進めばどうなるか

米国は米軍の駐留費用をより多く負担するよう韓国に求めている。応じない場合には米軍の削減を進める意向も示している。トランプ氏が、非核化をめぐり北朝鮮と合意を図った背景には、在韓米軍の経費を削減するという、現実的な狙いがあるのは間違いない。動機はどうあれ、朝鮮半島の休戦状態が平和的に解消されるのなら、歓迎すべきだろう。

在韓米軍が減らされた分、在日米軍が増え、日本国民の負担が増えるという論議がある。だから朝鮮半島での平和は日本にとって必ずしもプラスではないということだ。朝鮮戦争が長く続いた方が日本の利益になるという、ねじれた論理といえよう。

沖縄県宜野湾市にある普天間米軍基地の機能の一部を名護市辺野古に移転する問題をはじめ、日本では米軍基地への反発が根強い。韓国で削減される分を日本が引き受ければ、駐留費の負担も増えることになる。日本政府は、簡単には応じられないはずだ。

一方陸軍と空軍が中心の在米韓軍は、２００７年に米韓安保の再定義を行っている。その結果、北朝鮮警戒のための軍隊から、グローバル展開が可能な軍隊に変わっており、わざわざ制約が多い在日米軍に、在韓米軍の兵力を移すことは考えにくい。

四、北朝鮮との関係改善は、日本にとってプラスだ

朝鮮戦争が正式に終結されれば、人口８０００万人の朝鮮が生まれ、日本にとって安保上の脅威になる、

または巨大な反日国家になるとの見方もある。しかし、これも短絡的な思考である。

韓国と北朝鮮は、経済規模が40倍以上離れている。北朝鮮の人々は思想的にも全く異質であり、統一に向けて相当な混乱が予想される。現状で統一した場合、韓国は経済的に落ち込み、大きな荷物になることは避けられない。

このため、事前に北朝鮮に経済発展を促す必要がある。その資金を唯一、合法的に受け取れるのは日本しかない。２００２年に発表された日朝平壌宣言では、国交正常化に当たって、第2次大戦終戦前の両国と両国民に関する財産及び請求権を相互に放棄するとの原則を確認したうえで、日本から経済協力を行うことを約束した。

韓国の大手証券会社、サムスン証券の北朝鮮投資戦略チームが２０１８年6月にまとめた北朝鮮に関するレポートも、この宣言に注目していた。報告書は、北朝鮮は日本から２００億ドル（約2兆１０００億円）を受け取ることができると試算している。

この資金で、まず北朝鮮のインフラ整備が可能になる。その一方で、日朝国交正常化が実現し、日本からの経済支援が実現すれば、「日本の影響力が過度に高まる懸念もある」とも述べている。

逆に言えば、北朝鮮と対決するのではなく関係改善を進めた方が、北朝鮮の良質な労働力や、手付かずの観光資源を生かす道が開け、日本にとってメリットがあるということだ。もちろん日本人拉致被害者の帰国も実現する可能性が高まるはずだ。長い目でみれば防衛費を減らすことも可能になるだろう。日本にとって得るものが多い。

敵基地攻撃論などという冷戦思考の議論をする時間があるのなら、北朝鮮との国交樹立に備えた準備と研究をしておくべきだ。

第四章❖奪われた日本の主権——首都東京「横田」の戦争準備訓練

横田空域と日米合同委員会の密約
――米軍優位の不平等な日米地位協定の構造――

ジャーナリスト　吉田　敏浩

一、日米地位協定の不平等の象徴「横田空域」

首都圏の空を覆う軍事空域「横田空域」

米軍優位の不平等な日米地位協定は、米軍にさまざまな特権を認めている。その象徴的な存在として注目されているのが、横田空域である。それは米軍が首都圏上空の航空管制を握り、日本の空の主権を侵害している軍事空域だ。正式には「横田進入管制区」（ヨコタ・レーダー・アプローチ・コントロール・エリア）といい、「横田ラプコン」と略される。

首都圏から関東・中部地方にかけて、東京、神奈川、埼玉、群馬のほぼ全域、栃木、新潟、長野、山梨、静岡の一部、福島のごく一部、合わせて1都9県に及ぶ広大な空域である。南北で最長約300キロ、東西で最長約120キロの地域の上空をすっぽりと覆っている。

最高高度約7000メートルから、約5500、約4900、約4250、約3650、約2450メートルまで、階段状に6段階の高度区分で立体的に設定されている。日本列島中央部の空をさえぎっている。最も高い部分はヒマラヤ山脈なみの、目に見えない巨大な「空の壁」となっている。

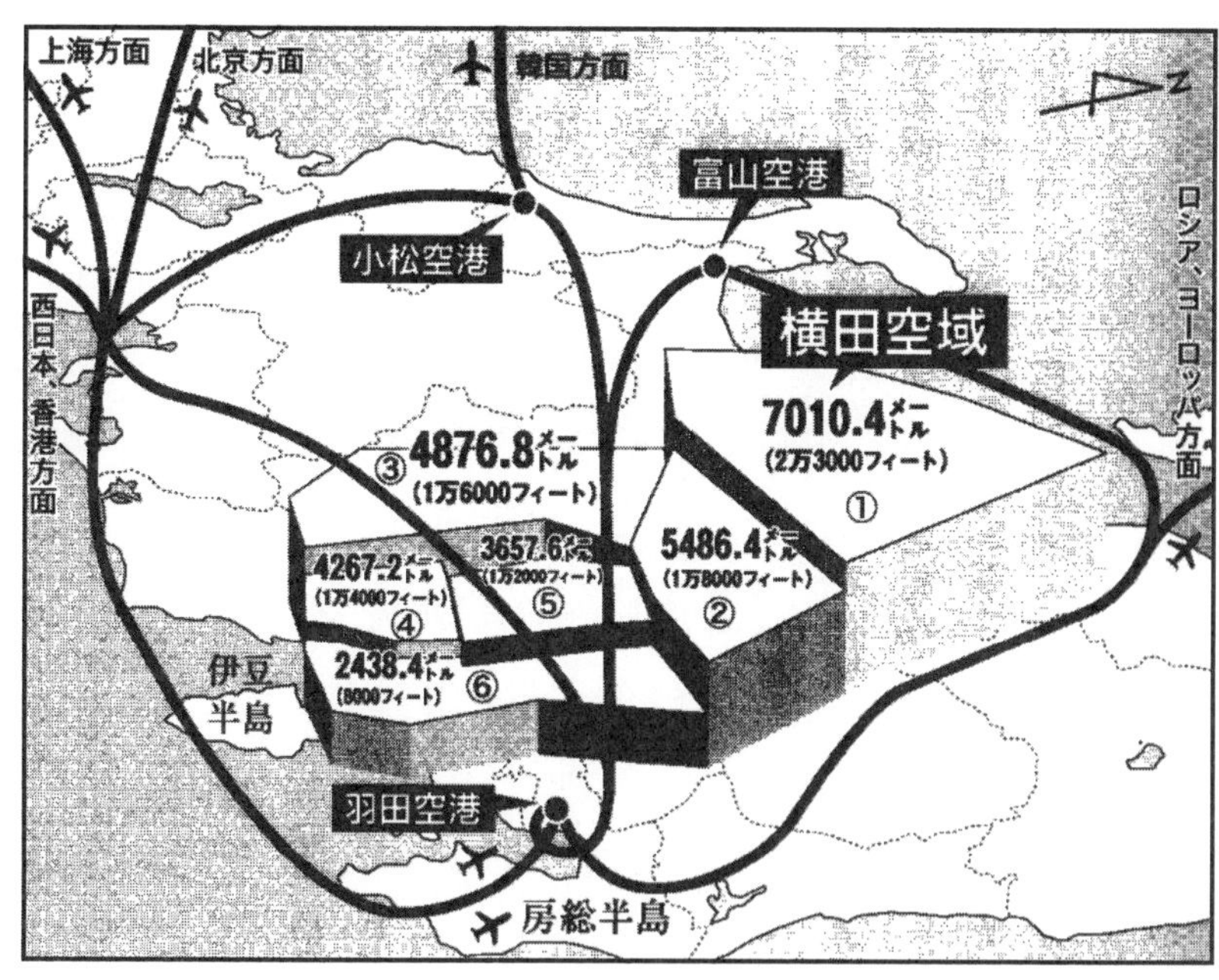

横田空域とそれを避けて通る民間機の主な航空路(『週刊ポスト』2014年10月10日号をもとに作成/『「日米合同委員会」の研究』吉田敏浩(創元社)より

そこは日本の領空なのに、米軍が戦闘機の訓練飛行や輸送機の発着などに優先的に使用できる空域である。空域の航空管制を、米空軍横田基地(東京都)の航空管制部門が握っているからだ。そのため、横田基地や米海軍厚木基地(神奈川県)の周辺、訓練飛行空域・ルート下の群馬県や埼玉県などで、住民に騒音被害と墜落事故などの危険を長年にわたりもたらしている。

航空管制官の指示に従って計器飛行する大多数の民間機が、空域内を通るには悪天候などの緊急時を除き、一便ごとに飛行計画書を米軍に提出し、許可を得なければならない。しかし、許可されるかどうか不確かなので、ごく一部(横田空域の東端をかすめて都心上空を低空飛行する「羽田新ルート」)を除いて定期便ルートを設定できない。

そのため、羽田空港を使う民間機はすべて離着陸コースや飛行ルートに大きな制約を受け、非効率的な運航を強いられている。

羽田から関西・北陸・中国・四国・九州方面や韓国・中国など東アジア諸国に向かう場合、離陸後、まず東京湾の上を急旋回、急上昇して高度を十分に上げてからでないと、横田空域を飛び越えられない。

また着陸のときも、同空域の南側を迂回して、いったん東京湾上空を千葉県方向の東側に回り込まなければならない。着陸コースが限られているため、航空便の混雑時には東京湾上空で着陸機が高度別に分かれて一定の間隔で行列をなし、旋回待機しなければならない空の大渋滞も発生する。いずれにしても飛行時間が長くかかり、ニアミスや衝突事故などのリスクも高くなる。

また、同じように米軍が航空管制を握って管理する軍事空域がほかにもある。岩国空域である。同空域は山口県東部にある米海兵隊岩国基地を中心に、山口、愛媛、広島、島根の4県にまたがる地域の上空を円形状と扇形状に、基地から日本海側で最長約１００キロ、瀬戸内海側で最長約90キロの範囲で、地表からの高度約４３００〜約７０００メートルの階段状に立体的に覆っている。

そのため、岩国錦帯橋空港と松山空港での民間機の離着陸に岩国基地の管制官の許可と指示が必要とされ、大分空港に着陸のため進入する民間機が困難な飛行を強いられる高度制限を受けるなど、民間機の運航に影響が出ている。

このように横田空域は民間航空の安全かつ効率的な運航を阻害している。日本の領空なのに日本側の航空管制が及ばず、管理できない。つまり日本の空の主権が米軍によって侵害されている。独立国としてあるまじき状態、一種の「占領状態」が長年にわたって続いているのである。

日本の空の航空管制を日本側が全面的におこなうという、独立国として当然のありかたを一刻も早く実現すべきだ。日本政府は「横田空域」の返還を求めてきた。しかし、米軍はこれまで8回、「横田空域」の一部削減・返還（たとえば１９９２年に空域の約10パーセント、２００８年に約20パーセント）には応じたものの、全面返還する姿勢は見せていない。

米軍機が戦争に備えて訓練飛行

巨大な「空の壁」で囲って民間機をほぼ締め出した横田空域を、米軍は横田基地を拠点にオスプレイなどの低空飛行訓練、パラシュート降下訓練、基地への大型輸送機の出入りなどに利用している。だから米軍は横田空域を手放さない、全面返還しないのである。

米海軍横須賀基地（神奈川県）を母港とする米軍の空母艦載機部隊が、２０１８年３月に厚木基地から岩国基地に移駐するまでは、艦載機（ＦＡ18戦闘攻撃機など）は横田空域の北部にあたる群馬県上空で激しい低空飛行訓練・対地攻撃訓練（射爆撃は伴わない）をしていた。騒音、墜落の危険、衝撃波による窓ガラスの破損などの問題・被害が起きた。最近はＣ１３０輸送機やオスプレイなどが訓練飛行をしている。

米軍の空母艦載機は２００３年のイラク戦争にも参戦し、空爆をしてきた。横須賀基地を母港としていた空母キティホークは、ＦＡ18戦闘攻撃機などの艦載機を載せ、ペルシャ湾に向かった。巡洋艦カウペンスと駆逐艦ジョン・Ｓ・マケインも同行した。

キティホークからはＦＡ18戦闘攻撃機などが５３７５回出撃し、約３９０トンもの爆弾を投下、カウペンスとジョン・Ｓ・マケインはトマホーク巡航ミサイルを約70発発射した（『イラク戦争の出撃拠点』山根隆志・石川巌著　新日本出版社　２００３年）。また、米空軍の三沢基地（青森県）所属のＦ16戦闘機も、サウジアラビアの航空基地に出動し、イラク攻撃に参加した。こうした攻撃で多くのイラクの人びとが殺傷された。

空母艦載機は群馬県上空のほかにも、厚木基地と岩国基地との間を往復しながら、四国山地や中国山地の上空で低空飛行訓練や対地攻撃訓練を繰り返していた。岩国に移駐後は、中国山地や広島県と島根県にまたがる一帯の上空などで、同じような訓練を続けている。日本の空で訓練を積んだ米軍機のパイロットが、イラク空爆で殺人と破壊を実行し、もどってきて、また日本各地の上空を飛び回り、次の戦争に備えて腕を磨いているという現実がある。

在日米軍基地の維持のために、日本政府は年間数千億円ものお金を出している。基地の電気代、ガス代、水道代、施設建設費、日本人従業員の給与などほとんどの経費が、日本の国費（元は税金）で賄われている。

このようにアメリカの戦争に協力つまり加担する日本は、イラクなどで米軍に殺傷された人たちに対して間接的な加害者の立場に立っている。

米軍機の危険な低空飛行訓練と騒音

米軍は横田空域の北半分、群馬・新潟・長野・栃木・福島県の上空にまたがる最高高度約７０００メートルの区分を、「ホテル特別使用空域」（「ホテル訓練区域」）と呼んで訓練飛行に使用している。ホテルとは航空管制用語でアルファベットのＨを指す。ここが自衛隊の高高度訓練空域「エリアＨ」（地表面～約７０００メートル）であることから来ている。エリアＨのほぼ半分を占める南東部分に自衛隊の低高度訓練空域（地表面～約３０００メートル）「エリア３」が重なっている。

エリアＨとエリア３は、本来は自衛隊の訓練空域なのに、米軍に又貸しされて、主に米軍機が使ってきたのが実態である。横田空域の進入管制業務を握る米軍は、計器飛行する民間航空機の空域内通過を制限でき、ホテル訓練区域内への民間航空路の設定を事実上不可能としている。さらにエリアＨとエリア３が設定されているので、有視界飛行のセスナなど小型民間機の通過制限を自衛隊に実施させることができる。つまり民間機を締め出して空域を利用できるのである。

米軍は訓練飛行で使用する際、自衛隊の訓練空域を管理する使用統制機関（エリアＨとエリア３の場合は、埼玉県にある航空自衛隊入間基地）に時間帯などを通報する。

岩国空域でも米軍の戦闘攻撃機などが激しい低空飛行訓練・対地攻撃訓練（射爆撃は伴わない）をしている。特に広島県と島根県にまたがる自衛隊の高高度訓練空域「エリアQ」と低高度訓練空域「エリア7」が、米軍に又貸しされ、事実上の米軍の専用訓練空域と化している。

米軍が自衛隊の訓練空域を使用する法的根拠はきわめて曖昧である。地位協定上の根拠規定もない。この点について、防衛省の中島明彦運用企画局長が次のように答弁している（２０１４年2月18日、衆院予算委員会）。

「（自衛隊の訓練空域は）防衛省と国土交通省の協議により設定される空域である。自衛隊が排他的に使用することを認められたものではない。したがって自衛隊は、米軍機による空域の使用を認めたり、拒んだりする立場にはない」

これは無責任な答弁である。米軍が求めれば自衛隊の訓練空域はどこでも使用できるというのだ。「（日本側は）米軍機による空域の使用を認めたり、拒んだりする立場にはない」というのでは、日本の空の主権はなきに等しい。

米軍はアメリカ本国では、市街地、人口密集地の上空での危険な低空飛行訓練はしていない。日本政府も国会答弁において、そのことを次のように認めている。

「米国本土において人口密集地の上空を米軍機が訓練目的で飛行することがある否かについては、詳細については外務省として承知してはいない。低空飛行訓練に関していえば、これを人口密集地の上空で行うことがあるとは承知していない」（２０１０年5月20日、参議院外交防衛委員会、福山哲郎外務副大臣）

また、国立国会図書館の調査員による報告書、「米・ＮＡＴＯ軍の低空飛行訓練」（鈴木滋著、『調査と情報』第２８３号所収、１９９６年4月、国立国会図書館）によると、北米（アメリカ、カナダ）とヨーロッパでは、米軍やＮＡＴＯ軍（北大西洋条約機構軍）は、「極力、人口密集地を避け、各種の制約要因から解放された広大な空域を訓練用に確保している」という。

特に北米においては、低空飛行訓練、空中戦訓練、電子戦訓練など広範な訓練ができる「多目的訓練空域」が設定されており、訓練環境は日本でのそれとかなり異なる。

「北米における低空飛行訓練の特色は、その多くが人口密集地帯から離れた地域においておこなわれていることで、周辺住民への環境上の影響は絶無とまではいえないにしても、わが国の場合と比較すれば、かなり抑制されている」(前掲報告書)

アメリカでは、米軍機の低空飛行訓練は主にアリゾナ州やネバダ州などの「人口密集地から遠く離れている」広大な砂漠地帯などの低空飛行・対地攻撃訓練用の空域でおこなわれ、「民間機を排除した訓練環境が整備」されている。

このようにアメリカでは、人口密集地上空の低空飛行訓練はおこなわれていない。米軍は、アメリカ本国では禁じられている人口密集地域での低空飛行訓練を、日本ではおこなってきた。そして、日本政府はそれを黙認している。米軍のダブルスタンダードがまかり通っているのである。

二、横田空域と日米合同委員会の密室合意

横田空域に関わる公文書の非公開

横田空域や岩国空域のような外国軍隊により広範囲に管理される空域は、世界的にも異例である。同じ第二次世界大戦の敗戦国で、米軍基地が置かれているドイツやイタリアにもない。この独立国にあるまじき事態が、なぜ続いているのか。

本来、日本の航空管制は航空法にもとづいて国土交通省の航空管制官がおこなう。例外的に自衛隊基地

の飛行場とその周辺の航空管制は、航空法にもとづいて自衛隊に委任できる。しかし、米軍に委任できる規定は、航空法にはない。

では、なぜ米軍が横田空域や岩国空域の航空管制を握っているのか。マスメディアでは日米地位協定にもとづくと報じられたりする。地位協定は米軍の基地使用と軍事活動の権利、米軍人の法的地位などを定めたものだ。しかし、その条文に両空域に関する規定はない。

そこで私は、日本の航空管制を管轄している国土交通省に対し、横田空域と岩国空域で米軍が航空管制をしている法的根拠を記した文書を、情報公開法にもとづいて開示請求した。

しかし、関連文書は情報公開法第5条第3号の規定により非公開にできる「国の安全・外交に関する情報」に該当するため全面不開示とされた。その理由が不開示決定通知書にこう書かれていた。

「日米双方の合意がない限り公表されないことが日米両政府間で合意されており、これを公にすることは、米国との信頼関係が損なわれるおそれがあるため」

驚くべきことに日本政府は、日本の航空管制権が排除され、空の主権が侵害されたままの異常な状態を生み出している、その法的根拠を公開できないというのである。情報隠蔽としか言いようがない。

日本は法治国家のはずだ。各種事典を元に要点をまとめると、法治国家とは、主権者である国民によって選ばれた代表者たる国会議員が審議する場である国会で制定された法律にもとづいて、国の政治、行政がおこなわれる国家、憲法を頂点とする法体系が統治する国家である。

だから、日本政府は横田空域と岩国空域での米軍による航空管制を認めている法的根拠を、当然公開すべきだろう。秘密にするなどあってはならないことだ。文書そのものを秘密にした時点で、政府がいくら法的根拠は書かれていると主張しても、客観的に確認のしようがない。その主張自体が成り立たない。

日米合同委員会の秘密合意

日本政府がそのようにしてまで文書を隠そうとするのは、この問題が日米合同委員会の秘密の合意に関わっているからであろう。

日米合同委員会とは、日本の高級官僚と在日米軍の高級軍人で構成され、地位協定の具体的な運用に関する協議機関だ。名前だけは知られているが、その実態は謎につつまれた組織である。

日米合同委員会の日本側代表は外務省北米局長で、代表代理は法務省大臣官房長、農林水産省経営局長、防衛省地方協力局長、外務省北米局参事官、財務省大臣官房審議官。アメリカ側代表は在日米軍司令部副司令官で、代表代理は在日アメリカ大使館公使、在日米軍司令部第五部長、在日米陸軍司令部参謀長、在日米空軍司令部副司令官、在日米海軍司令部参謀長、在日米海兵隊基地司令部参謀長。

この13名で本会議を構成し、その下に施設・財務・労務・調達調整・通信・周波数・民間航空・刑事裁判管轄権・環境など各種分科委員会、建設・港湾・陸上演習場など各種部会が置かれ、各部門を管轄する日本政府省庁の高級官僚たちと在日米軍司令部の高級将校らが委員を務める。その全体が日米合同委員会と総称される。ただし総勢で何名になるのかは明らかにされていない。

協議は米軍基地の建設、米軍の駐留経費、米軍機に関する航空管制、米軍が使う電波の周波数、訓練飛行や騒音問題、米軍関係者の犯罪の捜査や裁判権、基地の環境汚染、基地の日本人従業員の雇用など多岐にわたる。

日本側はすべて各省庁の官僚で文官だが、アメリカ側は在日アメリカ大使館公使を除いて、すべて軍人である。通常の国際協議ではあり得ない文官対軍人の組み合わせだ。そのため、アメリカ側は常に軍人の立場から軍事的必要性にもとづく要求を持ちだす。基地の運営や訓練など、あらゆる軍事活動を円滑に進めることを最優先して協議にのぞむ。基地の排他的管理権など米軍優位の日米地位協定を大前提に協議する以上、アメリカ側が有利な立場にあるのはまちがいない。

その日米合同委員会の民間航空分科委員会（現在の日本側代表は国土交通省航空局の交通管制部長、アメリカ側代表は在日米軍司令部第3部（作戦計画））で合意され、本会議で承認された「航空交通管制に関する合意」（１９７５年）こそが、問題の秘密合意である。

１９８３年作成の外務省機密文書『日米地位協定の考え方・増補版』（地位協定の運用を解説した外務官僚用の裏マニュアル。『琉球新報』が入手し報道）には、「航空交通管制に関する合意」の解説が載っており、次のように書かれている。

「米軍による右の管制業務は、航空法第96条の管制権を航空法により委任されて行っているものではなく、合同委員会の合意の本文英語ではデレゲートという用語を使用しているが、これは『管制業務を協定第6条の趣旨により事実上の問題として委任した』という程度の意味」（『日米地位協定の考え方・増補版』琉球新報社編、高文研、２００４年）

「右の管制業務」とは横田空域や岩国空域での米軍による航空管制を指している。だが、それは日本の法律である航空法によって「委任」されたものではない。航空法には、一部の管制業務を自衛隊に委任できる規定（第１３７条）はあるが、米軍に委任できるとは定めていない。

『日米地位協定の考え方・増補版』も、「このような管制業務を米軍に行わせている我が国内法上の根拠が問題となるが、この点は……中略……合同委員会の合意のみしかなく、航空法上積極的な根拠規定はない」と認めている。

要するに、国内法上の根拠はないが、日米合同委員会の合意によって、英語の正式な合意文書の本文にあるように「デレゲート」（delegate）という用語を使い、米軍に「事実上の問題として委任した」というのである。

「協定第6条」とは、米軍に関わる航空管制に関する規定を定めた地位協定の第6条を指す。その趣旨とは、日米安保のため民間用と軍事用の航空管制に関し、日米間の協調と整合を図り、必要な手続きなどを「両政府の当局間」で取り決めるというものである。そして、この「両政府の当局間」で取り決めたのが、日米合同委員会の「航空交通管制に関する合意」である。

「事実上」とは、正式ではないが、実際におこなわれていることを黙認する場合に使われる言葉だ。航空法にも、地位協定にも法的根拠の規定はないが、米軍が既成事実としておこなっているので、日米合同委員会で特権として認めたということだ。

米軍に有利な密約を結ぶ日米合同委員会

日本政府は、横田空域と岩国空域の法的根拠は、日米合同委員会の「航空交通管制に関する合意」（1975年）だと、国会答弁などで説明している。しかし、その合意文書は非公開である。要旨だけが公開され、基地とその周辺における米軍の航空管制を「認める」として、こう書かれている。

「日本政府は、米国政府が地位協定に基づきその使用を認められている飛行場およびその周辺において引続き管制業務を行うことを認める」

この要旨では前述の「事実上」の「委任」という部分は隠されている。米軍の特権を認めた合意文書は非公開としていることから、「航空交通管制に関する合意」は「航空管制委任密約」と言ってもいい。

外務省機密文書『日米地位協定の考え方・増補版』には、日米合同委員会は「地位協定又は日本法令に抵触する合意を行うことはできない」という解説も載っている。だから、日本法令である航空法に根拠規定のない米軍への航空管制の事実上の委任は、日本法令に抵触している。そもそも日米合同委員会で合意できる内容ではないのだ。だからこそ秘密にしておきたいのだろう。

『日米地位協定の考え方・増補版』は、外務官僚が地位協定の解釈・運用を部内用に解説した秘密資料だ。そこに自ら「日本法令に抵触する合意を行うことはできない」と書いていながら、国民・市民の目が届かない密室協議の場では、日本法令に違反して米軍を特別扱いする密約を結んでいるのである。

日米合同委員会は１９５２年４月28日の対日講和条約、日米安保条約、日米行政協定（現地位協定）の発効とともに発足した。本会議は毎月、隔週の木曜日に開かれる。議長役は日本側代表とアメリカ側代表が交互につとめる。日本側による回は外務省の会議室で、アメリカ側による回はニューサンノー米軍センター（港区南麻布にある米軍関係者の高級宿泊施設）の在日米軍司令部専用の会議室で開かれる。各分科委員会や各部会の会議は、各部門を管轄する各省庁や外務省、在日米軍施設で、必要に応じて開かれる。いずれも関係者以外立ち入り禁止の密室での会合である。

そのため、日米合同委員会の正体に迫るには、法務省、警察庁、外務省、最高裁判所などの秘密資料・部外秘資料（法務省刑事局の『秘　合衆国軍隊構成員等に対する刑事裁判権関係実務資料』１９７２年、警察庁刑事局の『部外秘　地位協定と刑事特別法』１９６８年、外務省の『無期限秘　日米地位協定の考え方・増補版』１９８３年、最高裁判所事務総局の『部外秘　日米行政協定に伴う民事及び刑事特別法関係資料』１９５２年など）、在日米軍の内部文書、アメリカ政府の解禁秘密文書などを調べてゆくしかない。

調査を重ねた結果、日米合同委員会は米軍の特権を認める秘密合意を生みだす〝密約機関〟であることが明らかになった。それらの秘密合意＝密約は、日本の主権を侵害し、「憲法体系」（憲法を頂点とする国内法令の体系）を無視して、米軍に事実上の治外法権を認めるものだ。その数と全貌はわからないが、大規模なものになっているはずだ。わかっているだけでも以下のとおりである。

①「民事裁判権密約」（１９５２年）、米軍機墜落事故などの被害者が損害賠償を求める裁判に、米軍側は不都合な情報は提供しなくてもよく、そうした情報が公になりそうな場合は米軍人・軍属を証人と

して出頭させなくてもいい。

②「日本人武装警備員密約」（１９５２年）、基地の日本人警備員に銃刀法上は認められない銃の携帯をさせてもいい。

③「裁判権放棄密約」（１９５３年）、米軍関係者（米軍人・軍属・それらの家族）の犯罪事件で日本にとっていちじるしく重要な事件以外は第１次裁判権を行使しない。

④「身柄引き渡し密約」（１９５３年）、米軍人・軍属の犯罪事件で被疑者の米軍人・軍属の身柄を公務中かどうか明らかでなくても米軍側に引き渡す。

⑤「公務証明書密約」（１９５３年）、米軍人・軍属の犯罪事件で米軍が発行する公務証明書を、起訴前の段階でも有効と見なし公務中として、日本側が不起訴にする。

⑥「秘密基地密約」（１９５３年）、軍事的性質によっては米軍基地の存在を公表しなくてもいい。

⑦「富士演習場優先使用権密約」（１９６８年）、自衛隊管理下で米軍と自衛隊の共同使用になった富士演習場を、米軍が年間最大２７０日優先使用できる。

⑧「航空管制委任密約」（１９７５年）、「横田空域」や「岩国空域」の航空管制を法的根拠もなく米軍に事実上委任する。

⑨「航空管制・米軍機優先密約」（１９７５年）、米軍機の飛行に日本側が航空管制上の優先的取り扱いを与える。

⑩「米軍機情報隠蔽密約」（１９７５年）、米軍機の飛行計画など飛行活動に関する情報は、日米両政府の合意なしには公表しない。

⑪「嘉手納ラプコン移管密約」（２０１０年）、「嘉手納進入管制空域」の日本側への移管後も、嘉手納基地などに着陸する米軍機をアメリカ側が優先的に航空管制する。

なお、「」中の密約名は、その秘密合意の本質を端的に表すために私がつけたものである。それぞれの密約が記された合意文書には、事務的な名称がつけられている。たとえば⑧「航空管制委任密約」の場合は、「航空交通管制に関する合意」（１９７５年）というようにである。

三、日本の主権を侵害する日米合同委員会

法的根拠のない米軍機の施設・区域外での飛行訓練

米軍は日米地位協定上の法的根拠もなく、北海道から沖縄まで全国各地に、新聞社の調査などで判明しただけでも８本の低空飛行訓練ルート、関東から中部にかけての飛行訓練エリアを設定している。横田空域・岩国空域、自衛隊の訓練空域でも飛行訓練している。

防衛省によると、地位協定にもとづく米軍の訓練空域は28ヵ所（沖縄とその周辺に20ヵ所、九州・四国・本州周辺に８ヵ所。主に海の上空）ある。本来なら、米軍機はこれらの空域内で訓練をすべきなのである。しかし、米軍機は日本全国の空で所かまわず自由に訓練をしている。訓練空域外での飛行訓練について日本政府は、射爆撃を伴わなければ認められるとの見解を示す。

地位協定第５条で、米軍の施設・区域（基地や演習場や訓練空域）への出入り、それらの間の移動、施設・区域と日本の港や飛行場との間の移動は認めているが、移動中の訓練まで認めたわけではない。従って地位協定には、米軍の施設・区域外での飛行訓練の法的根拠となる規定はない。ところが、日本政府は次のような国会答弁で強引な解釈を示している。

「地位協定に具体的に書いていないけれども、施設・区域の中でなければできないとは考えていない。法的根拠は、安保条約及び地位協定にもとづいて米軍の駐留を認めているという一般的な事実だと考えられ

る」（１９８７年8月24日、衆議院安全保障特別委員会、外務省・斉藤邦彦条約局長）

つまり、地位協定上の法的根拠はないが、一般論として、米軍駐留を認めた安保条約と地位協定の趣旨からして問題はなく、認められるというのである。しかし、これは拡大解釈だ。もちろん安保条約で認められた米軍の日本駐留は、飛行訓練などの軍事活動を前提としている。だからこそ、そのために地位協定によって施設・区域を提供したのである。施設・区域外でも飛行訓練などをしていいのなら、訓練空域を提供した意味がない。施設・区域外での訓練は主権侵害にほかならない。

米軍の軍事的ニーズに合わせて拡大解釈

１９７０年代までは、米軍による施設・区域外での飛行訓練などは認めないのが、日本政府の見解だった。例えば次のような国会答弁もある。

「（米軍は）上空に対しても、その区域内で演習をする。こういう取り決めになっている」（１９６０年5月11日、衆議院日米安全保障条約等特別委員会、防衛庁・赤城宗徳長官）

「米軍に提供すべき施設・区域は、すべて（日米）合同委員会による合意を要するわけであるから、そういうふうに提供された施設・区域以外のものを米軍が使用することはできない」（１９７５年2月25日、衆議院予算委員会、外務省・山崎敏夫アメリカ局長）

１９７５年3月3日の予算委員会では、時の首相までもがこう明言した。

「地位協定にある区域の中に入っていないところで演習することは、安保条約の趣旨からして、これは違反であると言えば違反ということになる」（三木武夫総理大臣）

１９８０年代になって米軍が日本各地で低空飛行訓練をするようになると、政府は１８０度見解を変える。一般論として安保条約の趣旨を持ち出し、射爆撃などを伴わなければ施設・区域外での訓練を認めた。

米軍の軍事的ニーズに合わせて既成事実を追認するために、安保条約・地位協定を拡大解釈しているのだ。「米軍の駐留を認めているという一般的な事実」という曖昧な要素を法的根拠とするのは、こじつけである。これでは、地位協定の条文で駐留軍としての米軍の権利・法的地位を具体的に定めた意味がなくなってしまう。

前出の外務省条約局長の答弁に、「一般的な事実だと考えられる」とあるように、あくまでも外務官僚がそう考えてひねり出した解釈にすぎない。これが米軍に対し新たな特権を容認してゆく日本政府の基本的パターンである。この施設・区域外での低空飛行訓練が端的に示すように、米軍は自らの軍事的ニーズ次第で安保条約・地位協定を守らないのが実態である。

そして１９９９年に日米合同委員会で、低空飛行訓練は「米軍の戦闘即応体制を維持するために必要なものと認める合意を交わした。

「憲法体系」を侵食する日米合同委員会

それにしても、横田空域のように日本の民間航空の一大障害となり、日本の空の主権すなわち国家主権を侵害している空域の設置と米軍による航空管制を、地位協定上も、航空法上も法的根拠がないのに、日米合同委員会の合意のみによって認め、「事実上の問題として委任した」というのは驚きである。

いったい日米合同委員会の合意なるものは、それほどの効力を有していると考えられるものなのか。この点について前出の『日米地位協定の考え方・増補版』は、次のように異様な解釈を示す。

「地位協定の通常の運用に関連する事項に関する合同委員会の決定（いわゆる『合同委員会の合意事項』）は、いわば実施細則として、日米両政府を拘束するものと解される」

日米合同委員会の合意は、法的定義も不確かな「いわば実施細則」として、たとえば航空法というれっきとした法律を飛び越えて、「日米両政府を拘束する」(実態は日本政府が拘束される。米軍は軍事優先で実質的には拘束されない)というのである。しかし、これはどう考えてもおかしな解釈だ。

憲法で国権の最高機関と定められた国会にさえも公開されず、国民の代表である国会議員に秘密にされ、主権者である国民・市民の目からも隠されて、ごく一部の高級官僚たちが在日米軍高官らと密室で取り決めた日米合同委員会の合意が、「いわば実施細則」として、法律を超えて「日米両政府を拘束する」ほどの力を持っているというのだ。

つまり、日本の主権を侵害する特権を米軍に与えた日米合同委員会の数々の密約が、「憲法体系」の及ばない闇の領域から、「日米両政府を拘束する」ほどの巨大な効力を密かに発していることになる。

この異常な裏の仕組みは、在日米軍司令部の２００２年7月31日付の内部文書、「合同委員会と分科委員会」(「JOINT COMMITTEE AND SUBCOMMITTEES」)でも示されている。同文書は日米合同委員会の組織構成や協議方式や権限などを解説したものだ。日米合同委員会の双方の代表は、日米双方の「政府を代表する」とあり、「合同委員会での合意は日米両政府を拘束する」という説明が書かれている。

しかし、このような異常なことがまかり通っていいはずはない。そもそも、日米合同委員会を設置した法的根拠である地位協定の第25条には、「この協定の実施に関して相互間の協議を必要とするすべての事項に関する日本国政府と合衆国政府との間の協議機関として、合同委員会を設置する」という規定は書かれているが、「合同委員会の合意事項は、いわば実施細則として、日米両政府を拘束する」などとはひと言も書かれていない。

つまり、それは日米地位協定で定められたことでも、国会で審議されて承認されたものでもない。ただ、日米合同委員会の密室で限られた高級官僚と在日米軍高官が、そのように合意しただけなのである。それ自体が密約そのものだといえる。

日米合同委員会の秘密の合意が、「憲法体系」を侵食し、主権を侵害しているのだ。合意がいったいいくつあるのかさえも明らかにされず、日米合同委員会の文書として処理すれば、すべては闇の中に封印できる仕組みがつくられている。

安倍内閣は、山本太郎参院議員の質問主意書への答弁書（２０１７年12月12日）で、日米合同委員会の合意は「地位協定の実施の細則を定める取り決めであることから、その内容について国会の承認を得る必要があるとは考えていない」と答弁した。

故翁長雄志前沖縄県知事が米軍基地による被害に苦しむ沖縄の状況を踏まえて発した、「日本国憲法の上に日米地位協定があり、国会の上に日米合同委員会がある」という言葉どおりの現実が、沖縄だけでなく横田空域をはじめ日本全体を覆っている。

地位協定の改定と密約の廃棄に向けて

日米合同委員会は米軍側から見れば、日本における米軍の占領時代からの特権を維持するとともに、変化する時代状況に応じて新たな特権を確保してゆくためのリモコン装置のようなものだともいえる。そのような政治的装置が日本政府の中枢に埋め込まれていると言ってもいい。

つまり米軍が、日米合同委員会における日本の高級官僚との密室協議の仕組みを利用して、事実上の治外法権・特権を日本政府に認めさせるという一種の「権力構造」がつくられている。日米合同委員会の「いわば実施細則」の合意に、法律を超えて「日米両政府を拘束する」（実態は日本政府こそが拘束されるのだが）ほどの効力を持たせる仕掛けも、そのためである。

こんなことが長年にわたって放置されてきたのは大問題である。日米合同委員会は憲法の力が及ばない、アンタッチャブルな領域を国家の中枢につくり出してしまった。それは立憲主義を侵食する闇の核心部ともいえる。

このような「法の支配」と主権が大きく損なわれている状態を放置したままで、自民党・安倍政権が唱えるところの改憲論議など成立するはずがない。日米合同委員会の問題に何ひとつ手をつけないで、どうして「日本を取りもどす」などと言えるだろう。

米軍という外国軍隊による主権侵害が、憲法で保障された人権の侵害を引き起こしている。それを改めるには、基地の運営などに「必要なすべての措置をとれる」米軍の排他的管理権を見直し、横田空域のような外国軍隊の手に委ねる空域の存在を許さず、米軍機の訓練飛行にも制限を加えているドイツやイタリアのようにすべきだ。

ドイツやイタリアのように国内法を原則として米軍に適用し、必要な規制をかけられるよう、独立国にふさわしく地位協定を抜本的に改定しなければならない。つまり米軍の軍事活動に日本の主権が及ぶように改めるのである。

２０１８年、全国知事会が初めて地位協定の抜本的見直しを求める提言を発表し、日本政府に要請するなど、同様の問題意識も広がりつつある。全国知事会の提言は、「航空法や環境法令などの国内法を原則として米軍にも適用させることや、事件・事故時の自治体職員の迅速かつ円滑な立入の保障などを明記すること」を求めている。

しかし、日本政府は改定に後ろ向きだ。「運用の改善」と称する小手先の対応ばかりで、米軍の特権を見直そうとする姿勢はない。しかも、駐留外国軍隊には特別の取決めがない限り受入れ国の法令は適用されない、との見解を示している。

だが、駐留外国軍隊への国内法の原則適用は、実は国際的な常識である。沖縄県がドイツ、イタリア、ベルギー、イギリスに調査団を送り、日米地位協定と比較してまとめた「他国地位協定調査報告書（欧州編）」によると、各国では米軍に対し航空法や環境法令、騒音に関する法令など国内法を原則適用している。低空飛行訓練も高度、飛行時間、訓練区域などに規制をかけている。横田空域のような米軍が航空管制を一手に握る空域もない。基地の排他的管理権も認めず、受入れ国の軍や自治体などの当局者の立入り権も保障されている。

日本とは異なり、「自国の法律や規則を米軍にも適用させることで自国の主権を確立、米軍の活動をコントロール」しているのだ（前掲報告書）。

日米合同委員会の全面的な情報公開も必要である。たとえば国会に「日米地位協定委員会」を設置し、国政調査権を用いるなどして、合同委員会の合意文書や議事録の全容を公開させるべきだ。米軍の特権を認める密約なども廃棄しなければならない。

そして、協議内容を逐次報告させ、国会がチェックできる態勢にするのが望ましい。日米地位協定の解釈と運用を日米合同委員会の官僚グループに独占させず、秘密の合意など結べないようにしなければならない。地位協定の解釈と運用を国権の最高機関たる国会の管理下におく必要がある。

さらには米軍優位の不平等な地位協定の抜本的改定とともに、不透明な日米合同委員会の廃止へと進むべきである。日米合同委員会の密室の合意（「日米両政府を拘束する」）システムが残れば、米軍優位の不平等な構造は解消されない。

横田空域・岩国空域の全面返還もむろん必要である。日本の空を米軍の戦争のために利用させないためにも。真の主権回復と主権在民の実現という、日本が戦後70年以上もかかえる課題が、横田空域と日米合同委員会の問題に鋭く映し出されている。地位協定の抜本的改定と密約の廃棄に向けた世論の広がりが望まれる。

横田基地の米軍訓練の激化
――現地リポート「基地いらないの声あげよう！」――

横田基地の撤去を求める西多摩の会代表　高橋美枝子

はじめに

米空軍横田基地は首都・東京にある。首都に外国の米軍基地があるのは日本だけだ。主権が侵された状態が75年続いている。異常なことだ。

２０１８年10月１日、ＣＶ22オスプレイ５機が正式に配備され、２０１９年７月１日にはＣＶ22オスプレイを運用する第21特殊作戦中隊と機体を整備する第７５３特殊作戦航空機整備中隊が正式に発足した。米軍は２０２４年頃までにＣＶ22オスプレイを５機追加、10機にし、約４５０人を横田基地に配備する方針だ。首都・東京の横田基地はアメリカの言いなりに、特殊作戦の拠点に変貌している。

一、横田基地の概要と飛行回数の激化

横田基地の概要

米空軍横田基地は東京西部の三多摩地域の福生市、昭島市、立川市、武蔵村山市、羽村市、瑞穂町の５

市1町にまたがる。5市1町の人口は51万人に上り、人口密集地の中に存在している。面積は7・136平方キロメートル、3350メートルの滑走路がある。

横田基地所属の航空機は、C130J30輸送機14機、UH1Nヘリコプター4機、C12J軽輸送機3機、CV22オスプレイ5機である。

それだけでなく米本国からC17AやC5Mの大型輸送機、KC135RやKC10Aなどの大型空中給油機、要人輸送機、電子偵察機、チャーター機が飛来する。嘉手納など在日米軍基地からも多数の軍用機が飛来する。米大統領専用機や国家空中指揮機等もやってくる、アメリカにとって便利な飛行場である。

米空軍横田基地には、第5空軍司令部（嘉手納、三沢、横田）がおかれ、在日米軍司令部もあり、両司令官は同一人物である。あまり知られていないが国連軍後方司令部もある。第374空輸航空司令部が米空軍横田基地を管理し運用している。

2005年10月29日、日米安全保障協議委員会（2プラス2）で、「日米同盟：未来のための変革と再編」が承認された。この「米軍再編」で、横田基地に関するのは次の内容である。

①在日米軍司令部は、横田飛行場に共同統合運用調整所を設置。

②自衛隊の航空総隊司令部は横田飛行場において米第5空軍と併置。防空及びミサイル防衛の（米軍、自衛隊の）司令部組織間の連携と情報共有。

簡単に言うと日米軍事司令部の一体化で、米国がもっとも望んだ内容である。米軍再編で航空自衛隊の建物は一番に完成した。日米一体化は、対等の一体化ではなく、アメリカの言いなりの一体化である。

自衛隊航空総隊司令部が設置されると言われていたが、ふたを開けてみれば、2010年12月17日、「航空自衛隊横田基地新設」が閣議決定された。テレビで「昔でいえば大本営」と語られていたことが忘れられない。

そして２０１２年３月26日、航空自衛隊横田基地の運用が始まった。それまでの横田基地は朝鮮戦争やベトナム戦争で戦闘機の出撃拠点となって、昭島市のにぎやかな街が集団移転もした。１９７０年代の関東計画で横田基地に関東地方の空軍基地が集約され、１９７４年に東京の府中基地から第５空軍司令部・在日米軍司令部が移転してからは、主に兵站基地として位置づけられていた。

米空母が横須賀基地にきた当初は艦載機のＥ２ＣやＳ３Ｂが離着陸訓練を行い住宅地上空を数分おきに飛行する状況もあったが、硫黄島への訓練場移転でこの訓練は基本的になくなった。それが米軍再編後、激しく変貌しているのだ。

日米軍事司令部一体化で飛行訓練激化

横田基地の今世紀２００１年度から２０１９年度までの飛行回数のグラフを見ていただきたい。これは横田基地滑走路の南側の福生市と、北側の瑞穂町が観測した飛行回数を合計したものである。

アメリカがイラク戦争を始めた２００３年度は、横田基地でも飛行回数が飛び抜けて多い。イラク戦争は長引いたが、やがて飛行回数は減った。２０１２年に航空自衛隊が横田基

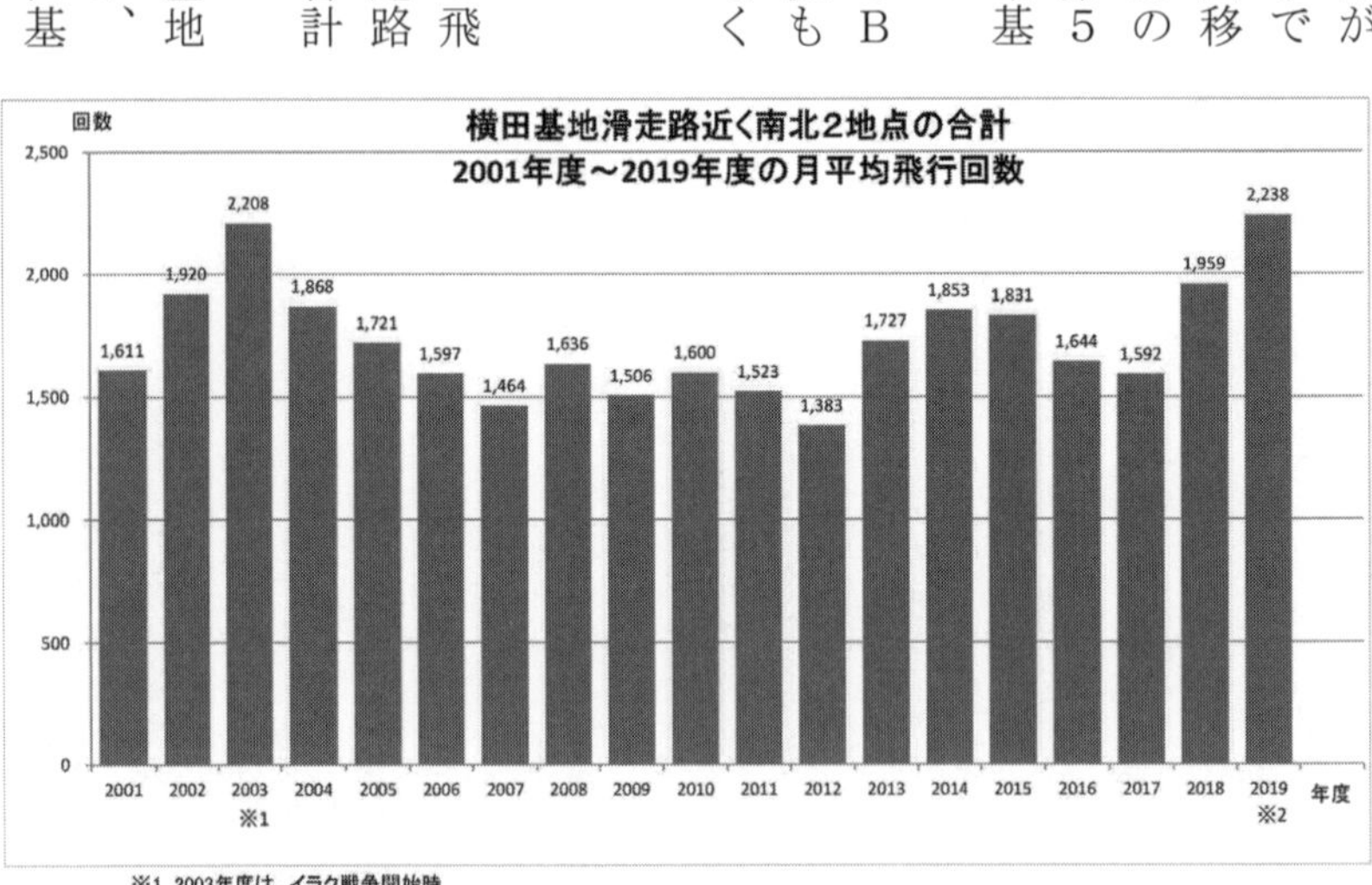

※1 2003年度は、イラク戦争開始時
※2 21世紀最多の飛行回数回数

地で運用を開始し、２０１３年度から日米軍事演習が増大し飛行回数も増える。

２０１８年度はＣＶ22オスプレイ５機が横田基地に配備され、14機の主要輸送機が改修されＣ１３０Ｊ30となり、飛行回数は一段と増大し、イラク戦争時に迫った。そしてついに２０１９年度はイラク戦争時の飛行回数を超えた。２０１９年度の月平均の飛行回数は、今世紀最多となった。

一体、アメリカは何処と戦争をし、イラク戦争時の飛行回数を超えたのだろうか。横田基地は単なる飛行場ではなく、訓練場となっている。

以上は２０１９年度までのグラフの推移だが、２０２０年はさらにひどい状況だ。
▼４月＝滑走路南１７５６回・滑走路北１６５１回＝計３４０７回▼５月＝滑走路南１１１５回・滑走路北１１９５回＝計２３１０回▼６月＝滑走路南１５２８回・滑走路北１７０６回＝計３２３４回。▼７月＝滑走路南１３８６回・滑走路北１１７９回＝計２５６５回。▼８月＝滑走路南１７５１回・滑走路北１９６８回＝計３７１９回。
合計すると滑走路南７４０９回、滑走路北７８２６回で、４月から８月まで５ヶ月の合計は１万５２３５回。今世紀最多の２０１９年度のひと月の平均飛行回数が２２３８回だから、すでに２０１９年度の６・８ヶ月分の飛行回数だ。２０２０年の飛行回数増のひどさがわかる。

コロナ禍で自粛生活を迫られた４月は３４０７回で、ひと月の飛行回数として過去最多。さらに８月は３７１９回で、今世紀最多記録を更新した。

８月の滑走路北地点は１９６８回、１日平均65回以上の騒音発生となる。飛行しない土、日曜を除くと１日78回もの騒音発生となる。外来機もこの数に入るが、発生源はほとんどが輸送機Ｃ１３０Ｊ30とＣＶ22オスプレイである。ＣＶオスプレイは、滑走路を離陸し主に滑走路西側（瑞穂町、羽村市、福生市、昭島市、あるいはこのコースと逆）を何回も飛び回る。Ｃ１３０Ｊ30は、もう少し大回りで青梅市やあきる野市上空を飛び回る。低空飛行の爆音もひどい。それが夜まで続く。

気が狂ったように飛び回る横田基地所属の輸送機Ｃ１３０Ｊ30やＣＶ22オスプレイに、私たち住民は墜落の恐怖にさらされている。

二、特殊作戦基地となって訓練激増

人員降下訓練（パラシュート降下）の激増

２０１２年1月10日、その後の横田基地を象徴する出来事があった。アラスカの陸軍の総勢１００人もの兵士が、パラシュート降下訓練を行ったのだ。Ｃ１３０Ｈ輸送機6機に乗り込んだ兵士らは、３回に分かれて降下した。たくさんのパラシュートが空をおおい、上空はまるで戦場のようだった。降下した部隊は、アラスカ州の第25歩兵師団第４空挺師団（特殊部隊）と思われた。

横田基地日米友好祭でパラシュート降下が行われたことがあるが、展示のイメージで、降下訓練の受け止めはあまりなかった。防衛省（北関東防衛局）も、これまでパラシュート降下訓練はやっていない、と質問に答えていた。

２０１２年1月10日、防衛省（北関東防衛局）から横田基地の周辺自治体に「1月10日、サムライサージ訓練を行う」と通告があった。訓練内容は「7機のＣ１３０輸送機が横田基地上空を通過し、砂袋等（1機あたり砂袋1個、箱1個）の投下訓練を行う。人員の降下訓練も実施する可能性がある」というものだった。それが１００人のパラシュート降下訓練に変わった。事前通告とまったく違うことが起こったのだ。さらに11日も12日も無通告で訓練を行った。

パラシュート降下は特殊作戦の訓練だ。私たちは写真で周辺自治体に訓練の様子を知らせたが、首都東京の横田基地の訓練に、周辺自治体は「パラシュート降下訓練が危険なのか」という感じで、反対も抗議もしなかった。

横田基地ではこの年、約６００人がパラシュート降下訓練を行い、その後も毎年、数百人規模のパラシュート降下訓練が行われている。初めは高度も低かったが、やがて１０００ｍ、２０００ｍ、３０００ｍ以上の高高度からの訓練も行われるようになった。

２０１３年８月13日、パラシュート降下訓練中、兵士１人が基地の外のＩＨＩ瑞穂工場にパラシュートごと落下。一方向からの写真で、米軍や工場の「その事実はない」の言葉に押し切られたが、数年後、元工場の従業員が「米軍がパラシュートを取りに来た」と発言し、落下の事実が確認された。

２０１７年11月にはパラシュート投下訓練中に、30kgの箱がパラシュートから離れ落下、滑走路の端を破損させた。連続写真に基地側も認めざるをえなかった。

２０１８年以降、パラシュート降下訓練中の事故が頻発している。１回目。２０１８年４月10日、高度

100人によるパラシュート降下（2012年1月10日）

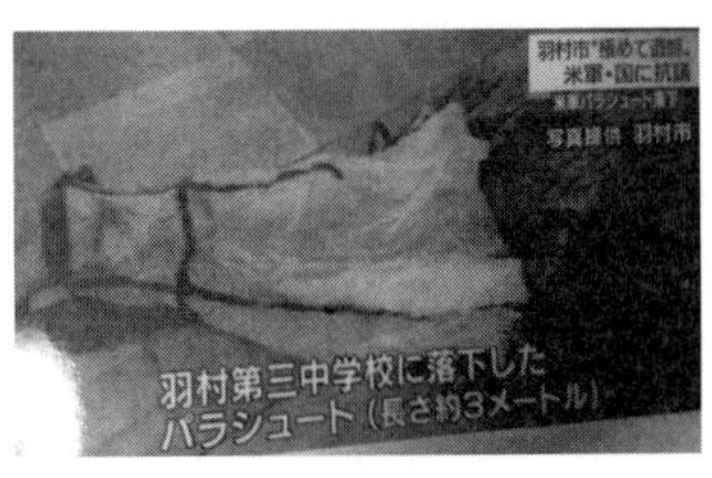

パラシュート事故、羽村三中に誘導傘が落下（2018年4月10日）

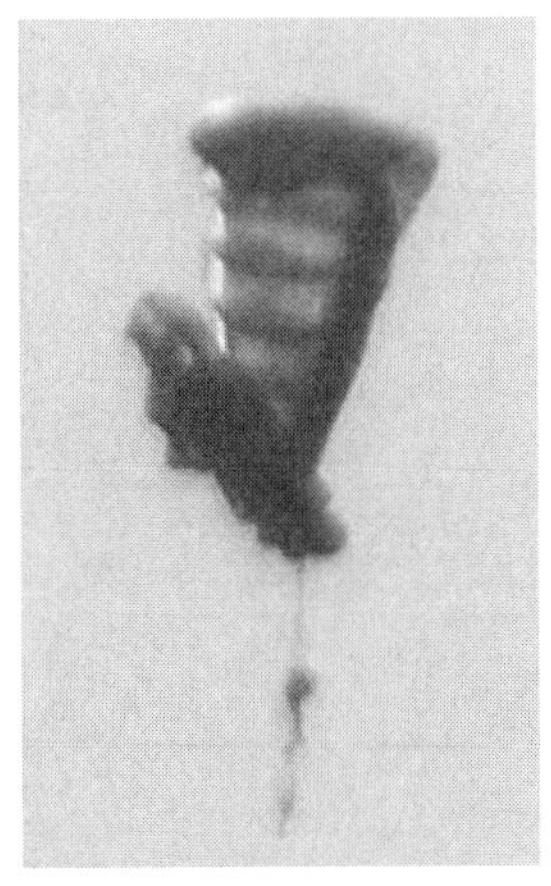

パラシュートが開かず落下していく（2019年1月8日）

３８１０ｍから降下した兵士１人が高度１６７６ｍで開傘したところ、メインと予備のパラシュートの両方が開傘したため、メインパラシュートを切り離し補助パラシュートで横田基地に着地。その際、切り離されたパラシュートの一部の３ｍもある誘導傘が、羽村第三中学校の校庭のテニスコートに落下した。夕方5時近く、テニスの練習をしようとした生徒が見つけた。基地の外を自動車の交通量が多い国道16号線やＪＲ八高線が通り、中学校の前は住宅地である。大きな事故に繋がる危険があった。

テレビで報道され、米軍も羽村市に謝罪に来たが、12日にはパラシュート降下訓練が再開された。米軍は、反省することがない。

2回目。２０１９年1月8日午前中、パラシュート降下訓練中にパラシュートが開かない事故が発生した。羽村平和委員会のメンバーが写真を撮っていた。事故があったのに午後も訓練は続けられた。翌朝、横田基地の撤去を求める西多摩の会が訓練即時中止を求め福生市の北関東防衛局横田防衛事務所に行ったその間に、パラシュート事故がまた、発生していた。事故は羽村市平和委員会の監視を受け米軍側がしぶしぶ認めることが多い。2日連続の事故も市民の監視がなければ、無かったことにされてしまっただろう。

3回目。２０１９年1月9日午前中にパラシュートが開かない事故は起こった。連続しての事故である。この事故では、切り離された部品の一部が見つからなかった。

4回目。２０２０年7月2日午後、パラシュートが開かない事故が発生。降下訓練は、横田基地の輸送機により実施されてきたが、6月28日から7月2日まで、ＣＶオスプレイとＵＨ60ヘリコプターが人員降下訓練を行うと情報提供があった。そして7月2日は、キャンプ座間のヘリコプターからのパラシュート降下訓練中の事故だった。メインパラシュートが切り離され、基地の外の、立川市の東京都・西砂浄水所の施設に落下し、他の部品（誘導傘や袋）は近くの電線に引っかかり、住民が１１０番通報した。

これも一歩間違えれば、重大事故となっていた。立川市も立川市議会も抗議した。米軍はしばらく沈黙

新型輸送機、11機で編隊飛行

新型輸送機C130J30
スーパーハーキュリーズ

し、8月にようやく説明らしき文書を送ってきたが不十分な内容だった。非公式に伝わった事故の原因は、パラシュートのたたみ方が悪かった、というものである。

2018年度以降、新型輸送機C130J30の訓練激化

2018年は横田基地が特殊作戦基地へと大きく変わる節目の年であった。CV22オスプレイ5機の飛来に合わせるように、横田基地で運用されていた輸送機C130Hハーキュリーズ14機が、1年かけて新型のC130J30スーパーハーキュリーズに交代した。記念に11機で編隊飛行が行われた。富士山の近くまで関東地方を飛行し威力を見せつけた。

新型機は機体が5m も長くなり、全長約35mに。KC135に迫る大きさだ。プロペラも6枚、何より機能が強化された。「C130J30輸送機2機でC130H輸送機3機分の働きをする」と、米軍は自慢した。

嘉手納基地には特殊作戦機MC130J、岩国基地には空中給油機KC130Jが配備されているが、機体の長さは約30m。機体の長さは、横田基地所属機かどうかの判断材料になる。

大きくなり性能がアップした輸送機C130J30が、訓練場と化した住宅地上空を我が物顔で飛行訓練する。旧型輸送機の編隊飛行は2

機だったが、新型は４機編隊で行い、スピードもある。かなりの低空飛行をする。機体を大きく傾け、８の字を書くような旋回飛行もする。夜間も21時頃まで騒音を撒き散らして私たちの頭上を飛び回るのだから、たまったものではない。

２０２０年２月に、防衛省（北関東防衛局）から情報提供があった。「10日（月）から14日（金）まで、輸送機が最大７機で編隊飛行する」という内容だ。しかし市民に情報が伝わったのは、訓練が始まった後である。いつもそうだ。金曜日の仕事が終ったあと、地元自治体に連絡が届き、土曜・日曜の休みの後、議員に連絡する。訓練の始まりを市民に知らせないやり方だ。

この最大７機編隊の訓練は異例だった。米国アーカンソー州リトルロック基地のＣ１３０Ｊ３０が４機飛来（後ほど２機追加飛来）して、横田基地所属機とともに７機で編隊飛行したのだ。10日は午後２時30分頃、横田基地配備の輸送機４機とリトルロック基地所属の３機が横田基地滑走路に整列し、次々と離陸。米軍が低空飛行ルートを設定する関東平野上空で編隊飛行をした。11日は、午前９時前に５機（横田２機、リトルロック３機）が離陸し編隊飛行。午前10時過ぎから12時頃まで、５機で横田基地上空を低空で７回にわたり通過し、パラシュートで砂袋を投下した。最終日はいろいろなバージョンで計10機が訓練。まるで戦争が始まったかと思うような訓練だった。

リトルロック基地の輸送機と7機で滑走路に整列

住民からは、「飛行機が大きくなった」「うるさい！」「落ちてくるようで怖い」などの声が上がっている。横田基地5市1町に含まれないが飛行訓練に悩まされるあきる野市でも、自宅で空のチェックをするグループが出てきた。まとまったら市役所に持っていくと言っている。

横田基地周辺には、米軍が管制する1都9県に広がる横田空域がある。横田基地所属の輸送機などは民間航空機に邪魔されず、自由にこの空域を低空飛行するなどし、長野県でも問題になっている。機体が長く見えるのが特徴で、判断の決め手は、横田基地所属機であることをしめす尾翼の「ＹＪ」だ。横田空域に限らず、北海道倶知安町で目撃され、奄美市を低空飛行、沖縄・津堅島でパラシュート降下訓練と、全国を暴れ回っている。

徳島県でも横田基地所属機の低空飛行が目撃された。徳島県議会は全会一致で「米国軍用機の低空飛行中止を求める意見書」を採択した。このような抗議の動きが全国に広がってほしい。

ＣＶ22オスプレイが配備され、横田基地は特殊作戦の拠点に

まさかＣＶオスプレイが横田基地に配備されるとは思わなかった。２０１８年4月5日、ＣＶオスプレイ5機が飛来し、現実となった。２０１８年10月1日に正式配備された。

正式配備から2年経過したが、配備は返上するしかない。ＣＶオスプレイの動きは全く住民に知らされることはなかった。

沖縄・普天間基地配備のＭＶが横田基地に飛来するときは、地元自治体に情報提供があった。しかし、ＣＶオスプレイの動きに関しては、秘密のベールに包まれ一切情報がない。ＣＶオスプレイが海外に出た時も、戻ってきた時も、羽村市平和委員会の監視活動で明らかになった。防衛局職員が横田基地での離陸・着陸の目視調査を公表するようになったが、正式配備から1年、だいたいの動きがつかめたと、目視調

オスプレイがホバリングしながらロープで人員降下

横田基地にオスプレイ5機が初飛来（2018年4月5日）

査を止めてしまった。だからその後の1年は、記録がない。そして現在も、ＣＶオスプレイが何月何日何時に何処へ行く、という情報は全くない。

沖縄では沖縄防衛局が嘉手納基地や普天間基地の離陸・着陸の実態を調査しているが、横田基地では調査が行われていない。市民が監視したり、目撃情報を集めたりしなければ、実態はつかめない。

しかしＣＶオスプレイが飛行訓練すると、とにかくうるさいので、多くの住民がＣＶオスプレイが飛んだとわかる。ＭＶオスプレイの騒音も聞いているが、ＣＶオスプレイの騒音はまるで「爆音」だ。離着陸訓練は、横田基地の滑走路に一瞬着陸し、離陸しては横田基地西側の住宅地上空を約５分ほど回り、再び着陸、離陸し住宅地上空を飛び回ることを繰り返す。戸棚の茶碗がガタガタなったとの声もあった。たまったものではない。

また、基地の中でホバリング（空中停止）の訓練もする。この時の騒音がさらにひどい。近くに住んでいる人からは、机の上のコーヒーの缶が動く、とか、壁に亀裂が入ったとの話も聞いた。

今年２０２０年6月17日～26日、８００人の人員降下訓練を土曜・日曜を除き実施する、という情報提供があった。Ｃ１３０Ｊ30からの降下訓練と思い、パラシュート降下訓練を８００人？　そんなバカな、と思ったが、この間、ＣＶオスプレイによる様々な訓練が行われていた。ＣＶオスプレイが地上30ｍでホバリング（空中停止）をしながら、兵士がホイスト（吊り上げ・つり下げ）訓練をしたり、地上25ｍや５ｍでホバリングしながら、兵士がロープを使って地上に降りたりしていた。これも降下訓練なのか。まさに戦場のような情景だ。

米軍は地元自治体に訓練の詳細を伝えなかったが後日、米軍のホームページで公表されていた。この演習は全軍種の特殊作戦部隊を指揮する米空軍第３５３特殊作戦群司令部（沖縄・嘉手納基地）を中心にした組織的演習「グリフォン・ジェット」だった。

インド太平洋地域での軍事作戦への即応能力が目的の演習で、参加したのは、横田基地のＣ１３０輸送機を運用する空軍第36空輸飛行隊、ＣＶ22を配備する第21特殊作戦飛行隊、第３７４作戦群の生存・回避・抵抗・脱出専門員のほか、陸軍第１特殊部隊群第１大隊（グリーン・ベレー）、海軍シールズ・チーム１、航空機への攻撃目標の指示や負傷者の救出を行う空軍第３２０特殊戦術中隊など沖縄駐留部隊も参加した。

このような中、６月16日、ＣＶオスプレイがサーチライトのカバーを遺失した、と情報提供があった。部品の大きさは約15・８㎝×15・８㎝×10㎝で、重さは４５３ｇ。初めての落下事故後に、住民無視の激しい訓練が行われていたわけだ。

６月28日には、ＣＶオスプレイから初のパラシュート降下訓練が行われた。福生市の住民がＣＶオスプレイから14人のパラシュート降下を目撃し、写真も撮影した。

そして７月７日、ＣＶオスプレイはフィン（足ヒレ）を福生市の牛浜駅駐輪場近くの道路に落下させた。なんで

銃口を外に向けて飛行訓練するオスプレイ

オスプレイの夜間訓練

潜水用具の足ヒレが、近くに海のない横田基地で落下したのか。不思議だ。足ヒレの長さは約５０㎝、重さは１㎏もあった。誰も怪我をしなくてよかった。今回は、落下事故ですんだが、危険なＣＶオスプレイの墜落の不安が、頭を去らない。

ＣＶオスプレイの事故率が高いのは、普天間基地にＭＶオスプレイが配備された頃から言われていた。防衛省の『ＭＶ―22オスプレイ　事故率について』という資料の最後にＣＶ―22の記述がある。「○ＣＶ―22：米空軍が特殊作戦機として使用　特殊作戦という独特の任務所要のため、より過酷な条件下で訓練活動を実施」とある。今、横田基地で、過酷な条件を想定して、訓練をしているのだ。

当時のＣＶ―22のクラスＡ事故率は13・47、クラスＢ事故率は31・４であった。ちなみにＭＶ－２２のクラスＡ事故率は１・93であり、「ＭＶオスプレイは安全」と大宣伝した。

『ＣＶ―22オスプレイについて』という横田基地周辺自治体向け説明書に、事故率の説明が書いてある。「クラスＡ事故：政府や他の財産への被害総額が２００万ドル以上（※ただし、２００９年10月以前の事故については「１００万ドル以上」）、国防省所属航空機の損害、または死亡もしくは全身不随に至る障害もしくは職業病を引き起こした事故を言う」というように、重大事故のことである。

２０１９年９月末時点でＣＶオスプレイのクラスＡ事故率は６・22と、ＭＶオスプレイの倍以上だ。しかも、被害総額が50万ドル以上のクラスＢ事故率は、40・42と考えられないほど高い。ＣＶオスプレイで稼動しているのは30機ほどのようだが、クラスＡ・Ｂの事故は45件もある。「技術的に未完成で安全基準が定まっていない『危険な航空機＝粗悪品＝欠陥機』との指摘もある。「粗悪品の危険な欠陥機」が日本を飛び回っているのだ。

２０１９年３月13日、ＣＶオスプレイの写真で羽村市平和委員会の方が、機体後ろのデッキから機関銃の銃口が外に飛び出していることに気付いた。この事実を知った人から、この日も、この日も、と情報が寄せられた。過去の写真をチャックしたところ、訓練を始めて間もない２０１８年６月29日から２０１９年６月27日まで、少なくとも32機が銃口を出して飛行訓練していることが確認された。横田基地周辺住民が標的になっても、防衛省は住民を守らない。

防衛省にも抗議したが、米軍の運用だからと米軍に抗議もできない。

ＣＶオスプレイの運用時間は６時から22時と日米で合意されているが、最近は22時過ぎ、23時過ぎの着陸も多い。米軍は約束も守らない。

事故率の高いＣＶ22オスプレイが機関銃を外にむけて危険な訓練をしている。運用時間も無視、夜中の午後11時過ぎにも訓練をする。こんな不条理が許せるか！ＣＶ22はアメリカに帰ってもらうしかない！

ＣＶオスプレイは横田基地に５機配備されているが、米軍は２０２４年頃までに５機を追加し、10機にする計画だ。そのための第２期工事が動き出した。資材の運搬車両のゲートが８月24日に完成した。ＣＶオスプレイ用のシミュレーター施設の公募も行っている。黙っていれば、横田基地の強化は進む一方だ。諦めず、こうした事実を人々に知らせ、反対の世論を大きくしていこう。

無人偵察機の一時配備、戦闘機増、環境汚染も

横田基地には、今年も無人偵察機ＲＱ４Ｂグローバルホークが６機、一時展開した。人員数は約80人。無人偵察機に人は乗らないが、操縦する人、整備する人が必要なのだろう。８月23日には離陸しようとしたグローバルホークが故障なのか離陸できず、トーイングカーで引っ張られていた。

グローバルホークは、全長約15ｍ、全幅約40ｍ、滞空時間は約36時

無人偵察機RQ4B
グローバルホーク

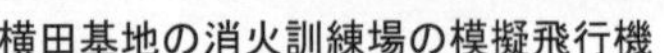
横田基地の消火訓練場の模擬飛行機

戦闘攻撃機

間。高度約1万５０００ｍ以上で航行する。無線通信及び衛星通信で地上から操縦する。離陸・着陸時は横田基地で操縦されるが、高い高度は米本国から操縦される。

グローバルホークの日本への一時展開も、日米「２プラス２」の共同発表で開始され、当初の２０１４年は三沢基地だったが、横田基地には２０１７年、２０１９年、２０２０年と3回目になる。２０２０年は、5月30日頃から10月頃までを予定。グローバルホークの展開元は、グアムのアンダーセン基地だ。

２０１７年は「三沢基地の滑走路が工事中のため」の理由だったが、２０２０年は「現下の安全保障環境を踏まえると、この地域におけるＩＳＲ（情報収集、警戒監視、偵察）活動のニーズは引き続き高く、グローバルホークの効果的な運用を最大限確保する観点で検討した結果、本年は横田飛行場に一時展開する」としている。

すでに横田基地内には、グローバルホーク５機分の駐機場が整備されている。そして、今年２０２０年7月23日に、なぜか横田基地で、第４偵察中隊の創設式典が行われた、と米軍ＨＰに掲載された。しかし、第４偵察中隊が何処に創設されたのかが分からない。たまたまグローバルホークが横田基地に一時配備されていたので、横田基地での式典だったのか。それとも、横田基地に正式に創設されるのか？

最近、戦闘機の飛来が多い。８月１日から9月17日まで、着陸と離陸合わせて58機だ。土曜日に飛来して日曜日に離陸することが多かったが、唐突にやってきて離陸・着陸を繰り返すことも多い。通過拠点だけでなく訓練拠点にもなっている。

飛来した機種は、三沢基地の戦闘機、岩国基地の戦闘攻撃機、海軍の電子戦戦闘攻撃機、嘉手納基地の戦闘機である。

戦闘機の離着陸は、基地から少し離れた我が家でも爆音で分かる。福生市で目撃した人は「腹が煮え繰り返る思い」と語り、自宅の上空を通過した八王子の人は、「心臓がパクパクした」と訴えた。なんでもありの、横田基地になった。

2020年1月6日、朝日新聞の記事「横田基地近くの井戸　有害物質」に、正月気分も吹き飛んだ。発癌性もある有機フッ素化合物のピーフォス・ピーフォアが、立川市の井戸から1340ナノグラム／Lも検出されたのだ。これは米国の飲み水の勧告値の19倍だ。沖縄では以前から米軍基地の周辺の環境汚染が大問題になっていたが、横田基地も危険性を突きつけられた。

この有機フッ素化合物は、泡消火剤に含まれ横田基地でも長い間、飛行機もどきの機体を使って消火訓練を行ってきた。

また、泡消火剤が3000リットルも、地面に漏出したこともあった。多摩川が汚染されたこともあり、新たな問題に取り組むことになった。2月24日に京都大学名誉教授の小泉昭夫氏を招き学習会も行った。この分野の取り組みはこれからである。

三、米国に一番近い横田基地

米国に一番近い横田基地

トランプ米大統領が横田基地に降り立ったのは2017年11月5日。成田でも羽田空港でもなく、米軍横田基地から入国した。横田基地をアメリカのものと思っているのだ。日本が植民地であることを実感させられた。

安倍首相との会談を前に横田基地で米軍人・自衛隊員を集め、新型戦闘機なども展示し演説をした。大統領用の荷物を大型輸送機で運び、専用ヘリも飛来し、ゴルフに行ったりした。トランプ氏は横田基地を起点に行動した。

米国家空中作戦センターとして運用されるE４Bで、国防長官が何度か飛来している。米空軍の要人輸送機は最近も度々飛来し、正体不明の飛行機もノーチェックで飛来する。

外からは見えないが横田基地には、米国防長官直属の通信傍受諜報機関であるNSA（米国家安全保障局）の日本代表部が置かれているそうだ。

２０１３年６月、NSAの元契約職員エドワード・スノーデン氏が、NSAが世界中の電子通信網に監視装置を張り巡らせ、個人通信データ（メール、チャット、通話、インターネットの閲覧履歴、携帯電話の位置情報など）を大量かつ無差別に収集していることを、NSA内部文書によって告発した。同氏は、２００９年から約２年間、横田基地内のNSA日本代表部に勤務していたのだ。

スノーデン氏が米国の世界同時監視システムを告発し、そのニュースに世界は震撼した。盗聴されていたドイツのメルケル首相は抗議したが、日本政府は他人事のように無頓着だった。それもそのはず、日本政府はネット大量監視に乗りだそうとしていたのだ。

スノーデン氏は横田基地の状況について以下のように告発している。

２０１２年１月に防衛省防衛政策局長が訪米、横田基地のNSA日本代表部と協議を重ね、同年12月から防衛省情報本部・太刀洗通信所（福岡県筑前町）での日米共同通信諜報サイバー作戦「マラード」を実

大統領専用機

施。1時間に50万件の通信を収集開始（2013年2月、防衛省情報本部電波部作成のNSA向けスライド）。

「日本の通信諜報本部は、サイバー・ネットワーク防衛を支えるために諜報データの供給を開始する任務を与えられた。彼らはNSAに、そのような実務能力を育成するための支援を求めてきた。この原動力は内閣情報調査室で、サイバー分野で日本側を主導するよう任命されている。」（2013年1月29日付、北村滋・内閣情報官が2012年9月10日にNSAを訪問したことを記載したNSA内部文書）など、日本がNSA日本代表部と協議をしたり、NSAに支援を求めたり、2013年4月8日付では、サイバー・スパイ要請のため日本へ講師の派遣を決定している。

日本は世界監視の一大拠点であることも明らかになった。アメリカ大使館、横田基地、キャンプ・ハンセン、三沢基地、横須賀基地、嘉手納基地の計6ヵ所が、NSAの主要な通信諜報（SIGINT）施設で、米ソ冷戦のピーク時にはおよそ100ヵ所にまで膨らみ、現在でも計1000人が日本で監視活動をしているという。

1970年代後半から横田基地にNSA日本代表部が入居。2004に「工学支援施設」（アンテナ工場）を日本負担で建設した。そして、アンテナとドローン（無人機）による対テロ戦争の出撃地になった。

「工学支援施設（アンテナ工場）とその才能ある要員達は今後も常に、脅威を与える者たちから情報を収集するためにアンテナを修理し製造する最前線に立ち続ける。バルカン半島方面作戦や『イラクの自由作戦』、『不朽の自由作戦』、中南米での対麻薬作戦、キプロスでの情報収集装置やそれ以外のどこであっても、これまで知られてきたような即時対応と高品質の特殊無線周波製造品によって必要性に応えていく」

（2004年7月21日付）

横田基地で勤務しながら、スノーデン氏は悩んだ。

「無人機によって殺される運命にある人々の監視映像をリアルタイムで見たこともあります。村全体や人々の様子が、手に取るように見えたんです。さらに、NSAはインターネットに打ち込まれる文字をリアルタイムで監視しています。そうしたことから、アメリカの監視能力がどれだけ人々の権利を侵害し、強大になっているかということに気づきました」「日本のNSAで多くの時間を過ごすほど、こうしたすべてを自分の中だけに留めておくことはできないと感じるようになっていきました。すべてを公の眼から隠すことを事実上手助けしていることに、苛まれるようになったんです」（グリーンウオルド『暴露』）。そしてスノーデン氏は、危険をくぐり抜けて、アメリカの監視社会を告発することになった。若いスノーデン氏が語る言葉は、心に深く入り込んでくる。もっと、耳を傾けるべきではないか。

（スノーデン氏に関する記述は、日本で初めてスノーデン氏に取材した小笠原みどり氏の『サンデー毎日』の記事、著作、講演や、スノーデン氏自身の映画、その他の本を参考にした。）

小笠原みどり氏は、対テロ戦争はドローンと通信だと語っていたが横田基地はそのど真ん中の基地である。

アメリカは中国などを敵視し、宇宙にまで戦争を持ち込み、日本政府もそれに従って国民の税金を注ぎ込み、果てしなく戦争への道に突き進んでいる。

それでも、私たちはあきらめない

横田基地がどんな基地なのか東京都民にも全国にも知られていない。その要因のひとつに報道の問題がある。

２０２０年6月から7月にかけて、連続して横田基地でＣＶオスプレイの部品（サーチライトカバー）落下事故やキャンプ座間のヘリコプターからのパラシュート落下事故、ＣＶ22オスプレイからの足ヒレ落下事故が起きたが、その報道はきわめて少なかった。沖縄の２紙だったら１面に大きく出ただろうと思った。

落下したパラシュートの写真も、足ヒレの写真も、報道されないのだから、悔しくなる。政府のお膝元で、横田基地問題は追及できないようだ。

私たちは、北関東防衛局横田防衛事務所にも抗議や聞き取りに何度か行った。パラシュート落下地点の立川市や足ヒレ落下地点の福生市も市長が抗議し、議会も抗議した。それで、米軍側からの情報もいくらか出てきたが、とても不十分である。これでおしまいなのか。米軍も防衛省も、立川市や福生市が本当に怒っているとは思っていない。なにしろ、パラシュート降下訓練にも反対していないのだから。そしてそれは、市民の運動の弱さ、関心の無さからなのだと思う。堂々巡りだが、市民は、知らされていないのだ。

横田基地の撤去を求める座り込み（2020年9月20日）
A、第138回、福生公園

だから、私たちは、声を上げていく。知らせていく。

２００５年10月の日米「２＋２」で米軍再編が打ち出された。

２００７年12月1日、岩国では怒りの大集会が1万１０００人、2日には神奈川県座間で1万３０００人などと闘いが始まっていった。横田基地に関しては世間であまり問題にならなかったが、基地周辺の住民はだんだんと、横田基地はどうなるのか、気になり出した。

今、私が代表をつとめる「横田基地の撤去を求める西多摩の会」も学習会を重ねながら、２００８年8月に発足した。それまでも横田基地の騒音公害を訴える裁判があり、大きな盛り上がりも見せたが、裁判の原告は政府が決めたコンター内の世帯に対象が限られていた。私たちは、騒音だけでなく、平和憲法のある日本に米軍基地があり、この基地から米軍機が世界のあちこちに出かけ、戦争をしていることはおかしいと、横田基地の撤去を掲げた。

話し合いだけでなく行動しようと、２００９年４月からは月に1回、第３日曜日に座り込みを始めた。幸い福生市の、それも横田基地を目の前にした国道16号線沿いの児童公園を借りられた。その名も「フレンドシップパーク」。すでに12年目に入り、９月20日は第１３８回の座り込みを１２９人の参加で行った。

座り込みだけでなく、ＣＶオスプレイの横田基地配備がわかった後は、ＪＲ青梅線の３駅（羽村、福生、牛浜）で、毎月22日に1時間のスタンディングをしている。

この会だけでなく、「横田基地問題を考える会」など、様々な市民団体が発足した。１０００人規模で福生市民会館を会場に、毎年「横田基地もいらない！　沖縄とともに声を上げよう　市民交流集会」も実施している。今年はコロナ禍の中、第11回目が10月10日に行われ、４００人が参加した。

公害訴訟団や他の市民団体とつながり、オスプレイ横田配備反対連絡会がパラシュート降下訓練やＣＶオスプレイ配備に反対する集会をしたり、政府に対する署名活動もしている。

ＣＶ22オスプレイ正式配備から2年の２０２０年10月１日には、横田基地の正面ゲート前で、抗議のスタンディングを行った。

私は若い頃に平和委員会に巡り会い、平和新聞を通して横田基地問題を地元に知ってもらおうと、横田基地の「ミニ情報」を２００８年から折り込んで部数を増やしていった。強力なメンバーが横田基地を写真等で告発している。

私たちの願う、静かで安全なくらしができるのは、まだまだ先かもしれない。しかし、声を上げ続ける。明るい未来を信じて！

第五章❖戦争回避のためにできること

〈敵のいない日本〉を創る

――沖縄を「不戦・東アジア共同体」の要に――

東アジア共同体研究所理事長　鳩山友紀夫

もう一つの視座

「中国は覇権を求めない。歴史的にその遺伝子がない。万里の長城を見ていただければ分かるように、これはあくまでも防御のために作られたものである。周辺国とは仲良くし、途上国とは大国としての責任で人助けをする。」

この言葉は２０１７年11月30日に、私ども従都フォーラムに参加した20名ほどの各国の元指導者たちが北京の人民大会堂に招待をされた際に、習近平国家主席が原稿には目もくれずに話された言葉です。一時間半ほどの懇談会の席で習主席はさらに、

「私たちはこの惑星で生きるしかないのだから、私たちは運命共同体である。これが一緒に努力する目標である。弱肉強食ではいけない。包摂的で清く美しい世界を創ろう」

とも私たちに呼びかけました。私はこの言葉を信じたいと思います。

私はこの会談の最後にまとめとしてスピーチを依頼されていました。主旨として次のようなことを申し上げました。

「新自由主義のグローバリズムの行き過ぎによる格差拡大と、その批判としてのナショナリズムによる国家間の摩擦拡大の二つの懸念の解決として、リージョナリズムがあり、一帯一路構想や私の唱えている東アジア共同体が混迷する世界への一つの解答と思う。友愛の理念で世界を運命共同体に導くことが肝要である。」

次に、

「私たちは日本を敵とは思っていない。ただし、もし米朝が戦うようなことになれば、私たちは日本にある米軍基地を狙わざるを得ない。」

この言葉は一昨年に朝鮮総連の許宗萬議長が来所されて意見交換をした折に話された言葉です。日本や米国は時として北朝鮮を敵のように見なしますが、彼らは日本を敵視していないというのです。

また、許議長は次のようなことも話されました。

「私は実際に当時一つしかなかった平壌の火葬場に行ってみた。日本のように丁寧に遺骨が扱われていなかったので、申し訳ないが横田めぐみさんの遺骨に他の人の骨が混じってしまっていた可能性は否定できない。」

日本に戻ってこられた横田めぐみさんのご遺骨が、日本での鑑定の結果、他の人のＤＮＡが含まれていたので偽物であると判定されたことに対して、許議長ご本人が調査に行かれたというのです。

私たち日本人は横田めぐみさんが生きていてほしいと心から願っています。しかし、北朝鮮の指導者たちも横田めぐみさんが生きていてほしいと願っていたのです。なぜなら、もしめぐみさんが日本に帰ることになれば、拉致問題が解決に大きく進展したことになり、平壌宣言に基づいて国交正常化の交渉が始まって、北朝鮮としては日本から無償資金協力などの支援が得られるようになるからです。多くのみなさんは「横田めぐみさんは生きているはずだ。返さない北朝鮮はけしからん」と思っていると思います。しかし、この件で北朝鮮が事実を隠蔽する理由はないのです。そう考えると、許議長の一連の発言を私たちはもっと信頼すべきではないでしょうか。

脅威論が高める東アジアの緊張

ところがどうでしょう。この8月に出された防衛白書においても、河野太郎防衛大臣は「我が国を取り巻く安全保障環境は急激に不確実性を増し」たと述べ、具体的には「北朝鮮による度重なる弾道ミサイル発射、中国による一方的な現状変更の試みの執拗な継続」を挙げました。中国と北朝鮮に対して、強い脅威を感じており、そのために防衛力を強化しなければならないとしています。

北東アジアの安全保障環境は厳しさを増してきている、というのが半ば常套句として政府によって使われていますが、果たして本当に北朝鮮や中国の日本に対する脅威が増してきているのでしょうか。私たちは、頭から相手を敵視することによって敵視された相手にこちらを敵視せしめ、自ら脅威を作り上げることがないよう心しなければなりません。

北朝鮮は金正恩委員長体制になった後、核開発を続け、ミサイル発射実験を繰り返していました。しかし、２０１８年の韓国平昌冬季オリンピックの頃から南北首脳会談が開かれ、さらにはトランプ大統領との米朝首脳会談も数回開かれ、板門店で開かれた第三回の首脳会談ではトランプ大統領は現職大統領として初めて南北軍事境界線を越えて北朝鮮に入国したのです。

そこまで米朝、南北関係は雪解けしかかったのですが、北朝鮮の思い通りに米国が制裁を緩めなかったので、現在は膠着状態となっています。むしろ米国の大統領選挙が間近に迫っているという米国の事情によるものです。最近北朝鮮が再び弾道ミサイルの発射実験を繰り返すようになりましたが、北朝鮮が発射している弾道ミサイルは決して日本を敵視して狙っているわけではありません。いたずらに北朝鮮の脅威を煽るべきではないと思います。

中国に対しても同様です。中国の公船が4月中旬から111日間連続で尖閣周辺海域に現れたことをことさら脅威と喧伝して、今にも中国が尖閣諸島を乗っ取るのではないかと不安を煽っています。しかし、彼らのその行動の原因を作ったのは日本です。

石原東京都知事（当時）に煽られて、野田総理（当時）が2012年に尖閣諸島の国有化を宣言して、それまで棚上げされていた尖閣諸島問題を棚から降ろしてしまったために、中国としても尖閣に対する主権を示すため、示威運動をせざるを得なくなったのです。私が総理の時などには、そのような行為はみられませんでした。示威運動ですので、その都度日本政府に事前に知らせていると聞いていますし、日本側が尖閣諸島問題を棚に戻せば、少なくとも問題は一時的に解決するのです。

最大の問題は日本政府が下ろしてしまった尖閣諸島問題を、もう一度棚に戻そうと努力していないことです。もし尖閣諸島を中国が乗っ取ったら、どのような世界の世論になるかは、中国は良くわかっているので、よほど日本が尖閣諸島に対して積極的な行動を起こさない限り、中国が尖閣諸島問題で武力行使をすることはありません。

ここにきて米国大統領選挙を間近に控えて、米朝関係も米中関係も悪化しこそすれ、好転していく兆しがありません。日本に目をむけると、安倍政権は対米従属の極みのような政権でした。新たに菅政権になった後も基本的に外交は安倍政権の継続でしょうから、日朝関係や日中関係が一気に好転するという姿を描くことはなかなか難しそうです。

米国を守るイージス・アショア

最近の日米関係の中で意外だと思ったのは、日本政府が秋田と山口に設置を予定していたイージス・アショアの導入を取り止めたことです。

イージス・アショアとは飛んでくる弾道ミサイルを地上からの弾道ミサイルで撃ち落とそうとするシステムで、そのこと自体に無理があるのですが、それは置いておくとしても、このシステムは日本防衛のためではなかったのです。もし、北朝鮮か中国が日本を狙うとしたら、東京か大阪などの主要都市にミサイルを落とさなければ意味がありません。しかし、日本の主要都市を狙う弾道ミサイルを秋田や山口に配置されたイージス・アショアでは迎撃することができません。

弾道から推測すれば、よく指摘されているように、イージス・アショアはハワイとグアムを狙って打ち上げられた弾道ミサイルを、秋田と山口で迎え撃つためと考えるのが自然なのです。即ち、米国を守ることがメインのシステムなのです。とくに秋田でイージス・アショア配備に対する大きな反対運動が起きたのも当然でした。

私がイージス・アショアに懸念を感じたのは、そのシステムが成功した場合どうなるかと考えたからです。集団的自衛権の行使で、米国を狙った弾道ミサイルを日本が撃ち落としに成功した瞬間に、弾道ミサイルを発射した国と日本とが交戦状態となる可能性が生じることです。日本が戦争に巻き込まれる懸念を禁じ得ないからです。

したがって、日本政府がブースターの落下問題を理由として、イージス・アショア・システムの導入を突如停止したとき、私は河野防衛相、頑張ってくれたなと感謝したものでした。しかし、安倍首相とトランプ大統領との間で、高い装備品を購入すると決めたものを断ったのですから、本来ならば軍産複合体の米国から強い遺憾の声が聞こえてきそうなのに、そのような声が聞こえてきませんでした。なぜ米国は強く反対しなかったのでしょうか。

敵基地攻撃は予防攻撃と表裏一体

私なりに推測すれば、日本がイージス・アショアの配備を停止したにもかかわらず、米国が怒らなかったのは、日本政府がイージス・アショアの代わりに、敵基地攻撃能力を持つシステムの導入を目指すことを米側に伝えたか、あるいは米側から要請されたのではないでしょうか。その証拠に、イージス・アショアの配備停止とほぼ同時に、政府与党の中でイージス・アショアとはほぼ関係がないはずの敵基地攻撃論が活発に行われるようになっています。

敵基地攻撃能力論は予防攻撃論と表裏一体です。なぜなら日本が敵から先に攻撃を受けた後ならば、日本は戦争状態になるのですから、国土防衛のために日本が敵と戦うことは当然に与えられた権利の行使であり、敵基地攻撃はそのための必要な手段でしょう。問題は、相手が攻撃する前にこちらから敵の基地を攻撃してよいか否かです。

この問題に対して、かつて鳩山一郎首相は座して死を待つよりは敵基地を先制攻撃することは憲法の専守防衛の範囲として許されると答弁しています。ここで重要なのは、座して死を待つ、即ち、このままでは日本が侵略されてしまうことが明白な時には、ぎりぎりの状況で先に手を打つことは専守防衛として許されるのではないかということです。より正確に申し上げれば、敵に武力攻撃の着手があったと見なされれば、先制攻撃は合法であり、着手がないのに先制攻撃するのは違法ということです。

ただ、国家が座して死を待つ状態なのかを判断することは非常に難しいですし、敵に武力攻撃の着手があったか否かは、ミサイルの時代には、極めて判断しにくいでしょう。いずれにしても、敵基地を攻撃してしまったら、相手を全滅させることができなければ相手と交戦状態となることは必定です。相手を誰と仮定するかにもよりますが、中国や北朝鮮であれば、彼らは日本に届くミサイルを多数保有しているため、敵基地攻撃の結果、反撃されて日本のいくつかの原子力発電施設が攻撃されたら、施設が稼働していようがいまいが、あっという間に日本列島は被爆してしまいます。そうなれば東日本大震災後の福島の比ではなく、日本人は日本列島から離れざるを得なくなるのではないでしょうか。

これでお分かりのように、戦争の形態も過去とは根本的に異なっており、地政学上も軍事上も日本は戦争を行って容易に勝てる国ではないのです。米国という助っ人がいるから大丈夫という簡単な話ではないのです。また、米国の核の傘の下で守られているから心配ないということではないのです。米国の核の傘論は米国と日本両政府にとって都合の良い「絵に描いた餅」であることは、孫崎享氏が明らかにしたところです。また、松井一実広島市長は２０１７年12月にＩＣＡＮのノーベル平和賞受賞式に出席後、「核に守られていると思うのはイリュージョン」と述べています。その通りです。

否、もっと正確に言えば、日米安保条約や日米地位協定により、沖縄を中心に日本に米軍基地が存在していることは、日本が米国が起こした戦争に巻き込まれる危険性を高めているのです。戦争放棄の憲法を遵守するのは当然として、先ほどから申していますように、日本は戦争に巻き込まれてしまったら勝ち目が薄いのですから、いかに戦争に巻き込まれないように歴史を歩むかが日本の生きるべき道なのです。

対米依存から軸足をアジアへ

そう考えますと、日本の道は必然的に、対米依存症の外交から軸足をよりアジアへと移して、沖縄を中心とする米軍基地の縮小・撤退を進めて、米中関係が緊張を高めて一触即発の事態にならないように、米中の仲介役を務め、同時に米朝関係を再び首脳会談が開ける状況までまずは中国や韓国とともに協力して、将来的には休戦協定を平和条約に導くことではないでしょうか。

ところが現実は私の期待とはまるで逆のコースを歩み始めているように思われます。私は3年前に宮古島、石垣島、与那国島を訪れて、この美しい南西諸島の島々が自衛隊の基地化してきているのを間近に見てきました。そのいくつかは住民の懸念をよそにミサイル基地となるようでした。高野孟氏が防衛省の幹部から本音を聞いたところ、ソ連（ロシア）の脅威がなくなったために、余った北の守りの要員を南に移したとのことです。日本政府は南西諸島に自衛隊のミサイル基地を配備することで、中国に対する抑止力を増すことになると思っているのでしょう。

抑止力とは軍事力を高めることで相手に脅威を与えて、相手が攻撃する可能性を低下させることです。ところが、一方が抑止力を高めれば、他方も脅威に感じて軍事力、即ち抑止力を高めるでしょう。結果として抑止力競争となりお互いに軍事力を高めますから、一触即発の懸念は増大することになります。これは抑止力のパラドックスです。

実際には中国は日本にも届く約２０００発の地上発射ミサイルを持っているのですから、南西諸島にミサイルを配備しても抑止力を大幅にアップすることにはなりません。しかし日中間の緊張は高まるでしょうから、万一尖閣諸島問題などで衝突が起こらないとも限りませんが、その場合、日本を軍事的に勝利に導くことは極めて困難です。くどいようですが、いかに外交努力で衝突を回避させていくか、これが日本の未来を平和に導いていく唯一の道なのです。

ＩＮＦ破棄で高まるミサイル軍拡

ここに来て今一つ厄介な状況が生起しつつあります。それは米ロ間のＩＮＦ条約が破棄されたことです。中距離核戦力全廃条約は米国とソ連との間で結ばれた軍縮条約で、中距離の弾道ミサイルや巡航ミサイルを全て廃棄することを目的としていました。トランプ大統領としては、米国とロシアがミサイルを廃棄している間に、中国が中距離弾道ミサイルを多数保有してしまったことになっていて、それは米国にとって極めて不利な状況をもたらすと判断したのです。そして昨年プーチン大統領との間で条約を失効させてしまったのです。

その結果、中距離弾道ミサイルなどの配備増強という軍拡路線が敷かれることになったのですが、米国にとって対中国として中距離弾道ミサイルを配備するとしたら、第一列島線の内側が望ましい、ということになります。そうしますと、必然的に沖縄周辺のいわゆる南西諸島の島々に米国のミサイルが配備されることになるというのです。即ち、日米が協力して南西諸島の島々に中距離を含む弾道・巡航ミサイル基地が数多く作られる懸念が生じています。

米国としては軍産複合体の国家ですから、武器が大量に売れればめでたしめでたしです。しかし私は日本としては必要最小限の武力を有することは当然として、武力によって不安定な平和を実現することはできても、真に平和な世界を構築することは不可能と信じています。

ローマ教皇のフランシスコ教皇は昨年広島を訪れて、「核戦争の脅威で威嚇することに頼りながら、どうして平和を提案できるのか」と述べ、さらに、「最新鋭で強力な武器を作りながら、なぜ平和について話せるのだろうか」と語られました。私も教皇の思いに賛同します。

ご案内の通り、脅威は能力と意図の掛け算です。能力はあっても意図がなければ脅威ではありません。

日本は周辺諸国が日本に対して攻撃する意図を持たない状況をいかに作るかに、最大限の外交努力を傾注すべきではないかと思います。

「米軍常時駐留なき」安全保障へ

その状況を作るために日本が目指すべき方向を二つ示します。

一つは日本の安全保障は「米軍の常時駐留なき」安全保障を目指すべきということです。世界の歴史において、一国の領土に他国の軍隊が駐留して平和を守ってもらうという姿は極めて異常であることを認識すべきです。ポツダム宣言においても、「日本国民の自由な意思により、平和的で責任ある政府が樹立されれば、連合国の占領軍は直ちに撤収する」と書かれています。ところが、敗戦後起きた朝鮮戦争が占領軍、実際には米軍をその後も長期駐留させることになり、ポツダム宣言は実質的には守られませんでした。

現在の在日米軍基地の役割は、日本を守るためというより極東や中東に米軍が出撃するための戦略拠点としての意味合いが大きいのです。トランプ大統領は日本を守ってやっているのだからもっと金を出せと要求していますが、日米安保条約においても、必ずしも米軍は日本を守ることにはなっていません。したがって、どんなに時間と労力がかかっても、米軍基地を撤去させて日本は日本自身で守るようにしなければなりません。その目標を失っては真の独立国とは言えないでしょう。

日米関係を重視しつつ、米軍は平時には駐留をせずに、万一、日本が他国の侵略を受ける場合には、米国に必要な軍事的な支援を求める仕組みにするべきです。

「脅威」を減ずる外交努力を

私は今、日本は日本自身で守るようにしなければなりませんと申しましたが、それは日本の軍事的な能力を高めなければならないという意味ではありません。日本にとって周辺諸国の脅威を減らせばよいのですから、周辺諸国が日本を攻撃する意図と能力が減殺すれば、最終的にはなくなれば、よいのです。歴史的に見れば、日本が周辺諸国に攻め入ったことはありますが、彼らが日本を攻め入ろうとしたのは元寇のときですが、それは漢民族ではありませんでした。漢民族にはその遺伝子がないとの習主席の言葉は一面正しいのです。

むしろ逆に彼らが潜在的に日本を脅威に思っているのです。ですから日本の為政者が日本の侵略した過去を美化するような発言をするたびに、昔の記憶が蘇り日本を脅威と感じてしまうのです。したがって、憲法では戦争放棄を謳ってはいますが、日本が周辺諸国を侵略する意図など全くないことを、常に外交努力で示すことが重要なのです。

日本が東アジア共同体を提唱する大きな意義がそこにあり、私が東アジア共同体構想を提案する所以です。日本、中国、韓国が軸になり、ASEAN10か国とも協力して、ヨーロッパにおけるEUのような共同体を創ることです。

EUのスタートはそれまで戦争やいがみ合いばかりしていたドイツとフランスが、二度と戦火を交えないようにするために作られた欧州石炭鉄鋼共同体でした。それは激動の時代に汎ヨーロッパ主義を提唱したリヒャルト・クーデンホーフ・カレルギーの友愛思想に端を発しています。EUは現在英国がBREXIT、即ちEU離脱を決めるなど困難も抱えています。ただ、コロナウィルスのパンデミックで英国は移行期間後に実効性のある形で離脱を実現できるのか、正念場を迎えています。今後EUの存在価値はコロナによってむしろ高まっていく可能性もあるでしょう。いずれにしても、ＥＵによってヨーロッパが不戦共同体となったことは最高の誇りではないでしょうか。

沖縄を軍事の要から平和の拠点に

私は友愛思想の下にＥＵのような不戦共同体を東アジアに実現したいのです。友愛思想は古くから中国の墨子の『兼愛思想』や孔子の『恕』や『仁』に見られますし、西洋よりも多様性を認める東洋思想の中に自然に存在しています。共同体はヨーロッパではできても、人種や宗教や政治体制や経済規模が異なるアジアでは無理だとの声も聞こえますが、私はそうは思いません。まずは相互尊重・相互理解・相互扶助の自立と共生の友愛精神の下に、東アジアに常設の議論の場を設けることです。

そこでは経済、貿易、金融といった問題だけでなく、教育、文化、環境、エネルギー、そして医療、福祉、防災、さらには安保などあらゆる問題を議論するのです。コロナウイルスのパンデミックが世界を覆っている現在、東アジア諸国がコロナウイルスに関する情報を交換し、研究協力を進めて、ワクチンなどの治療法を開発して提供するために東アジア防疫共同体を創ることは喫緊の課題と言えます。

東アジア共同体は、様々な分野の問題に関して定期的あるいは常設の議論の場を設け、可能なところから共通のルールを作り、それを実行に移すによって徐々に日中韓などの協力を具体化・制度化させていく、というのが私のイメージです。テーマによっては「東アジア」にこだわらず、参加国を広げることは当然あってもよいと思います。

私は東アジア共同体を進めるための議論の場の一つとして沖縄を推薦します。沖縄を軍事の要ではなく、平和の拠点とするのです。

「仁」と「恕」―友愛の精神

冒頭に申し上げた習近平国家主席との会談は２０１８年にも従都フォーラムの終了後北京の人民大会堂で行われました。この時にも私は発言を求められていましたので、

「孔子の論語の中の『仁』と『恕』はまさに友愛である。ぜひこの精神で一帯一路構想を推進して運命共同体を実現していただきたい」

と申し上げました。それに対して習近平主席は最後の締めくくりの挨拶で、

「鳩山の言うとおりである。私は『恕』の精神、つまり『己の欲せざるところ、人に施すなかれ』の精神で一帯一路構想を推進したい」

と論語の一節を引用して答えられました。

冒頭の二人の言葉を思い出していただきたいと思います。中国の習近平主席は日本とも仲良くしていきたいと何度も述べています。殊に米国との関係が厳しさの度合いが増してきている中国としては、日本と良好な関係を築きたいと今まで以上に考えています。東アジア共同体や東アジア経済共同体を創るべきだとも話されています。同様に北朝鮮も日本を敵視などしていません。安倍政権の時代は無視をしていたようには思いますが、決して敵視していたわけではありません。そのような環境を冷静に見詰めると、日本が安保政策を転換して、敵基地攻撃能力を持つ必要性があるのでしょうか。一体、誰を敵と見なすというのでしょうか。

今日本に必要なことは、民間外交も含めて外交努力を重ねて、中国と北朝鮮をも加えた東アジア諸国との間に自立と共生の友愛精神を育むことではないでしょうか。具体的には一帯一路構想と東アジア共同体

構想を推進することによって、東アジアがひいては世界が不戦共同体、運命共同体となることを切に願っています。

執筆者紹介（執筆順）

新垣　邦雄（あらかき　くにお）
東アジア共同体研究所琉球・沖縄センター事務局長
１９５６年コザ市生まれ。琉球新報社東京支社長、論説委員、関連会社代表を経て退職。２０１９年９月から東アジア共同体研究所琉球・沖縄センターに勤務。２０２０年４月から同事務局長。

前田　哲男（まえだ　てつお）
ジャーナリスト
１９３８年福岡県生まれ。長崎放送記者をへてフリーランス・ジャーナリスト、１９７０年代、マーシャル諸島に長期取材して『棄民の群島　ミクロネシア被爆民の記録』（時事通信社）。１９８０年代、中国取材ののち『戦略爆撃の思想　ゲルニカ　重慶　広島への軌跡』（朝日新聞社）を執筆。１９９５〜２００５年、東京国際大学国際関係学部教授、沖縄大学客員教授。ほかの著作に『自衛隊の歴史』（ちくま学芸文庫）、『自衛隊　変容のゆくえ』（岩波新書）、『自衛隊のジレンマ』（現代書館）など。

末浪　靖司（すえなみ　やすし）
日本平和委員会常任理事
１９３９年生まれ。大阪外国語大学（現大阪大学）卒。米国立公文書館、ルーズベルト図書館、国家安全保障公文書館で調査。日本平和学会会員、非核の政府を求める会専門委員、日本中国友好協会参与。著書に『対米従属の正体』（高文研、２０１２年）、『機密解禁文書にみる日米同盟』（高文研、２０１５年）、『日米指揮権密約の研究』（創元社、２０１７年）、共著『法治国家崩壊』（創元社、２０１４年）。

菅沼　幹夫（すがぬま　みきお）
神奈川県平和委員会事務局次長
１９４６年生まれ。１９７２年のベトナムへの米軍戦車輸送反対運動に参加し、以後基地問題を中心とした平和運動に取り組む市民活動家。２０１８年10月に地元相模原市（神奈川県）に米陸軍のミサイル部隊司令部（第38防空砲兵旅団司令部）の反対運動でミサイル問題に取り組む。

新垣　毅（あらかき　つよし）
琉球新報社政治部長
１９７１年沖縄県那覇市出身。琉球大学卒。法政大学大学院修士課程修了（社会学）。１９９８年、琉球新報社入社。社会部デスク、編集委員、東京報道部長などを経て現職。沖縄の自己決定権を問う一連のキャンペーン報道で、２０１５年に第15回「石橋湛山記念　早稲田ジャーナリズム大賞」を受賞。著書に『沖縄の自己決定権』、『沖縄のアイデンティティー』（いずれも高文研）。

前田佐和子（まえだ　さわこ）
元京都女子大学教授
１９４５年生まれ。京都大学理学部地球物理学科卒業、同大理学研究科博士課程修了。コロラド大学環境科学協同研究所、京都造形芸術大学を経て京都女子大学に勤務。２０１１年退職。宇宙開発事業団地球環境観測委員会サイエンスチーム委員（１９９２年）。文部省宇宙開発委員会長期ビジョン懇談会分科会委員（９３－９４年）。郵政省通信総合研究所非常勤技術参与（２０００～２００１年）。

須川　清司（すがわ　きよし）
東アジア共同体研究所上級研究員
１９８３年、早稲田大学政治経済学部卒業。住友銀行勤務の後、１９９６年にシカゴ大学大学院国際関係学科修士課程修了。１９９６年から２０２０年まで民主党等に勤務。米ブルッキングス研究所客員研究員、内閣官房専門調査員を歴任。著書に『米朝開戦』（講談社、２００７年）、『外交力を鍛える』（講談社、２００８年）。

岡田　充（おかだ　たかし）
共同通信客員論説委員
１９４８年北海道生まれ。１９７２年慶應義塾大学法学部卒業後、共同通信社に入社。香港、モスクワ、台北各支局長、編集委員、拓殖大客員教授、桜美林大非常勤講師を経て、２００８年から現職。著書に『中国と台湾対立と共存の両岸関係』『尖閣諸島問題　領土ナショナリズムの魔力』など。

朱　建榮（しゅ　けんえい）
東洋学園大学教授
１９５７年中国上海市生まれ。１９８６年来日、１９９

2年学習院大学で政治学博士号を取得。1996年4月より現職。著書に、『毛沢東の朝鮮戦争』(岩波書店、1991年)、『毛沢東のベトナム戦争』(東京大学出版会、2001年)、『中国外交　苦難と超克の100年』(PHP研究所、2012年)、『世界のパワーシフトとアジア』(編著、花伝社、2017年)など多数。

小西　誠（こにし　まこと）
軍事ジャーナリスト
1949年宮崎県生まれ。航空自衛隊生徒隊第10期生。社会批評社代表。2004年から「自衛官人権ホットライン」を主宰。著書に『自衛隊そのトランスフォーメーション』『オキナワ島嶼戦争』『要塞化する琉球弧』等の軍事研究書、『フィリピン戦跡ガイド』等(以上社会批評社)の戦跡シリーズ他

大久保康裕（おおくぼ　やすひろ）
沖縄県平和委員会事務局長
1963年3月神奈川県生まれ。就職後、労働組合を通じて沖縄の運動と出会い、1998年1月に沖縄へ移住。現在は沖縄県平和委員会の事務局長と沖縄県統一連の専従を兼務する。座右の銘は「憲法を武器に」。「建白書」の実現と日米安保条約の廃棄をめざす。

五味　洋治（ごみ　ようじ）
東京新聞論説委員
1958年長野県生まれ。1982年早大第一文学部卒。1983年東京新聞（中日新聞東京本社）入社、政治部などを経て1997年韓国延世大学語学留学。1999～2002年ソウル支局、2003～2006年中国総局勤務。2008～2009年フルブライト交換留学生として米ジョージタウン大に客員研究員として在籍。主に朝鮮半島問題取材。著書に『朝鮮戦争は、なぜ終わらないか』(創元社、2017年)、『金正恩　狂気と孤独の独裁者のすべて』(文藝春秋、2018年)など。

吉田　敏浩（よしだ　としひろ）
ジャーナリスト
1957年大分県生まれ。著書に『日米合同委員会の研究』『横田空域』『日米戦争同盟』『日米安保と砂川判決の黒い霧』『沖縄・日本で最も戦場に近い場所』『密約・日米地位協定と米兵犯罪』『ルポ・戦争協力拒否』『反空爆の思想』『赤紙と徴兵』『人を資源と呼んでいいのか』など。

高橋美枝子（たかはし　みえこ）

横田基地の撤去を求める西多摩の会代表

１９４２年神奈川県生まれ。羽村市平和委員会、横田基地の撤去を求める西多摩の会、横田基地周辺の水汚染水を知る学習会実行委員会に所属。毎月第３日曜日に座り込みをしている「西多摩の会」の代表をつとめながら、オスプレイ横田配備反対連絡会等、横田基地問題を中心に様々な活動をしている。

鳩山友紀夫（由紀夫）（はとやま　ゆきお）

東アジア共同体研究所理事長

１９４７年東京生まれ。東京大学工学部計数工学科卒業、米国スタンフォード大学工学部博士課程修了。１９８６年総選挙で初当選。２００９年民主党代表。民主党政権初の第93代内閣総理大臣に就任。２０１３年一般財団法人東アジア共同体研究所を設立、理事長に就任。公益財団法人友愛理事長、国際アジア共同体学会名誉顧問、日本・ロシア協会最高顧問

東アジア共同体研究所 琉球・沖縄センター

一般財団東アジア共同体研究所（EACI）は、鳩山由紀夫元首相が政界引退後、日本と他のアジア諸国、より広くはアジア・太平洋諸国相互の間に「友愛」の絆を作り上げることを目的に2013年3月に設立。翌年5月に、同研究所琉球・沖縄センターが沖縄県那覇市に設立され、活動を始めた。その目的は、歴史的にも東アジアの様々な文化が融合してきた過去を有し、東アジアの結節点である沖縄から共同体を構想することによって、鳩山政権で掲げられた「東アジア共同体研究所構想」を将来につなぎ、アジア諸国の日本に対する信頼を蘇らせることである。具体的には、辺野古を含めた米軍基地問題や沖縄の未来構築に対して政策研究提言や県民運動支援の活動を行っている。例えば、2020年度は4月から毎週、「ウイークリー沖縄」でニュース情報を発信。6月に東京で「自衛隊南西シフトと新冷戦」シンポを開催し、本書を刊行。また、年刊ジャーナル『沖縄を平和の要石に』（芙蓉書房出版）を12月に創刊。

虚構（きょこう）の新冷戦（しんれいせん）
日米軍事一体化と敵基地攻撃論

2020年12月10日　第１刷発行

編　者

東アジア共同体研究所 琉球・沖縄センター

発行所
㈱芙蓉書房出版
（代表 平澤公裕）
〒113-0033東京都文京区本郷3-3-13
TEL 03-3813-4466　FAX 03-3813-4615
http://www.fuyoshobo.co.jp

印刷・製本／モリモト印刷

ISBN978-4-8295-0803-9